"十一五"国家重点图书出版规划项目

21世纪先进制造技术丛书

制造系统运行优化理论与方法

邵新宇　饶运清 等　著

U0262661

科学出版社

北　京

内 容 简 介

　　本书较全面地阐述了现代离散制造系统运行优化的理论与方法。全书共三部分:第一部分概述现代制造系统及其运行调度优化,以及制造执行系统的基本概念。第二部分是本书主体,分别针对离散制造业中各类典型的制造系统阐述了相应的运行优化理论与方法,包括单件作业车间生产调度模型与优化算法、柔性作业车间生产运行优化、混流装配车间生产计划排序与关联优化、混流生产系统运行优化与控制、制造系统运行过程中的预测与决策方法、粒子群优化算法在生产调度中的应用等。第三部分介绍制造系统运行优化理论与方法在制造执行系统及生产实际中的应用。

　　本书可供从事机械制造、工业工程、企业管理等专业的研究人员和工程技术人员阅读,也可作为上述专业研究生的选修课教材。

图书在版编目(CIP)数据

制造系统运行优化理论与方法 / 邵新宇,饶运清等著.—北京:科学出版社,2010

("十一五"国家重点图书出版规划项目:21世纪先进制造技术丛书)

ISBN 978-7-03-029090-8

Ⅰ.制… Ⅱ.①邵…②饶… Ⅲ.机械制造工艺 Ⅳ.TH16

中国版本图书馆 CIP 数据核字(2010)第 187788 号

责任编辑:耿建业 裴 育 / 责任校对:张凤琴
责任印制:徐晓晨 / 封面设计:耕者设计工作室

科 学 出 版 社 出版
北京东黄城根北街 16 号
邮政编码:100717
http://www.sciencep.com

北京中石油彩色印刷有限责任公司 印刷
科学出版社发行　各地新华书店经销
*

2010 年 9 月第　一　版　　开本:B5(720×1000)
2021 年 7 月第三次印刷　　印张:20
字数:383 000

定价:138.00 元
(如有印装质量问题,我社负责调换)

《21世纪先进制造技术丛书》序

21世纪，先进制造技术呈现出精微化、数字化、信息化、智能化和网络化的显著特点，同时也代表了技术科学综合交叉融合的发展趋势。高技术领域如光电子、纳电子、机器视觉、控制理论、生物医学、航空航天等学科的发展，为先进制造技术提供了更多更好的新理论、新方法和新技术，出现了微纳制造、生物制造和电子制造等先进制造新领域。随着制造学科与信息科学、生命科学、材料科学、管理科学、纳米科技的交叉融合，产生了仿生机械学、纳米摩擦学、制造信息学、制造管理学等新兴交叉科学。21世纪地球资源和环境面临空前的严峻挑战，要求制造技术比以往任何时候都更重视环境保护、节能减排、循环制造和可持续发展，激发了产品的安全性和绿色度、产品的可拆卸性和再利用、机电装备的再制造等基础研究的开展。

《21世纪先进制造技术丛书》旨在展示先进制造领域的最新研究成果，促进多学科多领域的交叉融合，推动国际间的学术交流与合作，提升制造学科的学术水平。我们相信，有广大先进制造领域的专家、学者的积极参与和大力支持，以及编委们的共同努力，本丛书将为发展制造科学，推广先进制造技术，增强企业创新能力做出应有的贡献。

先进机器人和先进制造技术一样是多学科交叉融合的产物，在制造业中的应用范围很广，从喷漆、焊接到装配、抛光和修理，成为重要的先进制造装备。机器人操作是将机器人本体及其作业任务整合为一体的学科，已成为智能机器人和智能制造研究的焦点之一，并在机械装配、多指抓取、协调操作和工件夹持等方面取得显著进展，因此，本系列丛书也包含先进机器人的有关著作。

最后，我们衷心地感谢所有关心本丛书并为丛书出版尽力的专家们，感谢科学出版社及有关学术机构的大力支持和资助，感谢广大读者对丛书的厚爱。

华中科技大学

2008 年 4 月

前　言

现代离散制造系统的规模越来越庞大，生产运作环境越来越复杂，由此引发的资源浪费、效率低下等问题日益突出。即使引进了大量高端制造装备，我国制造系统的整体运行能力与国外相比仍然存在较大的差距。以汽车行业为例，早在2000年，丰田汽车厂的Coronas装配线（包括焊装、涂装和总装生产线）就可以共线生产4000多种类型的汽车，8小时可以班产500辆车；而截至2006年，国内共线生产的车型一般在1000种左右，汽车装配线单线班产能力一般仅能达到200台左右。日本本田混流制造的节拍是0.6分钟/（辆·线）；在中国，广州本田混流制造的节拍是1分钟/（辆·线），而我国某大型国产汽车制造企业单车型制造的节拍长达3分钟/（辆·线），差距十分明显。导致这种差距的原因是多方面的，除了设备的自动化程度和操作者的熟练程度等因素外，制造系统的运行优化水平不高也是重要原因之一。通过运行优化来提高生产系统的运行效率，是现代制造企业提高其产品市场竞争能力的重要途径。

在离散制造领域，产品设计与产品制造是制造企业生产活动中两个最重要的环节。长期以来，学术界比较重视产品设计优化，而相对忽视制造优化问题的研究，因此目前还没有建立起完整的制造优化理论体系。企业缺乏系统有效的理论指导和实用的生产运行优化工具，制约了制造企业生产运行优化技术的应用及生产效率的提升。本书针对现代离散制造企业的各类生产运作模式，系统论述了各类制造系统的运行优化问题与优化方法，并针对具体生产背景介绍了相关理论方法在实际生产中的应用，力图促进现代离散制造系统运行优化理论与方法体系的建立，为现代制造企业生产效率的提升提供理论与方法指导。

作者及其所领导的"数字制造系统"课题组长期从事现代集成制造系统领域的科研与教学工作，在国家自然科学基金、国家重点基础研究发展计划（973计划）、国家高技术研究发展计划（863计划）等资助下，对现代制造系统的建模、仿真与运行优化进行了系统深入的理论研究与应用实践，并在现代制造系统运行优化理论与方法方面取得了一批创新研究成果。先后承担的主要科研项目有：国家自然科学基金"九五"重大项目"支持产品创新的先进制造技术中的若干基础研究"课题一"现代制造系统的理论、建模及运行实验研究"（59990470），973计划项目"数字制造基础理论"课题七"数字制造系统的复杂信息处理与执行过程决策"（2005CB724107），国家863目标导向课题"轿车发动机协同制造技术及其软硬件平台研发与应用"（2007AA04Z186）、"面向国产重要装备与典型产品的快速响应客户的产品开发平台及应用"（2007AA04Z190），国家自然科学基金项目"车间非常规信息条件下的决策机制及其 MES 应用研究"（50105006）、"群体智能理论与粒子群优化算法在作业车间调度中的应用研究"（50305008）、"基于神经网络计算试验的制造系统行为预测理论与方法"（50675082）、"基于有限排序能力缓冲区的多车间混流装配关联优化"（50775089）、"基于约束管理的多品种小批量协同混流制造运作控制研究"（70772056）、"复杂装配制造系统的调度有效性及其综合优化与控制研究"（50875101），以及国家杰出青年基金项目"复杂制造系统运行优化理论及其应用"（50825503）等。主持开发的汽车装配制造 MES 系统等已在企业成功应用，并产生重大经济效益；研究成果"面向汽车生产的 MES 关键技术研究、开发与工程应用"获得 2009 年度教育部科技进步一等奖。

　　本书是课题组研究成果的系统总结，由邵新宇、饶运清等著。其中，邵新宇、饶运清负责全书的结构规划和统筹工作，并撰写了前言和第 1 章；张超勇、饶运清撰写了第 2、3 章；黄刚撰写了第 4 章；管在林撰写了第 5 章；朱海平撰写了第 6 章；高亮撰写了第 7 章；饶运清、黄刚、管在林撰写了第 8 章。此外，课题组的其他成员以及博士研究生和硕士研究生也为本书提供了相关资料。

作　者
2010 年 6 月

目　　录

第1章 绪 论

1.1 制造系统概述

1.1.1 制造系统的基本概念

随着社会的进步和人类生产活动的发展,制造的内涵也在不断地深化和扩展。目前对"制造"有两种理解:一种是狭义的制造概念,指产品的制作过程,如机械零件的加工与制作,称为"小制造";另一种是广义的制造概念,覆盖产品整个生命周期,称为"大制造"。现代制造的内涵已扩展到大制造。

朗文词典对"制造"(manufacture)的解释是"通过机器进行(产品)制作或生产,特别是以大批量的方式进行生产"。显然,这是狭义上的制造概念。广义的制造概念及内涵在"范围"和"过程"两个方面大大进行了扩展。范围方面,制造涉及的工业领域远非局限于机械制造,还涉及电子、化工、轻工、食品等国民经济的众多行业;过程方面,广义的制造不仅指具体的工艺制作过程,还包含产品市场分析、产品设计、生产准备、制造管理、售后服务等产品整个生命周期的全过程。国际生产工程学会(CIRP)在 1983 年定义"制造"为制造企业中所涉及产品设计、物料选择、生产计划、生产、质量保证、经营管理、市场销售和服务等一系列相关活动和工作的总称。

制造的概念可以从以下三个方面来理解:

(1)制造是一个工艺过程。制造过程是将原材料经过一系列的转换使之成为产品。这些转换既可以是原材料在物理性质上的变化(如机械切削加工),也可以是原材料在化学性质上的改变(如化工产品生产)。通常将这些转换称为制造工艺过程。在制造工艺过程中还伴随着能量的转换。

(2)制造是一个物料流动过程。制造过程总是伴随着物料的流动,包括物料的采购、存储、生产、装配、运输、销售等一系列活动。

(3)制造是一个信息流动过程。从信息的角度看,制造过程是一个信息传递、转换和加工的过程。整个产品的制造过程,从产品需求信息到产品设计信息、制造工艺信息、加工制造信息等,构成一个完整的制造信息链。同时,为保证制造过程能够顺利和协调地进行,制造过程还伴随着大量的管理信息和控制信息。

因此,制造过程是一个物料流、能量流和信息流"三流"合一的过程。

韦氏大辞典将"系统"一词解释为"有组织的或被组织化的整体","结合着的整体所形成的各种概念和原理的综合""由有规则的相互作用、相互依存的形式组成的诸要素集合"等。一般系统论的创始人冯·贝塔兰菲把系统定义为"相互作用的诸要素的综合体"。我国著名科学家钱学森教授把一个极其复杂的研究对象称为系统,即"系统是由相互作用和相互依赖的若干组成部分结合而成的具有特定功能的有机整体,而这个系统本身又是它所从属的更大系统的组成部分"。

综合上述论述,可以将"系统"定义为:系统是由若干可以相互区别、相互联系而又相互作用的要素所组成,在一定的层次结构中分布,在给定的环境约束下为达到整体的目的而存在的有机集合体。

根据上述定义,可以进一步给出有关"系统"的若干概念:

(1)系统与要素的关系:要素是构成系统的组分(组成部分),系统是由诸要素组成的整体。

(2)系统的结构:诸要素相互作用、相互依赖所构成的组织形式。

(3)系统的功能:系统具有目的性或功能性,这是系统与环境相互作用的表现形式。系统的功能受到系统结构和环境的影响。

(4)系统的层次:系统可以划分为不同的层次,层次的划分具有相对性。任何所研究的系统是更高一级系统的组成要素,但任何所研究的系统要素又是一个更低一级别的系统,即"向上无限大,系统变要素;向下无限小,要素变系统"。

(5)系统的环境和边界:系统以外又与系统有关联的所有其他部分叫做环境,环境与系统的分界叫做边界。边界确定了系统的范围,也将系统与周围环境区别开来。系统与环境之间存在物质、能量和信息的交流,通常将环境对系统的作用称为系统的输入,将系统对环境的作用称为系统的输出。

系统是以不同形态存在的。根据生成原因的不同,系统可分为自然系统和人造系统。自然系统是自然界自发生成的一切物质和现象,与人类活动无关,如"地球生物系统"、"太空星球系统"等。人造系统是人类应用自然规律建造的、以自然系统为基础的一切满足人类生存和发展需要的人造物,如"生产制造系统"、"交通运输系统"、"社会经济系统"、"计算机系统"等。

无论是自然系统还是人造系统,一般都具有如下特性[1]:

(1)整体性。系统不是诸要素的简单集合,否则它就不会具有作为整体的特定功能。具有独立功能的系统要素及要素间的相互作用是根据逻辑统一性的要求,协调存在于系统整体之中。也就是说,任何一个要素不能离开整体去研究,要素间的联系和作用也不能脱离整体的协调去考虑。脱离了整体性,要素的机能和要素间的作用便失去了原有的意义。

(2)集合性。系统是由两个或两个以上可以相互区别的要素(即集合的元素)所组成,这些要素可以是具体的物质,也可以是非物质的软件、组织等。例如,一个计算机系统一般是由处理器、存储器、输入输出设备等硬件和操作系统、应用程序等软件构成一个完整的集合体。

(3) 相关性。组成系统的要素是相互联系、相互作用的,即"牵一发而动全身"。

(4) 层次性。系统作为一个相互作用的诸要素构成的有机整体,它可以分解为一系列的子系统,并存在一定的层次结构,这种层次结构表述了不同层次子系统之间的从属关系或相互作用关系。

(5) 目的性。通常系统都具有某种目的,它一般用更具体的目标来体现,并通过系统功能来实现。为了实现系统的目的,系统必须具有控制、调节和管理的功能。管理的过程也就是实现系统的有序化过程,使它进入与系统目的相适应的状态。

(6) 环境适应性。一个具有持续生命力的系统必须适应外部环境的变化,并保持最优适应状态。例如,一个企业生产系统必须经常了解国内外市场需求及行业发展动态等环境的变化,并在此基础上制定企业的生产经营策略、调整企业的内部组织结构等以适应环境的变化。

根据上述"制造"和"系统"的内涵,给出制造系统的定义:制造系统是指为实现生产产品的目的,由完成制造过程所需的人员、加工设备、物流设备、原材料、能源和其他辅助装置,以及设计方法、加工工艺、管理规范和制造信息等组成的具有特定功能的有机整体。

根据上述定义,制造系统包含以下三个方面的含义:

(1) 制造系统是一个由制造过程所涉及的硬件(各种设备和装置)、软件(制造技术与信息)及人件(有关人员)所组成的统一整体。这是对制造系统的结构定义。

(2) 制造系统是一个将制造资源(原材料、能源等)转变为产品或半成品的动态输入输出系统。这是对制造系统的功能定义。

(3) 制造系统涵盖产品的生命周期全过程,包括市场分析、产品设计、工艺规划、制造实施、质量控制、产品销售、售后服务及回收处理等环节。这是对制造系统的过程定义。

以机械零件加工系统这一典型的制造系统为例,它以完成机械零件的加工制作为目的,由机床、刀具、夹具、操作人员、被加工工件、加工工艺与管理规范等组成。单台加工设备、制造单元、生产线、加工车间及制造企业等都可以看做是不同层次的机械制造系统。该系统的输入是各类制造资源(毛坯或半成品、劳动力能源等),经过机械加工过程制成零件输出,这个过程就是制造资源向零件的转变过程,在此过程中伴随着物料流(毛坯→半成品→成品)、能量流(电能→机械能、热能、化学能)和信息流(市场需求信息→零件设计信息→制造工艺信息→加工过程信息)。如图 1.1 为机械制造系统中的物料流、信息流和能量流:

(1) 物料流:整个机械加工过程是物料的输入和输出过程。机械加工系统输入的是原材料、毛坯或半成品及相应的刀具、夹具、量具、润滑油、冷却液和其他辅助物料等,经过输送、装夹、加工和检验等过程,最后输出半成品或产品(一般还伴随切屑的输出)。这种物料在机械加工系统中的流动被称为物料流。

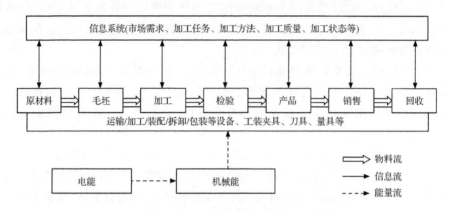

图 1.1　机械制造系统中的物料流、信息流和能量流

（2）信息流：信息是制造系统运行的基本条件。为保证机械加工过程的正常进行,必须集成各方面的信息,这些信息主要包括市场需求、生产任务、产品质量指标、技术要求、加工方法、工艺参数、设备状态等。所有这些信息及其交换和处理过程构成了机械加工过程的信息系统,这个系统不断地和机械加工过程的各种状态进行信息交换,对加工过程进行管理和控制,保证机械加工系统的效率和产品质量。这种信息在机械加工系统中的流动与作用过程称为信息流。

（3）能量流：能量是驱动机械制造系统运行的动力源。机械加工系统也是一个能量转换系统,机械加工和物流环节都需要消耗能量。通常驱动机械系统运动的原动力是电能,通过电机将电能转化为机械能,改变原材料或毛坯的形状,完成机械切削加工,部分机械能再转化为液压能以驱动执行元件完成特定的动作,还有部分机械能转化为热能被消耗。物流环节中的能量还包括燃料燃烧产生的化学能。这种能量在机械加工系统中的传递与转换过程称为能量流。

1.1.2　制造系统的基本类型

1. 按产品性质分

根据产品性质和生产方式的不同,制造系统可分为两大类:连续型制造系统和离散型制造系统。连续型制造系统生产的产品一般是不可数的,通常以重量、容积等单位进行计量,其生产方式是通过各种生产工艺流程将原材料逐步变成产品。连续型制造系统的典型代表有:石油天然气生产系统、化工产品生产系统、酒类饮品生产系统、钢铁生产系统等。离散型制造系统生产的产品则是可数的,通常用件、台等单位进行计量,其生产方式一般是通过零件加工、部件装配、产品总装等在时间上的离散过程来制造出完整的产品。汽车制造系统、飞机制造系统、机床制造系统、家电产品制造系统等都是典型的离散型制造系统。

2. 按生产批量分

从生产批量的角度,可以把制造系统分为大批量、批量、单件小批量、个性化定制等制造系统。如果产品的预期市场需求量非常大,则产品的生产可以长时间连续地进行,这样的生产系统称为大批量制造系统,如当今的汽车制造系统、彩电生产系统等。如果产品的市场需求量非常小,则生产可以单件小批量的方式进行,如大型轮船、飞机、重型机床等产品的生产系统。在大批量和单件小批量之间的是批量制造系统,很多机床制造系统均属此种类型。个性化定制系统是近20年来为适应市场对产品的个性化需求而出现的一类新型制造系统,它追求以逼近大批量制造系统的效率实现产品品种的多样化,从而实现大规模客户化定制生产(mass customization,MC)。该类制造系统在服装、高档轿车等个性化产品的生产中已有成功应用。

3. 按生产计划分

制造企业的生产计划方式主要有订货式生产(make-to-order,MTO)和备货式生产(make-to-stock,MTS)两种,与之相对应,可将制造系统分类为订货式制造系统和备货式制造系统。在订货式制造系统中,生产计划的下达是根据客户的订单而进行的;而备货式制造系统的生产计划则是根据库存数量而非客户订货数量制订的,当然合理的库存量应建立在对市场需求科学预测的基础之上。上述两种生产方式显然与批量有关。一般而言,单件小批量制造和个性化定制生产属于订货式生产,而(大)批量制造则属于备货式生产。

4. 按技术水平分

在现代科技日益发展的今天,许多新技术和高科技往往首先应用于制造业,特别是计算机及信息技术(IT)的应用对现代制造系统的发展产生了重大而深远的影响。按制造系统应用现代科学技术的水平不同,可以将制造系统分为机械自动化制造系统(MAS)、数控柔性自动化制造系统(FMS)、计算机集成制造系统(CIMS)、智能制造系统(IMS)等。MAS 主要采用机械自动化技术,FMS 是在MAS 的基础上进一步应用数控技术和自动控制技术实现制造过程的自动化与柔性化,CIMS 则在 FMS 的基础上将 IT 技术广泛应用于生产经营中的各个环节(包括经营决策、产品设计、生产计划、质量控制乃至销售与售后服务等),将其集成为一个综合优化的整体,即计算机集成制造系统。CIMS 中"集成"的含义主要在于信息的集成、技术的集成，以及人和组织机构的集成。IMS 是制造系统的最高技术形态。简单地说，IMS 主要是将人工智能技术（AI）广泛应用于制造领域。与 CIMS 不同的是，IMS 不仅强调数据与信息的集成，更强调知识的集成。

5. 按管理模式分

人们通常根据制造管理模式的不同来区分制造系统，由此出现了"单元化制造"、"精益制造"、"分散网络化制造"、"敏捷制造"、"虚拟制造"等先进制造模式与制造系统。单元化制造是利用成组技术原理（GT）和功能完整化理论将复杂的制造系统分成不同的单元，每个单元可以独立完成一个加工过程或生产一个完整的部件。由于每个单元的功能专一，因此可以集中有效的资源提高生产率和反应速度。精益制造的基本思想是要从原材料采购到产品销售及售后服务的整个生产经营活动过程中，去掉一切多余的内容和浪费，使每个环节都能对产品实现增值。敏捷制造是指在快速变化的市场环境中，通过对可重构资源和知识环境中最好经验的集成来实现对于各种竞争基础（速度、创新、质量、可靠性等）的成功开发，从而为市场提供顾客驱动的产品和服务。

1.1.3 现代制造系统发展趋势

进入 21 世纪，随着电子、信息等高新技术的不断发展，处于新技术革命巨大浪潮冲击下的制造业，面临着严峻的挑战：①新技术革命的挑战；②信息时代的挑战；③有限资源及日益增长的环境压力的挑战；④制造全球化和贸易自由化的挑战；⑤消费观念变革的挑战等。为了适应这些日益变化的社会、市场和技术环境，现代制造逐渐显现出敏捷化、精益化和绿色化的理念，而现代制造系统技术正朝着集成化、柔性化、数字化、网络化、智能化等多方面全方位发展[2~6]。

1. 现代制造理念朝敏捷化、精益化、绿色化发展

1）敏捷化

敏捷化是制造环境和制造过程面向 21 世纪制造活动的必然趋势。敏捷是指企业在不断变化和不可预测的竞争环境中，快速响应市场并赢得市场竞争的一种能力。敏捷制造是以柔性生产技术和动态组织结构为特点，以高素质、协调良好的工作人员为核心，实施企业间网络集成，形成快速响应市场的社会化制造体系，是实现敏捷生产经营的一种制造哲理和生产模式。敏捷化主要体现在以下几个方面。

（1）需求响应的快捷性：主要指快速响应市场需求（包括当前需求和可预知未来的需求）的能力。

（2）制造资源的集成性：不仅指企业内部的资源共享与信息集成，还指友好企业之间的资源共享与信息集成。

（3）组织形式的动态性：为实现某一个市场机会，将拥有实现该机会所需资源的若干企业组成一个动态组织，它随任务的产生而产生，并随任务的结束而结束。

在敏捷制造企业中，可以迅速改变生产设备和程序，生产多种新型产品。敏捷制造系统促使企业采用较小规模的模块化生产设施，促使企业间的合作。每一个企业都将对新的生产能力做出部分贡献。在敏捷制造系统中，竞争和合作是相辅相成的。在这种系统中，竞争的优势取决于产品投放市场的速度，满足各个用户需要的能力，以及对公众给予制造业的社会和环境关心的响应能力。

2）精益化

精益生产是起源于日本丰田汽车公司的一种生产管理方法，其目的是最大限度的消除浪费。其精益化生产方式正在被全球众多的制造企业所采用，其"精益化"的哲学思维也得到了越来越广泛的认可与传播。

实施精益生产就是通过采用精益技术工具对企业的所有过程进行改进，从而达到提高企业适应市场的能力及提高在质量、价格和服务方面竞争力的目的。精益生产的基本思想包括：

（1）以"简化"为主要手段。"简化"是实现精益生产的基本手段，具体的做法有：①精简组织机构，去掉一切不增值的岗位和人员；②简化产品开发过程，强调并行设计，并成立高效率的产品开发小组；③简化零部件的制造过程，采用"准时制"（just-in-time）生产方式，尽量减少库存；④协调总装厂与协作厂的关系，避免相互之间的利益冲突。

（2）以"人"为中心。这里所说的"人"包括整个制造系统所涉及的所有人，由于人是制造系统的重要组成部分，是一切活动的主体，因此精益生产方式强调以人为中心，认为人是生产中最宝贵的资源，是解决问题的根本动力。

（3）以"尽善尽美"为追求目标。精益生产系统最终追求的目标是"尽善尽美"，在降低成本、减少库存、提高产品质量等方面持续不断地努力。当然，"尽善尽美"的理想目标是难以达到的，但是企业可以在对"尽善尽美"无止境的追求中源源不断地获取效益。

3）绿色化

迄今为止，制造业已成为人类财富的支柱产业，是人类社会物质文明和精神文明的基础。但是，制造业在将制造资源转变为产品的制造过程及产品的使用和处理过程中，消耗了大量人类社会有限的资源并对环境造成严重的污染。随着国际上"绿色浪潮"的掀起，人们在购物和消费时，总要考虑环境污染问题。危害环境的产品日益受到抵制，从而使无污染或减少污染的绿色产品受到青睐。绿色制造正是对生产过程和产品实施综合预防污染的战略，从生产的始端就注重污染的防范，以节能、降耗、减污为目标，以先进的生产工艺、设备和严格的科学管理为手段，以有效的物料循环为核心，使废物的产生量达到最小化，尽可能地使废物资源化和无害化，实现环境与发展的良性循环，最终达到持续协调发展。

2. 现代制造系统朝集成化、柔性化、数字化、网络化、智能化发展

1) 制造环节集成化

集成是综合自动化的一个重要特征。集成化符合系统工程的思想。集成化的发展将使制造企业各部门之间及制造活动各阶段之间的界限逐渐淡化,并最终向一体化的目标迈进。CAD/CAPP/CAM 系统的出现,使设计、制造不再是截然分开的两个阶段;FMC、FMS 的发展,使加工过程、检测过程、控制过程、物流过程融为一体;而计算机集成制造(CIM)的核心更是通过信息集成,使一个个自动化孤岛有机地联系在一起,以发挥更大的效益。其各个发展阶段的主要特点如下:

(1) 信息集成:其主要目的是通过网络和数据库把各自动化系统与设备及异种设备互连起来,实现制造系统中数据的交换和信息共享;做到把正确的数据,在正确的时间,以正确的形式,送给正确的人,帮助人做出正确的决策。

(2) 功能集成:主要实现企业要素,即人、技术、管理组织的集成,并在优化企业运营模式基础上实现企业生产经营各功能部分的整体集成。

(3) 过程集成:主要通过产品开发过程的并行和多功能项目组为核心的企业扁平化组织,实现产品开发过程、企业经营过程的集成,对企业过程进行重组与优化,使企业的生产与经营产生质的飞跃。

(4) 企业集成:主要是面对市场机遇,为了高速、优质、低成本地开发某一新产品,具有不同的知识特点、技术特点和资源优势的一批企业围绕新产品对知识、技术和资源的需求,通过敏捷化企业组织形式、并行工程环境、全球计算机网络或国家信息基础设施,实现跨地区甚至跨国家的企业间的动态联盟,即动态集成,使得该新产品所需的知识、技术和资源能迅速地集结与运筹,从而实现迅速开发出新产品,响应市场需求,赢得竞争。

2) 制造装备柔性化

社会市场需求的多样化促使制造模式向柔性化制造发展。据统计,1975～1990 年,机械零件的种类增加了 4 倍,近 80% 的工作人员不直接与材料打交道,而与信息打交道,75% 的活动不直接增加产品的附加值。随着技术革新竞争的加剧和技术转让过程的加速,仅仅依靠生产技术取得质量和成本的统一是不够的,如何以最快的速度及时地开发出满足客户愿望的产品并抢先打入市场,逐渐成为竞争的焦点。这些都促使现代企业必须具有很强的应变能力,能迅速响应用户提出的各种要求,并能根据科技发展、市场需求的变化及时调整产品的种类和结构。原来的机械化、刚性自动化系统不能适应这种需求,必须采用先进的柔性自动化系统。柔性制造系统、柔性装配系统、面向制造与装配的设计,以及并行工程等都是为生产技术的柔性化而开发研究的。

制造柔性化是指制造企业对市场多样化需求和外界环境变化的快速动态响应

能力,也就是制造系统快速、经济地生产出多样化新产品的能力。底层加工系统的柔性化问题,在 20 世纪 50 年代 NC 机床诞生后,开始了从刚性自动化向柔性自动化的转变,而且发展很快。CNC 系统已发展到第 6 代,加工中心、柔性制造系统的发展比较成熟。CAD/CAE/CAPP/CAM 直到虚拟制造等技术的发展,为底层加工的上一级技术层次的柔性化问题找到了解决办法。经营过程重组(BPR)、制造系统重构(RMS)等新兴技术和管理模式的出现为整个制造系统的柔性化开辟道路。另外,进一步的发展要求能够快速实现制造系统的重组。模块化技术是提高制造自动化系统柔性的重要策略和方法。硬件和软件的模块化设计,不仅可以有效地降低生产成本,而且可以显著缩短新产品研制与开发周期;模块化制造系统可以极大地提高制造系统的柔性,并可根据需要迅速实现制造系统的重组。

制造柔性化还将为大量定制生产的制造系统模式提供基础。大量定制生产是根据每个用户的个性化需求以大批量生产的成本提供定制产品的一种生产模式。它实现了用户的个性化和大批量的有机组合。大量定制生产模式可能是下一次的制造革命,如同 20 世纪初的大量生产方式,将对制造业产生巨大的变革。大量定制生产模式的关键是实现产品标准化和制造柔性化之间的平衡。

3) 制造方法数字化

数字化制造是指将信息技术用于产品设计、制造及管理等产品全生命周期中,以达到提高制造效率和质量、降低制造成本、实现敏捷响应市场的目的所涉及的一系列活动的总称。制造过程可以看成是一个数字信息处理和加工的过程,在这一过程中,产品的数字信息含量不断丰富,生产计划与管理信息不断具体化。为了提高系统的运行效率,以信息辅助决策并不断创造价值,制造系统中的信息必须有序流动、高效传输、统一管理,并实现应用间的集成。为此,制造系统信息化已成为制造系统快速响应市场、提高经济效益的重要手段。

4) 制造方式网络化

通信与交通的迅速发展大大加速了市场全球化的进程,而计算机网络的问世和发展则为制造全球化奠定了基础,使企业之间的信息传输与信息集成及异地制造成为可能。可以说,正是由于网络技术的迅速发展,使得企业的制造活动进入了一个全新的时代,其影响的深度、广度和发展速度已经远远超过人们的预测。制造网络化,特别是基于 Internet/Intranet 的制造,已经成为现代制造系统的重要发展趋势。

网络化制造是指通过采用先进的网络技术、制造技术和其他相关技术,构建面向企业特定需求的基于网络的制造系统,并在系统的支持下,突破空间对企业生产经营范围和方式的约束,开展覆盖产品整个生命周期全部或部分环节的企业业务活动(如产品设计、制造、销售、采购、管理等),实现企业间的协同和各种社会资源的共享与集成,高速度、高质量、低成本地为市场提供所需的产品和服务。

　　网络化制造的内涵包括：①网络化制造覆盖产品整个生命周期全部或部分环节的企业业务活动（如产品设计、制造、销售、采购、管理等）；②通过网络突破地理空间障碍，实现企业内部及企业间资源共享和制造协同；③强调企业间的协作与社会范围内的资源共享，提高企业（群）产品创新和制造能力，实现产品设计制造的低成本和高效率；④针对企业具体情况和应用需求，可以有多种不同功能、不同形态和应用模式的网络化制造系统。

　　5）制造过程智能化

　　智能制造（intelligent manufacturing，IM）是指在制造系统及制造过程的各个环节通过计算机来实现人类专家的制造智能活动。智能制造技术（IMT）是实现智能制造的各种制造技术的总称。智能制造系统（IMS）是基于智能制造技术实现的制造系统，是一种由智能机器和人类专家共同组成的人机一体化系统。IMS突出了在制造诸环节中，以一种高度柔性与集成的方式，借助计算机模拟的人类专家的智能活动，进行分析、判断、推理、构思和决策，取代或延伸制造环境中人的部分脑力劳动，并对人类专家的制造智能进行收集、存储、完善、共享、继承和发展。

　　智能制造提出在实际制造系统中以机器智能取代人的部分脑力劳动为目标，强调系统的自组织与自学习能力，强调制造智能的集成，即机器智能和人类智能的有机融合。智能制造的核心含义在于用计算机实现的机器智能来取代或延伸制造环境中人的部分智能，以减轻人类制造专家部分繁重的脑力劳动负担，并提高制造系统的柔性、精度和效率。

　　智能化被称为21世纪的制造技术，是机械制造业发展的重要方向。目前，制造系统的智能化正受到全世界制造业的高度重视，智能制造技术和智能制造系统被认为是21世纪重点发展的制造技术和模式之一，具有自律、分布、智能、仿生、敏捷和分形等特点。

1.2　制造系统运行调度优化

1.2.1　调度问题概述

　　调度问题是在实际工作中广泛应用的运筹学问题，可以定义为"将有限的资源在时间上分配给若干个任务，以满足或优化一个或多个目标"。调度不仅是排序，还需要确定各个任务的开始时间和结束时间。调度优化问题的应用十分广泛，如生产作业计划、企业管理、交通运输、航空航天、医疗卫生和网络通信等领域，大量的工程科学问题都可以抽象成调度优化问题。由此可见，对调度的研究是十分重要的，也是十分有意义的。

　　在制造领域，车间生产调度是实现制造业生产高效率、高柔性和高可靠性的关键,是制造系统的基础。生产调度的优化是先进制造技术和现代管理技术的核心技术。近 20 年来,国际生产工程学会(CIRP)总结了四十种先进制造模式,都是以优化的生产调度为基础。生产调度是指针对一项可分解的工作(如产品生产),在尽可能满足约束条件(如工艺计划、资源情况、交货期等)的前提下,通过下达生产指令,安排其组成部分(操作)所使用的资源、加工时间及加工次序,以获得产品制造时间或成本等的最优化。有关资料表明,制造过程中 95% 的时间消耗在非切削过程中,因此制造过程的调度技术直接影响着制造的成本和效益。采用高效的优化调度技术不仅能对客户紧急订单及生产突发事件等作出更迅速和更科学的反应,而且能显著改善企业的生产性能指标。随着全球市场竞争的加剧、客户的需求也日益多样化和个性化,企业生产正朝着"品种多样、批量变小、注重交货期、库存减少"的方向发展,制造系统的调度问题受到广泛的重视。

1.2.2 调度问题描述

车间调度问题一般可以描述为:n 个工件在 m 台机器上加工。一个工件分为 k 道工序,每道工序可以在若干台机器上加工,而且必须按一些可行的工艺次序进行加工;每台机器可以加工工件的若干工序,并且在不同机器上加工的工序集可以不同。调度的目标是将工件合理地安排到各机器上,并合理地安排工件的加工次序和加工开始时间,使约束条件被满足,同时优化一些性能指标。在实际制造系统中,还要考虑刀具、托盘和物料搬运系统的调度问题。

一般制造系统调度问题采用"$n/m/A/B$"的简明表示来描述调度问题的类型[7,8],其中 n 为工件类数、m 为机器数、A 表示工件流经机器形态类型、B 表示性能指标类型。对于 A(以字母表示),常见的工件流经机器类型如下。

J:	单件车间调度问题(job-shop)
F:	流水车间调度问题(flow-shop)
F,perm:	置换流水线调度问题(permutation flow-shop)
O:	开放式调度问题(open-shop)
K-parallel:	K 个机器并行加工调度问题

性能指标 B(以符号表示)形式多种多样,大体可分为以下几类:

(1) 基于加工完成时间的性能指标,如 C_{max}(最大完工时间)、$\bar{C}$(平均完工时间)、$\bar{F}$(平均流经时间)、F_{max}(最大流经时间)等。

(2) 基于交货期的性能指标,如 $\bar{L}$(平均推迟完成时间)、L_{max}(最大推迟完成时间)、T_{max}(最大拖后时间)、$\sum_{i=1}^{n} T_i$(总拖后完成时间)、n_T(拖后工件个数)等。

(3) 基于库存的性能指标,如 $\bar{N}_w$(平均待加工工件数)、$\bar{N}_c$(平均已完工工件数)、$\bar{I}$(平均机器空闲时间)等。

　　(4) 多目标综合性能指标,如最大完工时间与总拖后完成时间的综合,即
$C_{\max}+\lambda\sum_{i=1}^{n}T_i$;$E/T$ 调度问题,即 $\sum(\alpha_iE_i+\beta_iT_i)$,其中 α_i 和 β_i 为权重。

　　其中,如果目标函数是完工时间的非减函数,则称为正规性能指标(regular measure),如 $C_{\max}$、$\bar{C}$、$\bar{F}$、$F_{\max}$、$\bar{L}$、$L_{\max}$、$\bar{T}$、$T_{\max}$、n_T 等;否则称为非正规性能指标,如提前/拖后惩罚代价最小。

　　此外,制造系统的调度问题还随着实际生产发展而不断扩展,以进一步贴近现实生产。与传统的调度问题不同,这些新扩展的调度问题或者突破了传统调度问题的某些假设,或者引入了由实际需求所决定的新型性能指标,如柔性制造系统调度、半导体或集成电路制造中的批处理调度、并行多处理机任务调度等。对这些调度问题的研究构成了当今调度问题领域中一个新的方向。

　　生产调度的对象与目标决定了这一问题所具有的复杂特性,其突出表现为调度目标的多样性、调度环境的不确定性和问题求解过程的复杂性,具体表现如下[9~11]。

　　(1) 多约束性。在通常情况下,工件的加工路线是已知的,并且受到严格的工艺约束,这使得各道工序在加工顺序上具有先后约束关系。同时,工件的加工机器集是已知的,工件必须按照顺序在可以选择的机床上进行加工。

　　(2) 离散性。车间生产系统是典型的离散系统,是离散优化问题。工件的加工开始时间、任务的到达、订单的变更、设备的增加和故障等都是离散事件。利用数学规划、离散系统建模与仿真、排序理论等方法使研究车间调度问题成为可能。

　　(3) 计算复杂性。车间调度是一个在若干等式和不等式约束下的组合优化问题,从计算时间复杂度上看是一个 NP 难问题。随调度规模的增大,问题可行解的数量呈指数级增加。举一个简单的例子:工件和机器的数量均为 10 的单机车间调度问题,当单纯考虑加工周期最短时,可能的组合数就已达到$(10!)^{10}$。

　　(4) 不确定性。在实际车间调度中有很多随机不确定的因素,如工件到达时间的不确定性、工件的加工时间在不同的加工机器上也有一定的不确定性。而且,系统中常有突发事件,如紧急订单插入、订单取消、原材料紧缺、交货期变更、设备发生故障等[12]。

　　(5) 多目标性。在不同类型的生产企业和不同的生产环境下,调度目标往往是形式多样、种类繁多的,如完工时间最小、交货期最早、设备利用率最高、成本最低、在制品库存量最少等。多目标性的含义一个是目标的多样性;另一个是多个目标需要同时得到满足,并且各个目标之间往往是相互冲突的。

　　车间调度问题的特点使其从产生至今一直吸引着不同领域的研究人员寻求不同的有效方法对其进行求解,多年来仍不能完全满足实际应用的需要,这也促使人们更加深入、全面地对其进行研究,提出更有效的理论和方法,以满足企业的实际需求。

1.2.3 调度问题的研究方法

调度问题的研究始于 20 世纪 50 年代。在 1954 年,Johnson 提出了解决 $n/2/F/C_{max}$ 和部分特殊的 $n/3/F/C_{max}$ 问题的有效优化算法[13],代表经典调度理论研究的开始。不过直到 50 年代末期,研究成果仍主要是针对一些特殊情况和规模较小的单机和简单的流水车间问题提出了一些解析优化方法,研究范围较窄。1975年,中国科学院研究员越民义、韩继业在《中国科学》上发表了论文"n 个零件在 m台机床上的加工顺序问题"[14],从此揭开了国内调度理论研究的序幕。

20 世纪 60 年代,研究人员多是利用混合或纯整数规划、动态规划和分枝定界法等运筹学的经典方法解决一些有代表性的问题。此时也有人开始尝试用启发式算法进行研究,如 Giffler[15]、Gavett[16] 和 Gere[17] 都曾提出过不同的优先分派规则。至此,调度理论的基本框架初步成形。70 年代,学者开始对算法复杂性进行深入研究,多数调度问题被证明属于 NP 完全问题或 NP 难问题,难以找到多项式时间算法,因此开始关注有效的启发式算法[18]。Panwalkar 总结和归纳出了 113条调度规则,并对其进行了分类[19],至此,经典调度理论趋向成熟。80 年代以后,随着计算机技术、生命科学和工程科学等学科的相互交叉和相互渗透,许多跨学科的方法被应用到研究中。90 年代初是最优化技术最繁荣的时期,在这个时期涌现出大量的新方法。例如,Nowicki[20] 用约束满足技术和 Foo[21,22] 用神经网络技术,以及 Storer[23] 的多起点局部搜索、Aarts[24] 和 Peter[25] 的模拟退火、Laguna[26] 的禁忌搜索、Nakano[27] 的遗传算法等。90 年代以后,约束传播、粒子群优化、蚁群算法和 DNA 算法等新算法不断出现。目前这些算法都还在不断的改进和发展,使得它们在求解特殊的调度问题或者一般的调度问题时更加实用、高效。

纵观目前国内外的研究成果,从总体趋势上来讲,经典调度理论依然是调度研究的基石,但是实际生产中的调度问题要比经典调度问题复杂得多。从 20 世纪80 年代开始,许多学者就一直在尝试并致力于将调度理论应用于实际调度问题,如何将丰富的调度研究成果应用于实际的调度问题,就成为人们普遍关心的问题。这也促使着更多的研究人员寻找更有效的方法来解决这个难题。

从 Johnson 揭开调度问题研究的序幕以来,调度问题一直是极其困难的组合优化问题,调度模型从简单到复杂,研究方法也随着调度模型的变迁从开始的数学方法发展到启发式的智能算法。解决调度问题的方法主要分为两类:精确方法(exact method)和近似方法(approximation method)。精确方法也可称为最优化方法,能够保证得到全局最优解,但只能解决较小规模的问题,而且速度很慢。近似方法求解时,可以很快地得到问题的解,但不能保证得到的解是最优的,不过对于大规模问题是非常合适的,可以较好地满足实际问题的需求。图 1.2 列举了近年来求解调度问题的主要研究方法,下面分别针对部分主要研究方法进行简要介绍。

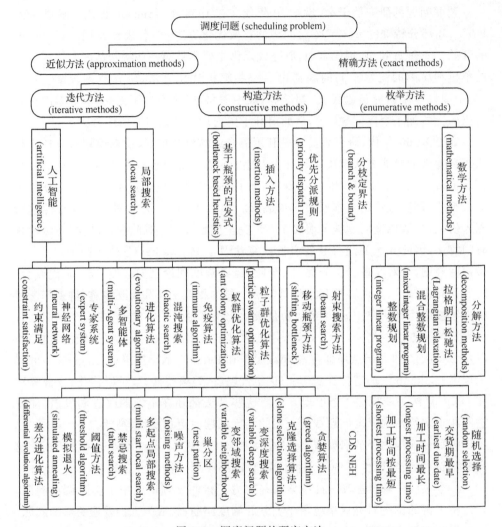

图 1.2　调度问题的研究方法

1. 精确方法

精确方法主要包括整数规划、混合整数规划、拉格朗日松弛法、分解方法,以及分枝定界法等。

1) 数学方法

数学规划中求解调度问题的最常见方法是混合整数规划。混合整数规划有一组线性约束和一个线性目标函数。该方法限制决策变量都必须是整数,导致在运算中出现的整数个数以指数规模增长,即便使用更好、更简洁的公式表述,也需要大量的约束条件。

拉格朗日松弛法和分解方法是两种较成功的数学模型方法[28]。拉格朗日松弛法用非负拉格朗日乘子对工艺约束和资源约束进行松弛,最后将惩罚函数加入目标函数中。上海交通大学的刘学英用拉格朗日松弛法解决车间调度问题[29]。分解方法将原问题分解为多个小的易于解决的子问题,然后对子问题寻找最优。

2) 分枝定界法

分枝定界法(B&B)是用动态树结构来描述所有的可行解排序的解空间,树的分枝隐含有要被搜索的可行解。Balas[30]在 1969 年提出的基于析取图的枚举算法是最早应用于调度问题求解的 B&B 方法。B&B 非常适合解决总工序数小于 250 的问题[31],但对于解决大规模问题,由于它需要巨大的计算时间,限制了它的使用。目前,对这种方法研究的重心是如何与智能算法相结合,减少最初的搜索阶段中的节点,提高搜索效率和求解效果。

2. 近似方法

由于大多数调度问题的复杂性和精确枚举方法所存在的上述问题,近似方法成了一种可行的选择。近似方法可以在较为合理的时间内迅速求得可以接受的满意解。由于它的求解速度快,解的质量还可接受,因此可用于解决较大规模的调度问题。

1) 构造方法

构造方法主要包括优先分派规则、插入方法和基于瓶颈的启发式等方法。

(1) 优先分派规则。

优先分派规则(PDR)是最早的近似算法。该方法是分派一个优先权给所有的被加工工序,然后选出优先权最高的加工工序最先排序,接下来按优先权次序依次进行排序。由于该方法非常容易实现而且计算复杂性低,在实际的调度问题中经常被使用。Panwalkar 和 Iskander[19]对各种不同规则进行了归纳和总结。在实际中常用的规则有 SPT、LPT、EDD、MOR 和 FCFS 等。大量该领域的研究表明:对于大规模的调度问题,多种优先分派规则组合起来使用更具有优势;另外,该方法具有短视的缺点,如它只考虑机器的当前状态和解的质量等级等问题。

(2) 基于瓶颈的启发式。

基于瓶颈的启发式一般而言主要包括瓶颈移动方法(SBP)和射束搜索方法。SBP 是目前求解调度问题最有效的构造方法之一,由 Adams[32]在 1988 年提出,也是第一个解决 FT10 标准测试实例的启发式算法。SBP 方法的主要贡献是提供了一种用单一机器确定将要排序的机器的排序途径。实际求解时,把问题化为多个单一机器问题,每次解决一个子问题,把每个子问题的解与所有其他子问题的解比较,每个机器依解的好坏排列,有着最大下界的机器被认为是瓶颈机器。而单一机器问题的排序用 Carlier 的方法通过迭代来解决,这个方法可以快速给出一个精确的解[33]。当每次瓶颈机器排序后,每个先前被排定的有改进能力的机器,通过解决单一机器问题的方法,再次被局部重新最优化。虽然 SBP 可以得到比优先分派规则法质量更好的解,但是计算时间较长,而且实现比较复杂。

2）人工智能

20 世纪 80 年代出现的人工智能在调度研究中占据重要的地位,也为解决调度问题提供了一种较好的途径。主要包括:约束满足、神经网络、专家系统、多智能体,以及后来人们通过模拟或揭示某些自然现象、过程和规律而发展的元启发式算法(如进化算法、免疫算法、蚁群优化算法和粒子群优化算法等)。

（1）约束满足。

约束满足(CS)是通过运用约束减少搜索空间的有效规模。这些约束限制了选择变量的次序和分配到每个变量可能值的排序。当一个值被分配给一个变量后,不一致的情况被剔除。去掉不一致的过程称为一致性检查(consistency checking),但是这需要进行回访修正,当所有的变量都得到分配的值并且不与约束条件冲突时约束满足问题就得到了解决。Pesch 和 Tetzlaff 指出,该方法只是在一定程度上给调度者高水平的指导方针,较少应用于实际调度[34]。

（2）神经网络。

神经网络(NN)通过一个 Lyapunov 能量函数构造网络的极值,当网络迭代收敛时,能量函数达到极小,使与能量函数对应的目标函数得到优化。用 NN 解决旅行商问题(TSP)是其在组合优化问题中最成功的应用之一。Foo 和 Takefuji[21]最早提出用 Hopfield 模型求解车间调度问题,之后有大量学者进行了改进性研究。除了 Hopfield 模型之外,BP 模型也较多地应用于求解车间调度问题。Remus[35]最早利用 BP 模型求解调度问题,之后有大量学者对此模型进行研究。目前,神经网络仅能解决规模较小的调度问题,而且计算效率非常低,不能较好地求解实际大规模的调度问题。

（3）专家系统。

专家系统(ES)是一种能够在特定领域内模拟人类专家思维以解决复杂问题的计算机程序。专家系统通常由人机交互界面、知识库、推理机、解释器、综合数据库和知识获取等六个部分构成。它将传统的调度方法与基于知识的调度评价相结合,根据给定的优化目标和系统当前状态,对知识库进行有效的启发式搜索和并行模糊推理,避开烦琐的计算,选择最优的调度方案,为在线决策提供支持。比较著名的专家系统有 ISIS[36]、OPIS[37]、CORTES[38]、SOJA[39]等。由于专家系统需要丰富的调度经验和大量知识的积累,使得开发周期较长,而且成本昂贵,对新环境的适应能力较差,因此专家系统一般对领域的要求非常严格。

(4) 多智能体。

为了解决复杂问题,克服单一的专家系统所导致的知识有限、处理能力弱等问题,出现了分布式人工智能(distributed artificial intelligence,DAI)。多个智能体的协作正好符合分布式人工智能的要求,因此出现了多智能体系统(MAS)。MAS对开放和动态的实际生产环境具有良好的灵活性和适应性,因此 MAS 在实际生产中不确定因素较多的车间调度等领域中获得越来越多的应用[40]。不过,MAS和专家系统具有相同的不足,需要丰富的调度经验和大量知识的积累等。

(5) 进化算法。

进化算法(EA)通常包括遗传算法(genetic algorithm,GA)[41]、遗传规划(genetic programming,GP)[42]、进化策略(evolution strategies,ES)[43]和进化规划(evolutionary programming,EP)[44]。这些方法都是模仿生物遗传和自然选择的机理,用人工方式构造的一类优化搜索算法。其侧重点不同,GA 主要发展自适应系统,是应用最广的算法;EP 主要求解预期问题;ES 主要解决参数优化问题。1985 年,Davis 最早将 GA 应用到调度问题,通过一个简单的 20×6 的车间调度问题验证了采用 GA 的可行性。此后,Falkenauer 和 Bouffouix[45]进一步进行了改进提高。1991 年,Nakano[46]首先将 GA 应用到了一系列车间调度的典型问题中。Yamada 和 Nakano[47] 在 1992 年提出了一种基于 Giffler 和 Thompson 的算法GA/GT。自 1975 年 Holland 教授提出遗传算法以来,国内对其在求解车间调度问题的文献非常多,其中清华大学的王凌[48]和郑大钟较好地对遗传算法及其在调度问题中的应用进行了分析和总结。

(6) 蚁群优化算法。

蚁群优化(ACO)算法是意大利学者 Dorigo 等于 1991 提出的[49],模拟蚂蚁在寻找食物过程中发现路径的行为。蚂蚁在寻找食物过程中,会在它们经过的地方留下一些化学物质"外激素(stigmergy)"或"信息素(pheromone)"。这些物质能被同一蚁群中后来的蚂蚁感受到,并作为一种信号影响后来者的行动,而后来者也会留下外激素对原有的外激素进行修正,如此反复循环下去,外激素最强的地方形成一条路径。Colorni 等[50]首先用蚁群算法求解车间调度问题,国内也有许多学者进行此方面研究。蚁群算法在求解复杂组合优化方面有一定的优越性,不过容易出现停滞现象,收敛速度慢。

(7) 粒子群优化算法。

粒子群优化(PSO)算法是由 Eberhart 博士和 Kennedy 博士[51,52]在 1995 提出的,源于对鸟群捕食行为的模拟研究。在 PSO 算法中,系统初始化为一组随机解,称为粒子。每个粒子都有一个适应值表示粒子的位置,还有一个速度来决定粒子飞翔的方向和距离。在每一次迭代中,粒子通过两个极值来更新自己,一个极值是粒子自身所找到的最优解,称为个体极值,另一个极值是整个种群目前找到的最优解,称为全局极值。国内关于 PSO 算法在车间调度中的应用研究较多,尤其是华中科技大学的高亮等[53~56]在 PSO 算法应用方面做了大量工作。PSO 算法最初应用于连续问题优化,如何较好地离散化以应用于组合优化问题是一个研究热点。

3) 局部搜索

局部搜索(LS)是将人们从生物进化、物理过程中受到的启发用于组合优化问题,从早期的启发式算法变化而来的。LS 以模拟退火、禁忌搜索为代表,应用广泛。LS 必须依据问题设计优良的邻域结构产生较好的邻域解来提高算法的搜索效率和能力。

(1) 模拟退火。

模拟退火(SA)是 Kirkpatrick 等[57]在 1983 年提出的,源于模拟物理退火的过程,并且结合 Metropolis 准则[58]。模拟退火算法在进行局部搜索过程中,即使某个解的目标函数值变坏,仍可以采用 Metropolis 准则以一定的概率接受新的较差解或继续在当前邻域内搜索,以免陷入局部最优解,整个过程由一个称为温度的参数 t 来控制。Laarhoven 和 Matsuo[59]在 1988 年首先将 SA 算法用于求解车间调度问题。此后 Laarhoven[60]对 SA 算法进行改进,取得了较好的求解结果。由于 SA 算法是一般的随机搜索算法,搜索过程也没有记忆功能,求解调度问题时不能非常迅速地得到较好解。然而,SA 与其他算法相结合可以增强局部搜索能力,可以在结果和计算时间上都有明显改善[61]。

(2) 禁忌搜索。

禁忌搜索(TS)由 Golver[62]和 Hansen[63]在 1986 年提出。TS 在运行时,按照某种方式产生一个初始解,然后搜索其邻域内的所有可行解,取其最优解作为当前解。为了避免重复搜索,而引入灵活的存储结构和相应的禁忌准则(即禁忌表和禁忌对象);为了避免陷入局部最优,而引入特赦准则,允许一定程度地接受较差解。1996 年,Nowicki 和 Smutnicki[64]设计了一种基于关键路径的邻域结构,对 TS 求解调度问题影响非常大。TS 算法求解速度快而且应用较为广泛,但它依赖于问题模型和邻域结构等,可以与其他算法结合提高局部搜索能力。

除了上述方法以外,还有很多种方法可以对调度问题进行求解,如 Petri 网和仿真调度法、文化算法(cultural algorithm)、DNA 算法、Memetic 算法、分散搜索(scatter search)等。由于各种调度算法都不同程度地存在各自的优缺点,近来许多学者开始将各种元启发式算法或最优化算法进行组合应用研究,弥补各自的缺点,发挥各自的优势,以达到高度次优化的目标。目前,解决调度问题最先进的算法一般是混合算法,如 LS 与 SB[65]、TS 与 B&B[66],以及 SA 与 SB[67,68]混合等,以弥补单一方法的不足。混合算法的研究已成为解决优化调度问题一个新的发展趋势。

1.3　制造执行系统技术

1.3.1　制造执行系统概述

在企业的生产运作管理流程中,一般抽象为三个层次,即计划层、执行层和控制层。计划层按照客户订单、库存和市场预测情况,安排生产和组织物料。执行层根据计划层下达的生产计划、物料和控制层的工作情况,制订车间作业计划,安排控制层的加工任务,对作业计划和任务执行情况进行汇总和上报;当生产计划变更、物料短缺、设备发生故障、出现加工质量等问题时,执行层对作业计划进行及时调整,保证生产过程正常进行。执行层处于企业计划层与控制层之间,存在大量的信息传递、交互与处理的过程。控制层,又称设备层,完成产品零件的加工或装配。

美国先进制造研究机构(Advanced Manufacturing Research Inc. ,AMR)通过对大量企业的调查研究和归纳总结,于 20 世纪 90 年代初首次提出了"制造执行系统"(MES)的理念。AMR 的调查结果表明,在企业的计划层普遍采用 MRP-Ⅱ/ERP 为代表的企业管理信息系统;在企业的生产控制层则采用 SCADA(supervisory control and data acquisition)和 HMI(human machine interface)为代表的生产过程监控软件系统;在计划层和控制层之间则是由 MES 构成的执行层,MES 作为计划层和控制层之间的桥梁,实现计划层和控制层之间数据交换。因此,AMR组织提出了由计划层、执行层和控制层组成的企业信息集成模型,如图 1.3 所示。

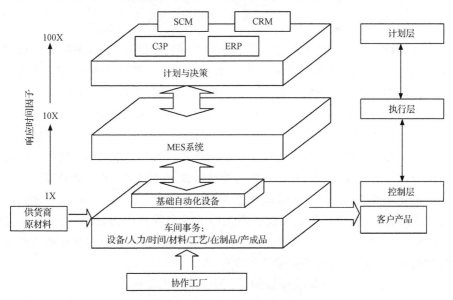

图 1.3　企业信息化的三层结构模型

在企业的信息化三层结构模型中，MES 在计划管理层与底层控制之间架起了一座桥梁，以实现两者之间的无缝连接。一方面，MES 可以对来自 MRP-Ⅱ/ERP 的生产计划信息分解、细化，形成作业指令，控制层按照作业指令完成生产加工过程；另一方面，MES 可以实时监控底层设备的运行状态、在制品及作业指令的执行情况，并将它们及时反馈给计划层。企业信息化的三层结构模型的信息流动状况，如图 1.4 所示。

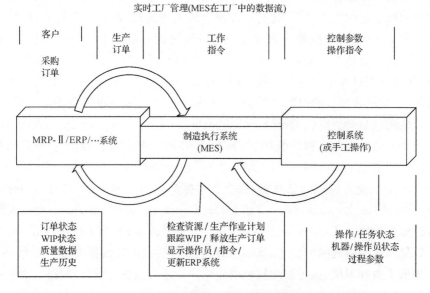

图 1.4　三层结构模型的信息流

因此，通过 MES 把生产计划与车间作业现场控制联系起来，解决了上层生产计划管理与底层生产过程之间脱节的问题，打通了企业的信息通道，使企业生产计划的执行过程实现了透明化，为企业快速响应市场奠定了良好的基础。

由美国牵头发起成立的制造执行系统协会（Manufacturing Execution System Association，MESA）组织，给 MES 下了一个定义：“MES 能通过信息传递对从订单下达到产品完成的整个生产过程进行优化管理。当工厂发生实时事件时，MES 能对此及时做出反应、报告，并用当前的准确数据对它们进行指导和处理。这种状态变化的迅速响应使 MES 能够减少企业内部没有附加值的活动，有效地指导工厂的生产运作过程，从而使其既能提高工厂及时交货的能力，改善物流的流通性能，又能提高生产回报率。MES 还通过双向的直接通信在企业内部和整个产品供应链中提供有关产品行为的关键任务信息。”

MESA 组织在 MES 定义中强调了三个观点：

（1）MES 是对整个车间制造过程的优化，而不是单一解决某个生产瓶颈；

（2）MES 必须提供实时收集生产过程中数据的功能，并作出相应的分析和处理；

（3）MES 需要与计划层和控制层进行信息交互，通过企业的连续信息流来实现企业乃至整个供应链的信息集成。

该组织还归纳总结出 MES 的 11 个功能模块，分派生产单元、资源配置与状态、作业/详细调度、产品跟踪与谱系、人力管理、文档控制、性能分析、维护管理、过程管理、质量管理和数据采集/获取模块，如图 1.5 所示。

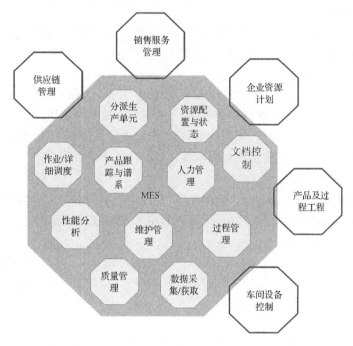

图 1.5 MESA 组织定义的 MES 功能模型

（1）分派生产单元模块。

以任务、订单、批次、数量及作业指令对生产流程进行管理，针对生产过程中出现的突发问题及时修改作业指令，调整加工顺序；还可以通过重新安排生产和补救措施，改变已下达的计划以及利用缓冲区来控制生产单元的负荷。

（2）资源配置与状态模块。

管理各种资源，如设备、工具、材料、辅助设备以及派工单、领料单、工序卡等相关作业指令和文件，提供设备的实时状态，确保设备正常开工所必需的资源，对生产过程所需各种资源都有详细的记录，以保证车间滚动作业计划顺利执行。

（3）作业/详细调度模块。

按照在制品的优先级、属性、几何特征安排加工顺序或路径，使得设备的调整或准备时间最少。根据不同的加工路径,以及加工路径的重叠与并行情况,通过计算出它们的加工时间或设备负荷,从而获得较优的加工顺序或路径。

(4)产品跟踪与谱系模块。

管理加工过程(从原料、在制品、零部件到成品)中每个生产单元的在制品,实时记录在制品的状态、物料(供应商、批号、数量等)消耗状况、在制品暂存、返工、报废、入库等情况,在线提供计划的实际执行进度,反映在制品和产品的当前状态情况,追溯产品在加工过程中的各项记录。

(5)人力管理模块。

记录员工的作息时间、操作技能、变动和调整情况、员工的间接活动(如领料、备料、准备时间等),作为成本分析和绩效考核的依据。

(6)文档控制模块。

统一管理与生产单元、生产过程相关的文档/表单,如作业指令、操作指导书、工艺文件(配方)、图纸、标准操作规程、加工程序、计划任务文档、质量信息记录文档、质量体系文档、批次记录、工程变更通知、交接班记录、批量产品记录、工程设计变动通知,以及文档的历史记录和版本等。

(7)性能分析模块。

实时提供实际产出、预计产出、生产周期、在制品和产品的完工情况、质量数据统计分析结果、与历史数据对比结果、资源利用率、车间直接费用等。

(8)维护管理模块。

对生产过程中的设备(含刀具、夹具、量具、辅具)进行管理,记录设备的基本信息(加工范围、精度、对象、持续工作时间等)、设备当前状态(设备负荷、可用性)、设备维修计划、设备故障和维修情况。

(9)过程管理模块。

监测生产过程中的每项操作活动及过程,使得生产单元有序按时地执行作业指令。记录异常事件的详细信息(发生时间、现象、原因、等级等),并对异常事件做出报警或自动纠正处理。

(10)质量管理模块。

从生产过程实时采集质量数据,对质量数据进行分析、跟踪、管理和发布。运用数理统计方法对质量数据进行相关分析,监控产品的质量,同时鉴别出潜在的质量问题;对造成质量异常的操作、相关现象、原因,提出纠正或校正的措施或提出质量改进意见和计划。

(11)数据采集/获取模块。

通过手工或自动的方式实时获取加工过程中产生的相关数据,如对象、批次、数量、时间、质量、过程参数、设备启停时间、能源消耗等,这些数据可能存在于生产单元相关的文档/记录中、来源于底层 DCS 或 PLC 装置中或采用其他方式获得,是性能分析模块的数据源。

这11个功能模块的简要说明见表1.1。

表 1.1 MES 11 个功能模块简要说明

序号	功能模块名称	功能模块英文名称	功能模块简介
1	分派生产单元	dispatching production units	管理和控制生产单元的流程
2	资源配置与状态	resource allocation and status	管理车间资源状态及分配信息
3	作业/详细调度	operations/detail scheduling	生成作业计划,安排作业顺序
4	产品跟踪与谱系	product tracking and genealogy	提供在制品的状态信息
5	人力管理	labor management	提供最新的员工状态信息
6	文档控制	document control/specification management	管理、控制与生产单元相关的记录
7	性能分析	performance analysis	提供最新的生产过程信息
8	维护管理	maintenance management	跟踪和指导设备及工具的维护活动
9	过程管理	process management	对生产过程进行监控
10	质量管理	quality management	记录、跟踪和分析产品及过程的质量
11	数据采集/获取	data collection/acquisition	采集生产过程中各种必要的数据

1.3.2 制造执行系统研究现状与发展趋势

国外的 MES 研究主要包括以下几个方面[69~80]:

(1) 适用于各种不同生产环境的专用 MES,如应用于半导体和 MEMS 车间,强调调度和资源优化的 AHEAD MES,以及适用于 FMS 系统的 MES。它们针对车间某些特定生产问题提供有限的功能和自成一体的相应软件系统,具有实施快、投入少等优点,但通用性和可集成性差。

(2) 工具化 MES,如以微电子制造虚拟企业为背景的工具化 MES 系统 X-CITTIC。

(3) 集成化 MES,如用于半导体制造企业的 MES 系统。它通过采用统一的逻辑数据库和产品及过程模型为特定车间环境提供了更多的应用功能,但仍缺少通用性和广泛的集成能力,难于随业务过程变化重新配置。

(4) 可集成的 MES,如用于虚拟企业的 NIIP-SMART。它应用于面向对象技术和模块化应用组件技术,使系统具有便于客户化、可重构和可扩展等特性。

(5) 智能第二代的 MES 解决方案,其核心目标是通过更精确的过程状态跟踪和更完整的数据记录以获取更多的数据来更方便地进行生产管理和改善系统性能,并通过分布在设备中的智能来保证车间生产的自动化。

(6) 可扩充的 MES,如日本信息促进委员会和一些企业伙伴(如 Sofix 有限公司等)支持的 OpenMES 项目。它主要应用了面向对象框架方法,并对 MES 的每个功能组给出了对象模型、部件模型和部件协作关系。而且,为了实现框架无关性,采用了 Java 和 CORBA 技术。

(7) 面向大规模定制生产的 MES,如欧联盟资助的 IMS 和 IST 项目之一——PABADIS(plant automation based on distributed systems)。它不仅提供一般 MES 的功能,而且通过更为关注每个产品的整个开发过程,对产品实现更好的生产控制,具有柔性自动化、容错、可重构和真正面向产品的特点。这种 MES 综合应用软件 Agent 和网络技术,便于分布的资源提供者和消耗者通过合作获得尽可能好的生产计划。

(8) 虚拟企业的 MES,如 e-制造环境下基于虚拟生产线的 MES 及其自适应监控系统。

(9) Web 使用的协同 MES。

(10) 分布制造执行系统。

(11) 计算机集成制造执行系统乃至全能制造执行系统。

另外,MES 的发展还与其他相关的研究有分不开的关系。由美国国家标准技术协会资助的智能集成制造计划与执行联盟(consortium for intelligent integrated manufacturing planning-execution,CIIMPLEX)所包括的一些私有公司和大学[81] 致力于研究企业范围的制造计划和执行的智能集成技术。Iwata 等提出的广义随机制造(generalized random manufacturing,GRM)[82] 系统是一种面向不同自动化程度车间的制造系统。它面向客户订单,能在复杂多变的环境中,依据系统内在奖惩、竞争协调等机制,自动寻找与环境的误差,并通过自主式工艺设计、作业计划及生产调度,合理地利用和组织制造资源,通过竞争与协调机制,优化作业计划及过程控制,实现车间生产的全局动态优化。这些研究与 MES 的研究相互促进,共同发展。

MESA 分别在 1993 年和 1996 年以问卷方式对若干典型企业进行了两次有关 MES 应用情况的调查[83],如表 1.2 所示。这些典型企业覆盖了医疗产品、塑料与化合物、金属制造、电气/电子、汽车、玻璃纤维、通信七大行业。结果显示企业在使用 MES 后的确可以缩短生产周期、减少在制品(WIP)、减少提前期、改善产品质量等。

表 1. 2　MESA 分别在 1993 年和 1996 年所做的调查统计数据

改善项目	统计数据(1993 年)	统计数据(1996 年)
缩短制造周期时间	· 在 40% 的周期时间里,有 60% 以上有减少 · 降低的幅度为 2%～80% · 平均减少了 45%	· 平均减少了 35% · 降低的幅度为 10%～80%
降低或消除数据录入时间	· 在 60% 的数据录入时间里,有 75% 以上减少 · 降低的幅度为 25%～100% · 平均减少了 75%	· 在接近一半的报告中,有 50% 以上减少 · 降低的幅度为 0～90% · 平均减少了 36%
减少在制品	· 在 57% 的在制品里,有 25% 以上有减少 · 降低的幅度为 25%～100% · 平均减少了 17%	· 降低的幅度为 0～100% · 平均减少了 32%
降低或排除转换间的文书工作	· 在 63% 的资料中,有 50% 以上有减少 · 降低的幅度为 5%～100% · 平均减少了 17%	· 降低的幅度为 0～200% · 平均减少了 67%
缩短提前期	· 在 50% 的资料中,有 30% 以上有减少 · 降低的幅度为 2%～60% · 平均减少了 32%	· 降低的幅度为 0～80% · 平均减少了 22%
提高产品质量、减少次品	· 平均缺陷数降低 15% · 降低幅度 5%～25%	· 降低的幅度为 0～65% · 平均减少了 22%
消除书面和蓝图作业的浪费	· 平均降低 57% · 降低幅度 10%～100%	· 平均降低 55% · 降低幅度 0～100% · 在 62% 的报告中,有 75% 以上减少

　　除此以外,MES 还会带来许多难以量化的间接经济利益,如满足客户要求的高质量响应;提高制造系统对变化的响应能力以及客户服务水平;均衡企业资源的利用率,优化产能,提高运作效率;大大缩短企业投资回报周期;通过员工授权,大大提高企业员工的工作能力与效率;提高企业敏捷性,增强企业核心竞争力。

　　我国"十五"期间 863 计划将 MES 作为重点研究课题进行资助,取得了一批研究与应用成果。杨建军等提出面向敏捷制造的车间先进管理控制系统[84,85]。中国科学院沈阳自动化研究所的于海斌等提出了可集成制造执行系统的体系结构、运行机制和开发方法,并对该系统的市场进行了分析与预测[86]。东南大学的夏敬华等提出了具有分散化、集成化、智能化特征的先进制造系统模式,并构建了车间级的敏捷制造系统——先进管理控制系统(AMCS)的体系结构及其功能模型[87]。南京理工大学的孙宇等认为 MES 是实现生产过程及其相关的人、物料、设备和在制品的全面集成,并对它们进行有效管理、跟踪和控制的系统,它最终实现制造过程的计划与物料流动、质量控制、工艺等的全面集成,同时也为敏捷制造战略实施提供了基础[88]。刘世平设计了分布的车间管理控制系统[89,90]、乔兵等[91]的分布式动态作业车间调度都采用了基于 Agent 的技术。国内 MES 研究也越来越深入,刘晓冰等为解决车间生产管理软件通用性和可移植性差的弊端,研究了可重构的 MES[92]。它基于车间生产业务的构件化设计思想,采用通用对象请求代理结构和多代理技术,提出了适用于制造行业的车间制造执行系统平台的体系结构,以实现快速重组车间生产业务过程和适应企业敏捷化生产的需要,增强车间生产管理软件的可扩充性、可重构性和可移植性。南京航空航天大学、华中科技大学、北京航空航天大学、河北科技大学等国内研究组织都取得了不少研究成果[87,90,93]。知识化 MES、敏捷 MES、基于 Web 的 MES、基于单元化制造的生产实施系统 MES、基于 Windows DNA 的 MES[94]等的提出也期望在 MES 理论和实践方面有所突破。这些文献对 MES 的概念、内涵、控制结构和总体方案等进行了充分的探讨,但对于 MES 的实现都没有具体的论述,都还需要做进一步的研究。

由于我国对 MES 的研究起步较晚,在 MES 理论方面目前主要停留在对 MES 内涵及有关单一技术(如工序调度)的研究。在 MES 应用方面,大多侧重于 MES 的软件开发及其建模,而且应用水平基本只达到 MES 技术的早期阶段(专用 MES 和集成化 MES),也缺乏具体实际工程应用研究。与西方发达国家相比,无论是在技术深度与应用广度上都存在较大差距。

国内流程工业领域通过"十五"期间的积累,已经涌现了具有市场竞争力的国内 MES 软件供应和集成商,如石化盈科、浙江中控、上海宝信、首钢自动化信息。主要 MES 厂商和系统方案有:石化盈科的 S-MES、首钢自动化信息技术公司的 Q-MES、浙江中控的 ESP-Suite(企业综合自动化整体解决方案)、上海宝信 MES 等。

国内尚无针对离散工业的成熟 MES 产品。还有一些国内软件商,如华铁海兴公司、灵蛙公司、讯泰科技公司、智行科技公司等,将自主研制的 MES 用于机车、船舶、机械、电子等制造企业,取得了良好的应用效果。尽管如此,MES 在国内离散制造业中的应用面不够宽,应用的范围和深度还需要进一步拓展。同时,在数字化制造执行过程中的协同项目管理和任务调度技术,连接现场设备、人员等制造资源和上层控制决策信息系统的交互式电子化、数字化通信系统,以及在基于中间件技术的企业车间层的制造管理与执行系统集成平台等方面还需要进行深入的研究和技术应用。

我国离散工业在 MES 应用方面起步较晚,尚未形成明确的产品形态。经过"十五"期间 863 计划的支持,国内高校和软件公司针对若干典型行业进行了 MES 自主研发和应用实施工作,形成了初步的解决方案,主要包括:华中科技大学开发的面向汽车行业混流装配生产的 A2MES 系统,西北工业大学开发的面向航空行业多品种小批量生产的 Workshop Manager 系统,重庆大学开发的车间设备层信息化系统 eMES,大连华铁海兴科技有限公司开发的天为 MES 系列产品。

在技术架构上,国际上 MES 技术经历了从专用 MES 到集成化 MES 到可集成 MES 的过程;在应用上经历了从局部到整体、从单体向集成方向发展的发展历程,目前正朝着下一代 MES 的方向发展。下一代 MES 的主要特点是基于 ISA-95 标准、采用易于配置的新型体系结构、具有良好的可集成性、更强的实时性和智能性等,其主要目标是以 MES 为引擎实现全球范围内的生产协同。目前,MES 在国际上的技术发展趋势主要体现在以下几个方面。

(1) 新型体系结构的发展:一方面,这种基于新型体系结构的 MES 具有开放式、客户化、可配置、可伸缩等特性;另一方面,随着网络技术的发展及其对制造业的重大影响,MES 的新型体系结构基于 Web 技术,支持网络化功能。

(2) 更强的集成化功能:新型 MES 系统的集成范围更为广泛,覆盖企业整个业务流程。通过建立物流、质量、设备状态的统一工厂数据模型,使数据适应企业业务流程的变更或重组的需求,真正实现 MES 软件系统的开放、可配置、易维护。在集成方式上更为快捷方便和易于实现,通过 MES 系统设计、开发的技术标准,使不同软件供应商的 MES 构件和其他异构的信息化构件可以实现标准化互联与互操作以及即插即用等功能,并能方便地实现遗留系统的保护。

(3) 更强的实时性和智能化:新一代的 MES 应具有更精确的过程状态跟踪和更完整的数据记录功能,可实时获取更多的数据以更准确、更及时、更方便地进行生产过程管理与控制,并具有多源信息的融合及复杂信息处理与快速决策能力。有学者曾提出了智能化第二代 MES 解决方案(MESⅡ),它的核心目标是通过更精确的过程状态跟踪和更完整的数据记录获取更多的数据来更方便地进行生产管理,它通过分布在设备中的智能来保证车间生产的自动。

(4) 支持网络化协同制造:下一代 MES 的一个显著特点是支持生产同步性,支持网络化协同制造。它对分布在不同地点甚至全球范围内的工厂进行实时化信息互联,并以 MES 为引擎进行实时过程管理以协同企业所有的生产活动,建立过程化、敏捷化和级别化的管理使企业生产经营达到同步化。

(5) MES 标准化(ISA-95):ISA-95 企业控制系统集成标准的目的是建立企业级和制造级信息系统之间的集成规范。MES 的标准化进程是推动 MES 发展的强大推动力,国际上 MES 主流供应商(如 Honeywell、Siemens 等)纷纷采用 ISA-95 标准。

1.4　本书主要内容与结构

本书共 8 章,其余章节的内容如下:

第 2 章为单件作业车间生产调度模型与优化算法,针对单件作业车间(job-shop)的生产调度特点,建立相应的数学模型,分别采用遗传算法及遗传算法和禁忌搜索相结合的混合算法求解 job-shop 调度问题,并通过对大量基准实例的计算实验与文献比较,显示出所提出算法的有效性。第 3 章为柔性作业车间生产运作的优化,研究柔性作业车间的静态调度和动态调度问题。针对柔性作业车间调度问题的特点,提出一种改进的遗传算法用于静态调度,以及一种基于改进遗传算法的动态滚动调度策略,并通过实例测试与仿真验证其有效性与可行性。第 4 章为混流装配车间生产计划排序与关联优化,探讨了 JIT 环境下混流装配生产中的排序问题,并根据问题的特点进行了归纳和分类,重点研究面向单一混流装配线的计划排序问题和面向多级装配车间的关联计划排序问题。第 5 章为混流生产系统运作优化与控制,针对混流生产系统的特点及其运作控制需求,研究基于约束管理的混流生产运作控制模型及其关键技术,并运用 Flexism 系统仿真软件进行实例研究,验证了基于约束管理的混流制造模式的优越性。第 6 章为制造系统运作过程中的预测和决策方法,从以下三个方面对制造系统运作过程中的预测和决策方法进行探讨:神经网络集成预测方法及其在制造系统性能预测中的应用;不确定信息条件下的生产计划和作业计划决策方法;设备维修决策。第 7 章为粒子群优化算法在生产调度中的应用,对传统粒子群优化算法进行改进,提出基于群体智能的信息共享机制及基于新的信息共享机制的粒子群优化模型与车间调度算法,并进行了算例分析与仿真验证。第 8 章为优化理论与方法的应用,介绍制造系统运行优化理论与方法在汽车装配 MES 系统、轿车发动机生产管理系统及车间生产排程系统中的应用。

参 考 文 献

[1] 高志亮,李忠良. 系统工程方法论(第一版). 西安:西北工业大学出版社,2004.

[2] 张世琪,李迎,孙宇等. 现代制造引论(第一版). 北京:科学出版社,2003.

[3] 罗阳,刘胜青. 现代制造系统概论(第一版). 北京:北京邮电大学出版社,2004.

[4] 周凯,刘成颖. 现代制造系统(第一版). 北京:清华大学出版社,2005.

[5] 戴庆辉. 先进制造系统(第一版). 北京:机械工业出版社,2005.

[6] 刘飞,罗振璧,张晓冬. 先进制造系统(第一版). 北京:中国科学技术出版社,2005.

[7] 郑大钟,赵千川. 离散事件动态系统. 北京:清华大学出版社,2001.

[8] Conway R, Maxwell W. Theory of Scheduling. Reading: Addison-Wesley, 1967.

[9] 管在林. 基于局部搜索的单件车间调度方法研究. 武汉:华中理工大学博士学位论文,1997.

[10] Parunak H V D, Arbor A. Characterizing the manufacturing scheduling problem. Journal of Manufacturing Systems, 1991, 10(3): 241-259.

[11] 尹文君,刘民,吴澄. 进化计算在生产调度研究中的现状与展望. 计算机集成制造系统,2001,7(12): 1-6.

[12] Newman P A. Scheduling in CIM system // Kusiak A. AI in Industry: AI Implication for CIM. Kempston: IFS(Publications) Ltd. ,1988: 361-402.

[13] Johnson S. Optimal two-and-three stage production schedules with setup times included. Naval Research Logistics Quarterly, 1954, 1: 61-68.

[14] 越民义,韩继业. n 个零件在 m 台机床上加工顺序问题. 中国科学,1975, 5: 462-470.

[15] Giffler B, Thompson G L. Algorithms for solving production scheduling problems. Operations Research, 1960, 8: 487-503.

[16] Gavett J W. Three heuristic rules for sequencing jobs to a single production facility. Management Science, 1965, 11(8): 166-176.

[17] Gere W S. Heuristics in job shop scheduling. Management Science, 1966, 13: 167-190.

[18] Cook S A. The complexity of theorem proving procedures. Proceedings of the Third Annual ACM Symposium on the Theory of Computing, Association of Computing Machinery, New York, 1971: 151-158.

[19] Panwalker S S, Iskander W A. A survey of scheduling. Operations Research, 1977, 25(1): 45-61.

[20] Nowicki E, Smutnicki C. A decision support system for the resource constrained project scheduling problem. European Journal of Operational Research, 1994, 79:183-195.

[21] Foo S Y, Takefuji Y. Stochastic neural networks for solving job shop scheduling: Part 1. Problem representation. IEEE International Conference on Neural Networks, San Diego,1988, 2: 275-282.

[22] Foo S Y, Takefuji Y. Stochastic neural networks for solving job shop scheduling: Part 2. Architecture and simulations. IEEE International Conference on Neural Networks, San Diego,1988, 2: 283-290.

[23] Storer R H, Wu S D, Vaccari R. New search spaces for sequencing problems with applications to job shop scheduling. Management Science, 1992, 38(10): 1495-1509.

[24] Aarts E H L, van Laarhoven P J M, Lenstra J K, et al. A computational study of local search algorithms for job shop scheduling. ORSA Journal on Computing, 1994, 6(2): 118-125.

[25] Peter J M, Emile H L, Jan K L. Job shop scheduling by simulated annealing. Operations Research, 1992, 40(1): 113-125.

[26] Laguna M, Barnes J W, Glover F. Tabu search methods for a single machine scheduling problem. Journal of Intelligent Manufacturing, 1991, 2: 63-74.

[27] Nakano R, Yamada T. Conventional genetic algorithm for job shop problems. Proceeding of the Fourth International Conference on Genetic Algorithms, San Diego,1991: 474-479.

[28] Chu C, Portmann M C, Proth J M. A splitting-up approach to simplify job-shop scheduling problems. International Journal of Production Research, 1992, 30(4): 859-870.

[29] 刘学英. 拉格朗日松弛法在车间调度中的应用研究. 上海:上海交通大学硕士学位论文, 2006.

[30] Balas E. Machine scheduling via disjunctive graphs: An implicit enumeration algorithm. Operations Research, 1969, 17: 941-957.

[31] 童刚. Job-Shop 调度问题理论及方法的应用研究. 天津:天津大学博士学位论文, 2000.

[32] Adams J, Balas E, Zawack D. The shifting bottleneck procedure for job shop scheduling. Management Science, 1988, 34: 391-401.

[33] Carlier J. The one machine sequencing problem. European Journal of Operational Research, 1982, 11: 42-47.

[34] Pesch E, Tetzlaff U A W. Constraint propagation based scheduling of job shops. Informs Journal on Computing, 1996, 8(2): 144-157.

[35] Remus W. Neural network models of managerial judgment. 23rd Annual Hawaii International Conference on System Science, Honolulu, 1990: 340-344.

[36] Fox M S, Smith S F. ISIS: A knowledge-based system for factory scheduling. Expert System, 1984, 1(1): 25-49.

[37] Smith S F, Fox M S, Ow P S. Constructing and maintaining detailed production plans: Investigations into the development of knowledge-based factory scheduling systems. AI Magazine, 1986, 7(4): 45-61.

[38] Fox M S, Sadeh N. Why is scheduling difficult? A CSP perspective. Proceedings of the 9th European Conference on Artificial Intelligence, Stockholm, 1990: 754-767.

[39] Lepape C. SOJA: A daily workshop scheduling system. Expert System, 1985, 85: 95-211.

[40] 戴涛. 基于多智能体的生产调度方法与应用. 武汉: 武汉理工大学硕士学位论文, 2006.

[41] Holland J H. Adaptation in Natural and Artificial Systems. Ann Arbor: The University of Michigan Press, 1975.

[42] Koza J R. Genetic Programming: On the Programming of Computers by Means of Natural Selection. Cambridge: MIT Press, 1992.

[43] Beyer H G, Schwefel H P. Evolution strategies—A comprehensive introduction. Natural Computing, 2002, 1(1): 3-52.

[44] Fogel L J, Owens A J, Walsh M J. Artificial Intelligence Through Simulated Evolution. New York: John Wiley and Sons, 1966.

[45] Falkenauer E, Bouffouix S. A genetic algorithm for the job-shop. Proceedings of the IEEE International Conference on Robotics and Automation, Sacremento, 1991: 1-10.

[46] Nakano R. Conventional genetic algorithms for job shop problems. Proceedings of the Fourth International Conference on Genetic Algorithms, San Mateo: Morgan Kaufman, 1991: 474-479.

[47] Yamada T, Nakano R. A genetic algorithm applicable to large-scale job-shop problems. Proceedings of the Second International Workshop on Parallel Problem Solving from Nature, Brussels, 1992: 281-290.

[48] 王凌. 车间调度及其遗传算法(第一版). 北京: 清华大学出版社, 2003.

[49] Dorigo M, Maniezzo V, Colorni A. Ant system: Optimization by a colony of cooperating agents. IEEE Transactions on SMC, 1996, 26(1): 8-41.

[50] Colorni A, Dorigo M, Maniezzo V. Ant colony system for job-shop scheduling. Belgian Journal of Operations Research Statistics and Computer Science, 1994, 34(1): 39-53.

[51] Kennedy J, Eberhart R C. Particle swarm optimization. Proceedings of IEEE International Conference on Neutral Networks, Perth, 1995: 1942-1948.

[52] Eberhart R C, Kennedy J. A new optimizer using particle swarm theory. Proceedings of Sixth International Symposium on Micro Machine and Human Science, Nagoya, 1995: 39-43.

[53] 高海兵, 高亮, 周驰等. 基于粒子群优化的神经网络训练算法研究. 电子学报, 2004, 32(9): 1572-1574.

[54] 高亮, 高海兵, 周驰. 基于粒子群优化的开放式车间调度. 机械工程学报, 2006, 42(2): 129-134.

[55] 彭传勇，高亮，邵新宇等. 求解作业车间调度问题的广义粒子群优化算法. 计算机集成制造系统，2006，12(6)：911-917.

[56] 周驰，高海兵，高亮等. 粒子群优化算法. 计算机应用研究，2003，12：7-11.

[57] Kirkpatrick S, Gelatt C D, Vecchi M P. Optimization by simulated annealing. Science, 1983, 220(4598)：671-680.

[58] Metropolis N, Rosenbluth A W, Rosenbluth M N, et al. Equation of state calculations by fast computing machines. The Journal of Chemical Physics, 1953, 21(6)：1087-1092.

[59] Matsuo H, Suh C J, Sullivan R S. A controlled search simulated annealing method for the general job shop scheduling problem, Working Paper, 03-04-88. Austin：University of Texas at Austin,1988.

[60] Laarhoven P J M, Aarts E H L, Lenstra J K. Job shop scheduling by simulated annealing. Operations Research, 1992, 40(1)：113-125.

[61] Kolonko M. Some new results on simulated annealing applied to the job shop scheduling problem. European Journal of Operational Research, 1999, 113(1)：123-136.

[62] Glover F. Future paths for integer programming and links to artificial intelligence. Computers and Operations Research, 1986, 13：533-549.

[63] Hansen P. The steepest ascent mildest descent heuristic for combinatorial programming. Congress on Numerical Methods in Combinatorial Optimization, Capri, 1986：1-6.

[64] Nowicki E, Smutnicki C. A fast taboo search algorithm for the job shop problem. Management Science, 1996, 42(6)：797-813.

[65] Balas E, Vazacopoulos A. Guided local search with shifting bottleneck for job shop scheduling. Management Science, 1998, 44(2)：262-275.

[66] Thomsen S. Metaheuristics combined with branch and bound (in Danish), Technical Report. Copenhagen：Copenhagen Business School,1997.

[67] Yamada T, Nakano R. Job-shop scheduling by simulated annealing combined with deterministic local search. Metaheuristics International Conference,Breckenridge, 1995：344-349.

[68] Yamada T, Nakano R. Job-shop scheduling by simulated annealing combined with deterministic local search. Meta-heuristics：Theory and Applications, Hingham：Kluwer Academic Publishers, 1996：237-248.

[69] Sieberg J, Walter R. A scheduling and resource optimizing MES for the semiconductor and MEMS industry. Advanced Semiconductor Manufacturing Conference and Workshop, 2003：101-105.

[70] Choi B, Kim B. MES (manufacturing execution system) architecture for FMS compatible to ERP (enterprise planning system). Int. J. of Computer Integrated Manufacturing, 2002, 15 (3)：274-284.

[71] Richards H D, Dudenhuasen H M,Makatsoris C,et al. Flow of orders through a virtual enterprise their proactive planning and scheduling, and reactive control. Computer & Control Engineering Journal, 1997：173-179.

[72] Chung S L,Jeng M D. Manufacturing execution system (MES) for semiconductor manufacturing. IEEE Int. Conf. on Systems, Man and Cybernetics, 2002,4：6-9.

[73] MESA International. MES functionalities & MRP to MES data flow possibilities. White Paper No. 2, 1997.

[74] Barry J, Aparicio M,Durniak T, et al. NIIIP-SMART：An investigation of distributed object approaches to support MES development and deployment in a virtual enterprise. Enterprise Distributed Object

Computing Workshop，1998；366-377.

[75] Sukhi N，Nick W. Intelligent second-generation MES solutions for 300mm Fabs. Solid State Technology，2000，43（6）；133-137.

[76] Hori M，Kawamura T，Okano A. OpenMES：Scalable manufacturing execution framework based distributed object computing. Proceedings of IEEE Int. Conf. on Systems，Man and Cybernetics，1999，（Ⅵ）：398-403.

[77] Qiu R，Wysk R，Xu Q. Extended structured adaptive supervisory control model of shop floor controls for an e-Manufacturing system. Int. J. Prod. Res.，2003，41(8)：1605-1620.

[78] Huang C Y. Distributed manufacturing execution system：A workflow perspective. J. of Intelligent System，2002，13：485-497.

[79] Cheng F T，Shen E，Deng J Y，et al. Development of a system framework for the computer-integrated manufacturing execution system：A distributed object-oriented approach. Int. J. Computer Integrated Manufacturing，1999，12(5)：384-402.

[80] Cheng F T，Wu S L，Chang C F. Systematic approach for developing holonic manufacturing execution system. The 27th Annual Conference of the IEEE Industrial Electronics Society，2001：261-266.

[81] Chu B，Tolone W J，Wilhelm R，et al. Integrating manufacturing softwares for intelligent planning-execution：A CIIMPLEX perspective. Plug and Play Software for Agile Manufacturing，Boston，1996，2913；96-108.

[82] Iwata K，Onosato M，Koike M. Random manufacturing system：A new concept of manufacturing systems for production to order. Ann. CIRP，1994，43：379-383.

[83] MESA International. MESA International White Paper No. 1，1997.

[84] 杨建军. 以制造过程为管理核心的 MES 系统. 先进制造模式下的制造执行系统（863-511-943-003）课题中期研究报告. 北京：北京航空航天大学制造系统研究所，2000.

[85] 陈杰，孙宇，张世琪等. 面向过程的制造执行系统的研究. 高技术通讯，1999(12)：37-40.

[86] 于海斌，朱云龙. 可集成的制造执行系统. 计算机集成制造系统，2000，12，(6)：1-6.

[87] 夏敬华，陆宝春，陈杰等. 面向敏捷制造的 AMCS 研究. 高技术通讯，1999，10：1-5.

[88] 孙宇，陈杰，蒋晓春等. 略论制造执行系统研究. 高技术通讯，1999，10：60-62.

[89] 刘世平. 基于多 Agent 的敏捷化制造执行系统研究. 武汉：华中科技大学学位论文，2002.

[90] Liu S P，Rao Y Q，Zhang J，et al. Modeling and implementation of a distributed shop floor management and control system. Chinese Journal of Mechanical Engineering（English Edition），2002，15（3）：213-217.

[91] 乔兵，孙志俊，朱剑英. 基于 Agent 的分布式动态作业车间调度. 信息与控制，2001，30(4)：292-296.

[92] 刘晓冰，蒙秋男，黄学文等. 基于软构件的柔性制造执行系统平台的研究. 计算机集成制造系统，2003，9(2)：101-106.

[93] 饶运清，刘世平，李淑霞等. 敏捷化车间制造执行系统研究. 中国机械工程，2002，13(8)：654-656.

[94] 曹春平，王岩，王宁生. 基于 Windows DNA 的可集成制造执行系统研究与实现. 中国机械工程，2003，14(15)：1295-1299.

第2章 单件作业车间生产调度模型与优化算法

在离散制造系统中调度问题种类繁多,其中单件车间调度问题(job-shop scheduling problem,JSP)是最基本、著名的调度问题,也是 NP 难问题,不可能找到精确求得最优解的多项式时间算法。本章首先改进传统的遗传算法求解 job-shop 调度问题,基于工序的编码提出了一种新的优先工序交叉(precedence operation crossover,POX)操作,并通过与其他交叉操作进行比较显示其高效性。为了保留父代的优良特征和减少遗传算子的破坏性,设计了一种子代交替模式的交叉方式,并将提出的改进遗传算法应用于 Muth and Thompson's 基准问题的实验运行,验证所提出遗传算法的有效性。

然后,基于遗传算法和禁忌搜索算法求解 job-shop 调度问题。禁忌搜索算法是求解 job-shop 调度问题有效的方法之一,但是它最终解的质量依赖于初始解。为了解决这个问题,本章提出一种进化禁忌混合算法,将遗传算法的"适者生存"进化准则融入禁忌搜索算法,该混合算法用遗传算法引导算法探索有希望的区域,禁忌搜索算法能对有希望解的区域进行集中搜索。在混合算法中遗传算法采用基于工序的编码和提出的 POX 操作,并设计了一种基于新邻域结构的高效禁忌搜索算法,使混合算法在高级的集中搜索和分散搜索之间达到合理的平衡。通过计算大量基准实例,并与文献中著名算法的结果进行比较,显示所提出算法在合理的时间取得更高质量的解。

2.1 概　　述

job-shop 调度问题是最困难的组合优化问题之一,也是 NP 难问题。研究者为解决这个难题已付出几十年的努力,但至今最先进的算法仍很难得到规模较小问题的最优解。近年来,人们通过模拟自然界中生物、物理过程运行规律而发展的超启发算法,如遗传算法、禁忌搜索算法、模拟退火算法等,在解决调度问题中受到越来越普遍的关注。这些算法在很大程度上克服了传统算法(如动态规划、分枝定界方法等)存在缺乏可量测性的不足,为解决调度问题提供了新的思路和手段。

一般 job-shop 调度问题可描述为:n 个工件在 m 台机器上加工,每个工件有特定的加工工艺,每个工件使用机器的顺序及其每道工序所花的时间给定,调度问题就是如何安排工件在每台机器上工件的加工顺序,使得某种指标最优。假设:

（1）不同工件的工序之间没有顺序约束。

（2）某一工序一旦开始加工就不能中断，每个机器在同一时刻只能加工一个工序。

（3）机器不发生故障。

调度的目标就是确定每个机器上工序的加工顺序和每个工序的开工时间，使最大完工时间 $C_{\max}$（makespan）最小或其他指标达到最优。job-shop 调度问题简明表示为 $n/m/G/C_{\max}$。

2.1.1　job-shop 调度问题的线性规划模型

借助于线性不等式来表示调度约束关系，可以对 job-shop 调度问题定义如下：令 $N = \{0, 1, 2, \cdots, n, n+1\}$ 表示工序的集合，其中 n 是工序总数，0 和 $n+1$ 表示两个虚工序，分别代表"起始"和"终止"工序；$M = \{0, 1, 2, \cdots, m\}$ 表示机器的集合；A 表示同一工件的工序前后关系约束的工序对集合；E_k 是机器 k 上加工工序对的集合。对于每个工序 i，加工时间 p_i 是一定的，工序的起始时间 t_i 是优化过程中有待确定的变量。且令 $t_0 = 0$，$p_0 = p_{n+1} = 0$。

以最大完工时间最小化为目标的调度问题可归结为以下形式的最小化问题：

$$\min \quad t_{n+1}$$

$$\text{s. t.} \quad t_j - t_i \geqslant p_i, \quad (i, j) \in A \tag{2.1}$$

$$t_j - t_i \geqslant p_i \text{或} t_i - t_j \geqslant p_j, \quad (i, j) \in E_k, \quad k \in M \tag{2.2}$$

$$t_i \geqslant 0 \tag{2.3}$$

不等式（2.1）保证每个工件的工序顺序满足预先的要求，不等式（2.2）保证每台机器一次只能加工一个工件，满足以上约束条件的任意一个可行解称为一个调度。以上的描述方式是调度问题线性规划解法的基础。此外，另一种重要的调度问题描述方式是基于析取图的模型。

除上述一般描述中所涉及的一系列调度约束外，在具体类型调度问题的定义中往往还需要另外补充一些其他约束。例如，在传统的 job-shop 调度问题（classical job-shop scheduling problem）中常常带有以下形式的额外约束：

（1）所有零件均在零时刻到达；

（2）每个零件在加工流程中经过每台机器，且只经过一次。

随着调度技术研究的深入开展和实际应用要求的提高，许多其他类型的 job-shop 调度问题受到越来越多的关注，如流水车间调度问题、柔性作业车间调度问题、混合流水车间调度问题、FMS 调度问题、E/T 调度问题等，它们均可被视为在经典问题基础上的发展，在很大程度上更能反映现实生产调度的实际。对于其中部分问题的具体描述，将在后续章节中进行讨论。

2.1.2 job-shop 调度问题的析取图模型描述

析取图（disjunctive graph）模型是调度问题的一类重要的描述形式，Balas 等[1]较早将其运用于 job-shop 调度问题。析取图模型 $G = (N, A, E)$ 定义如下：N 是所有工序组成的节点集，其中 0 和 $n+1$ 表示两个虚设的起始工序和终止工序；A 是连接同一工件的邻接工序间的连接（有向）弧集；E 是连接在同一机器上相邻加工工序间的析取弧集。E 上的每个析取弧可视为一对方向相反的弧，并且析取弧集 E 由每台机器 k 上的析取弧子集组成，即 $E = \bigcup_{k=1}^{m} E_k$，其中 E_k 表示机器 k（$k \in M$）上的析取弧子集，m 为机器总数。弧 $(i, j) \in A$ 的长度等于工序 i 的加工时间 p_i，弧 $(i, j) \in E$ 的长度根据它的方向为 p_i 或 p_j。表 2.1 给出一个 3 个工件、3 台机器的 job-shop 调度问题；图 2.1 显示了该问题析取图模型的表示法，其中节点 0 和 10 是虚设的起始工序和终止工序。

表 2.1　一个 3 个工件、3 台机器上的 job-shop 调度问题

工件	加工顺序（机器序列，加工时间）		
J1	(1,3)	(2,2)	(3,3)
J2	(1,3)	(3,5)	(2,4)
J3	(2,4)	(1,6)	(3,3)

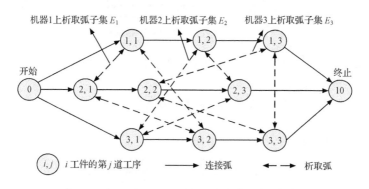

图 2.1　3 个工件、3 台机器调度问题的析取图

析取图 $G = (N, A, E)$ 能通过去除所有析取弧得到有向子图（direct subgraph）$D = (N, A)$，或者通过去除所有连接弧和两个虚节点 0 和 $n+1$ 得到 m 个派系（cliques）图 $G_k = (N_k, E_k)$[2]。在 E_k 中的一个选择 S_k 是指在 E_k 的每个双向弧中选择一个确定的方向，如果一个选择 S_k 不包含任何有向环（directed cycle），则称为非循环的（acyclic）。因此，在机床 k 上的排序意味着在 E_k 中得到一个非循环的选择 S_k。

对于所有 $k \in M$,在每个 E_k 中求得一个选择 S_k,其并集 $S = \bigcup (S_k : k \in M)$ 称为完全选择(complete selection)。将完全选择 S 取代析取图 G 中的析取弧集 E,或者加入到有向图 D 中,则可得到有向图 $D_s = (N, A \bigcup S)$。如果图 D_s 内不存在循环(非循环的),则称相应的完全选择 S 是非循环的。一个非循环的完全选择集 S 确定一个可行调度。有必要指出,非循环的选择 S_k 所构成的完全选择 S 不一定是非循环的,只有当其所得到的有向图 D_s 是非循环时,才能说相应的完全选择 S 是非循环的。图 2.2 显示了表 2.1 中调度问题的一个可行解的有向图表示,该图内不存在循环,虚线框内为其中一条关键路径。图 2.3 显示了图 2.2 中有向图对应的机器甘特图。此外,如果 $L(u, v)$ 表示图 D_s 中从工序 u 到工序 v 的最长路径的长度,那么调度的最大完工时间 $L(0, n+1)$ 等于图 D_s 中最长路径的长度。因此,用析取图描述调度问题的目标就是找到一个完全选择 $S \subset E$,使得有向图 D_s 中最长路径的长度(或关键路径的长度)最小。

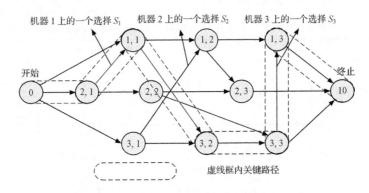

图 2.2　3 个工件、3 台机器调度问题的有向图

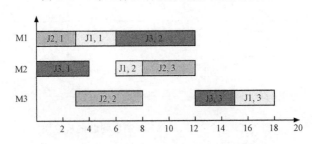

图 2.3　图 2.2 中有向图对应的机器甘特图

关键路径是在有向图 $D_s = (N, A \bigcup S)$ 中从起点到终点的最长路径,其长度表示调度解的最大完工时间,一个可行解可能包括多条关键路径,如图 2.3 调度解的机器甘特图中有两条关键路径。关键路径是构造邻域结构的重要组成部分,在调度问题中,一般邻域的移动都是通过对关键路径上的工序产生小的扰动产生,只有如此才有可能缩短当前解的最大完工时间。

在关键路径上的工序称为关键工序,同时关键路径可能分解成许多的块。一个块是由同一台机器上最大序列的相邻关键工序组成(不少于一个工序),其中处于块第一位的工序称为块首工序,处于最后的工序的称为块尾工序,其余的称为内部工序。在调度问题中,每个关键工序 u(包括每个工序)有两个前任工序和后续工序(如果存在),分别为工件前任工序(job-predecessor)和工件后续工序(job-successor),本章用 JP[u]和 JS[u]表示;机器前任工序(machine-predecessor)和机器后续工序(machine-successor),本章用 MP[u]和 MS[u]表示。换句话说,(JP[u],u)和(u, JS[u])是有向图 D_s 中的连接弧,(MP[u], u)和(u, MS[u])是一个完全选择 S 中的弧(如果它们存在)。

2.2　基于遗传算法的车间调度问题研究

2.2.1　遗传算法简介

遗传算法是在 20 世纪六七十年代由美国 Michigan 大学的 Holland 教授创立。60 年代初,Holland 在设计人工自适应系统时提出应借鉴遗传学基本原理模拟生物自然进化的方法。1975 年,Holland[3]出版了第一本系统阐述遗传算法基本理论和方法的专著,其中提出了遗传算法理论研究和发展中最重要的模式理论(schemata theory)。因此,一般认为 1975 年是遗传算法的诞生年。同年,de Jong[4]完成了大量基于遗传算法思想的纯数值函数优化计算实验的博士论文,为遗传算法及其应用打下了坚实的基础。1989 年,Goldberg[5]的著作对遗传算法作了全面系统的总结和论述,奠定了现代遗传算法的基础。

遗传算法是一种基于“适者生存”的高度并行、随机和自适应的优化算法,通过复制、交叉、变异将问题解编码表示的“染色体”群一代代不断进化,最终收敛到最适应的群体,从而求得问题的最优解或满意解。其优点是原理和操作简单、通用性强、不受限制条件的约束,且具有隐含并行性和全局解搜索能力,在组合优化问题中得到广泛应用[6]。最早将遗传算法应用于 job-shop 调度问题的是 Davis[7]。遗传算法求解 job-shop 调度问题时较少应用邻域知识,更适合应用于实际。如何利用遗传算法高效求解 job-shop 调度问题,一直被认为是一个具有挑战意义的难题,并成为研究的热点。

遗传算法中交叉算子是最重要的算子,决定着遗传算法的全局收敛性。交叉算子设计最重要的标准是子代继承父代优良特征和子代的可行性。本章在深入分析 job-shop 调度问题的基础上,提出了一种新的基于工序编码的 POX 方法,将其与其他基于工序编码的交叉进行比较,证明了该交叉方法解决 job-shop 调度问题的有效性。同时,为解决传统遗传算法在求解 job-shop 调度问题的早熟收敛,设计了一种修改的子代交替模式遗传算法,明显加快了遗传算法收敛的速度,此原理同样适用于其他组合优化问题。本章遗传算法的变异不同于传统遗传算法中的变异操作(为保持群体的多样性),是通过局部范围内搜索改善子代的性能。

2.2.2　改进遗传算法的求解 job-shop 调度问题

1. 编码和解码

本节编码采用 Gen 等提出的基于工序的编码,其具有解码和置换染色体后总能得到可行调度的优点[8,9],可以完全避免不可行解。这种编码方法是将每个工件的工序都用相应的工件序号表示,然后根据在染色体出现的次序进行编译。对于 n 个工件在 m 台机器加工的调度问题,其染色体由 $n \times m$ 个基因组成,每个工件序号只能在染色体中出现 m 次,从左到右扫描染色体,对于第 k 次出现的工件序号,表示该工件的第 k 道工序。

表 2.2 为一个 3×3 的 job-shop 调度问题,假设它的一个染色体为[2 1 1 3 1 2 3 3 2],其中 1、2、3 表示工件是 J1、J2、J3。染色体中的 3 个 1 表示工件 J1 的 3 个工序,此染色体对应的机器分配为[3 1 2 2 3 1 3 1 2],每台机器上工件加工顺序(简称机器码)如表 2.3 所示。本章提出一种左移和右移的全主动解码过程算法。此算法是首先从第 1 道工序开始,按顺序将每道工序向左移插入到对应机器上最早的空闲时段安排加工,以此方式直到序列上所有工序都安排在最佳可行的地方;然后将染色体和工艺路线反转,重复以上步骤,这样的解码过程能保证生成左移和右移后的全主动调度。由于最优调度包括在主动调度中,运用全主动调度可进一步减少搜索的空间,然后将生成全主动调度的机器码转化基于工序编码的染色体。基于工序编码的染色体与机器码可以互相转换[10],虽然工序编码方法置换染色体后总能得到可行调度,但不同染色体可能对应同一机器码,即可能对应相同的调度解,基于工序编码方法的状态空间容量为 $(m \times n)! / (n!)^m$。本章算法运用全主动调度染色体的交叉和变异,将交叉和变异后的染色体转化为全主动调度染色体。

表 2.2　3×3 的 job-shop 调度问题

工件	机器顺序(加工时间)		
	工序 1	工序 2	工序 3
J1	1(3)	2(2)	3(3)
J2	3(2)	1(3)	2(4)
J3	2(2)	3(2)	1(3)

表 2.3　一个 3×3 的 job-shop 调度问题调度解

机器号	工件顺序		
M1	1	2	3
M2	3	1	2
M3	2	3	1

2. 适应度函数

在遗传算法中,适应度是个体对生存环境的适应程度,适应度高的个体将获得更多的生存机会。适应度的值 f_n 可以从 p_n 目标转化来,本章适应度 f_n 为

$$f_n = k/(p_n - b) \tag{2.4}$$

式中, p_n 为目标值的最大完工时间; k 和 b 为常数,用来控制适应度的大小和比例。

3. 选择算子

选择操作的作用是避免有效基因的损失,使高性能的个体得以更大的概率生存,从而提高全局收敛和计算效率。常用的方法有比例(或赌轮)选择(fitness proportional model)、最佳个体保存(elitist model)、排序选择(rank-based model)和锦标选择(tournament selection)。

本章采用最佳个体保存和比例选择两种策略相结合的方式。最佳个体保存方法是用最优父代个体替代子代的任意个体;比例选择方法是用正比于个体适应度的概率来选择相应的个体,即产生随机数 rand$\in$ [0, 1],若满足:

$$\sum_{j=1}^{i-1} f_j \bigg/ \sum_{j=1}^{\text{popsize}} f_j < \text{rand} \leqslant \sum_{j=1}^{i} f_j \bigg/ \sum_{j=1}^{\text{popsize}} f_j \tag{2.5}$$

则选择状态 i 进行复制,其中 f_i 为个体 i 的适应度。

4. 交叉操作

交叉操作是遗传算法中最重要的操作,决定遗传算法的全局搜索能力。遗传算法假定,若一个个体的适应度较好,则基因链码中的某些相邻关系片段较好,并且由这些链码所构成的其他个体的适应度也较好。在表现型(phenotype)空间显示的特征在基因型(genotype)对应于基因块。在 job-shop 调度问题的研究中可以发现这样的事实:如果机床 m 上加工相邻工件 i、j 所得到的解的指标比较好,那么包含这一顺序 i、j 的其他很多解的指标也比较好。

为了在 job-shop 调度问题中成功应用 GA,完全性、合理性、非冗余和特征保留等标准必须满足。在 job-shop 调度问题中设计交叉操作最重要的标准是子代对父代优良特征的继承性和子代的可行性。在其他编码方案中,研究人员曾提出许多较好的交叉操作,如 JOX[11](the job-based order crossover)、SXX[12](subsequence exchange crossover)、PPX[13](precedence preservation crossover)、SPX[9](set-partition crossover)、GT crossover[14]、LOX[15]等,其中基于机器编码的交叉操作 JOX 能很好地继承父代特征,但其产生的子代并不总为可行调度。虽然基于工序编码的交叉具有子代都是可行的优点,但编码相邻染色体没有表现出每台机

器上工序次序的 job-shop 调度问题特性,造成现今许多文献设计的基于工序编码的交叉很难继承父代的特征。通过研究 JOX、SXX、PPX、SPX 等交叉操作,本章提出一种基于工序编码的新的交叉操作(precedence operation crossover,POX),它能够很好地继承父代优良特征,并且子代总是可行的。在相同条件下,本章的交叉操作能够得到比其他基于工序编码的交叉操作更好的结果(见实验运行)。设父代 $m \times n$ 染色体 Parent1 和 Parent2,POX 产生 Child1 和 Child2,POX 的具体流程如下:

(1) 随机划分工件集$\{1, 2, 3, \cdots, n\}$为两个非空的子集 J_1 和 J_2。

(2) 复制 Parent1 包含在 J_1 的工件到 Child1,复制 Parent2 包含在 J_1 的工件到 Child2,保留它们的位置。

(3) 复制 Parent2 包含在 J_2 的工件到 Child1,复制 Parent1 包含在 J_2 的工件到 Child2,保留它们的顺序。

图 2.4 说明了 4×3 调度问题的两个父代交叉过程。两父代 Parent1、Parent2 交叉生成 Child1 染色体基因为[3 2 2 1 2 3 1 4 4 1 4 3],Child2 染色体基因为[4 1 3 4 2 2 1 1 2 4 3 3]。可以看出,经过 POX 保留了工件$\{2,3\}$在机器上的位置,使子代继承父代每台机器上的工件次序。不同于 JOX,由于 POX 是基于工序编码,生成子代染色体无须运用 GT 方法将不可行调度强制转化为可行调度。

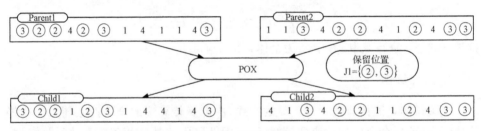

图 2.4　POX 过程

5. 变异操作

在传统遗传算法中,变异是为了保持群体的多样性,它是由染色体较小的扰动产生。传统调度问题的遗传算法变异操作有交换变异、插入变异和逆转变异等。本章采用一种基于邻域搜索的新型变异操作,它是通过局部范围内搜索改善子代的性能,如图 2.5 所示。其具体结构如下[16]:

(1) 设 $i = 0$。

(2) 判断 $i \leqslant \text{popsize} \times P_m$ 是否成立(其中 popsize 是种群规模,P_m 是变异概率),是则转到步骤(3);否则转到步骤(6)。

(3) 取变异染色体上 λ 个不同的基因,生成其排序的所有邻域。

(4) 评价所有邻域的调度适应值,取其中的最佳个体。

(5) $i = i + 1$。

（6）结束。

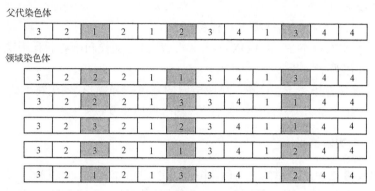

父代染色体

| 3 | 2 | 1 | 2 | 1 | 2 | 3 | 4 | 1 | 3 | 4 | 4 |

领域染色体

| 3 | 2 | 2 | 2 | 1 | 1 | 3 | 4 | 1 | 3 | 4 | 4 |

| 3 | 2 | 2 | 2 | 1 | 1 | 3 | 4 | 1 | 3 | 4 | 4 |

| 3 | 2 | 3 | 2 | 1 | 1 | 3 | 4 | 1 | 1 | 4 | 4 |

| 3 | 2 | 3 | 2 | 1 | 1 | 3 | 4 | 1 | 2 | 4 | 4 |

| 3 | 2 | 1 | 2 | 1 | 3 | 3 | 4 | 1 | 2 | 4 | 4 |

图 2.5　基于邻域搜索型的变异操作

6. 改进遗传算法求解 job-shop 调度问题

在传统遗传算法中,交叉产生的子代总是被接受,即使其适应度远远低于父代。这样可能造成好的解丢失或者被破坏,阻止算法优化的进程。本章设计一种改进子代交替模式的遗传算法,如图 2.6 所示。两父代交叉 n 次生成 $2n$ 个后代,为了使子代更好地继承父代的优良特征,从父代中优的一个和所有 $2n$ 个后代中选择最优的两个染色体作为下一代(两个染色体适应度不同),这样既能将最优染色体保留到下一代,又能保证子代的多样性。这与人类繁殖类似,可使父代的优良特性更好地传递到下一代。通过 job-shop 调度问题的测试证明,与传统的遗传算法比较,应用子代交替模式的遗传算法所得到的调度解在收敛速度和质量上都有较大提高。求解 job-shop 调度问题的遗传算法流程如下:

（1）初始化产生 P 个可行解,P 为种群规模。

（2）计算个体适应度,评价个体适应度值。

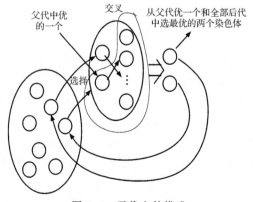

图 2.6　子代交替模式

（3）判断是否达到终止条件，若符合取最优个体为问题的解，结束算法运行；否则转到步骤（4）。

（4）按赌轮选择策略选择下一代种群 P。

（5a）按交叉概率 P_c 和 POX 操作 n 次，从最优父代和所有后代中选择最优的两个染色体作为下一代。

（5b）按变异概率 P_m 和基于邻域搜索的新型变异操作，生成新子代个体。

（6）由变异和交叉产生的新一代的种群，返回步骤（2）。

2.2.3　计算实验结果

运用改进遗传算法测试著名的 Muth and Thompson's(FT)基准问题[17]。实验测试分两部分：第一部分检测 POX 交叉的性能，通过比较 POX 与其他基于工序编码的交叉结果来验证；第二部分通过与其他文献采用遗传算法解 FT 基准问题结果的比较，验证本章提出遗传算法的有效性。实验采用 VC＋＋编写算法程序，运行计算机的内存为 256MB，CPU 为 PⅣ 1.6GHz。

为了检测 POX 的性能，将交叉操作 POX 与其他基于工序编码的交叉操作 SPX、PPX、LOX 比较，除交叉方式外其他条件都是相同的。采用子代交替模式的遗传算法，种群规模设为 500，交叉次数为 $n=4$，交叉概率为 0.8，实验为检验交叉性能排除了变异，故变异概率设为 0。由于 FT10 比较典型及难度大，且已知其最优 makespan 是 930，本章以 FT10 为测试数据来比较这四种交叉，每种交叉运行 20 次，具体结果见表 2.4。从表 2.4 可以看出，POX 的最优解和平均解均优于其他三种交叉，这证明 POX 比其他三种交叉更好地继承了父代的特征。

表 2.4　几种交叉的比较结果

交叉方式	最优解	平均解	平均时间
POX	942	965	83s
SPX	962	980.2	72s
PPX	992	1006.7	85s
LOX	994	1011.2	78s

为验证提出改进遗传算法的有效性，与其他文献采用遗传算法测试的结果进行比较。这些算法包括：传统 GA(conventional GA，1991 年由 Nakano 和 Yamada)、GT-GA(Giffler-Thompson GA，1992 年由 Yamada 和 Nakano 提出)、SB-GA(shifting-bottleneck GA，1992 年由 Dorndorf 和 Pesch 提出)、SXX-GA(subsequence exchange crossover GA，1995 年由 Kobayashi 提出)、GP-GA(generalized-permutation GA，1995 年由 Bierwirth 提出)等。具体实验遗传参数如下：交叉概率 P_c 为 0.8，交叉次数 n 为 50 次，变异概率 P_m 为 0.01，$\lambda=4$，种群规模 P 为 500。实验结果见表 2.5。

表 2.5　改进遗传算法与其他算法性能的比较

问题	n	m	最优解	传统-GA	GT-GA	SB-GA	SXX-GA	GP-GA	改进遗传算法	
									最优解	平均时间/s
FT6	6	6	55	55	55	55	55	55	55	2
FT10	10	10	930	965	930	938	930	936	930	176
FT20	20	5	1165	1215	1184	1178	1178	1181	1173	188

　　对于较简单的 FT6 问题,本章算法都能迅速收敛到最优解,而对于难度较大的 FT10 问题也得到最优解。从表 2.5 可以看出,本章遗传算法所得的最优解比其他文献运用遗传算法得到的解要好(或相当)。图 2.7 和图 2.8 分别显示 FT10 的收敛曲线和及其最优解。从图 2.7 的 FT10 收敛曲线中可以看出,改进的遗传算法有较快的收敛性速度(在 20 代左右收敛到最优适应度)。通过以上交叉操作和遗传算法实验结果不难看出,与其他算法相比较,本章算法有更强的搜索能力。

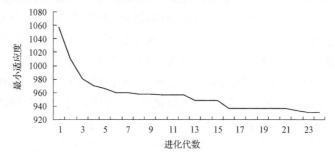

图 2.7　FT10 的收敛曲线

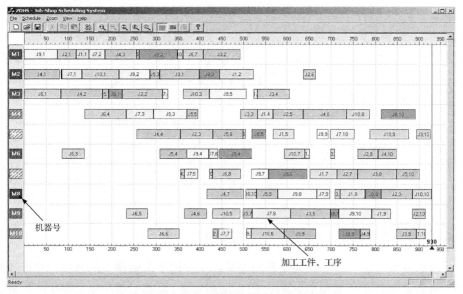

图 2.8　FT10 调度问题的最优解甘特图

2.3　基于遗传禁忌算法的车间调度问题研究

2.3.1　禁忌搜索算法的基本理论

禁忌搜索(tabu search，TS)算法的最早思想由 Glover[18] 和 Hansen[19] 在 1986 年分别提出，此后 Glover[20~22] 将其发展成一套完整的算法。禁忌搜索算法是对人类思维过程的一种模拟，它最重要的思想是记忆已搜索到的局部最优解的一些对象，并在进一步的迭代搜索中尽量避开这些对象。

禁忌搜索算法和模拟退火算法都是基本局部搜索算法的扩展，为了跳离局部最优化而设计，但是它们实现这一目标采取的方法不同。模拟退火算法采用 Metropolis接受准则，以一定的概率接受劣解来逃离局部最优。但是该算法在搜索进程中可能回到以前的解，导致算法在局部最优解周围振荡，因此花费较长的计算时间。禁忌搜索算法的独特之处在于引入了记忆功能，它用一个禁忌表记录下已经达到过的局部最优解，在下一次搜索中，利用禁忌表中的信息不再搜索或者有选择地搜索这些解，以此来跳出局部最优解，并保证探索不同的有效搜索途径。因此，禁忌搜索算法可以避开发现的局部最优解，以较快的速度求得问题的近优解。

一般禁忌搜索算法的搜索过程比较简单，其步骤如下：产生一个初始解，并赋予当前解和最优解；按邻域结构产生当前解的邻域解集，也就是候选解集，并用目标函数评价候选解的适应度；若最佳候选解的适应度值优于迄今最优解的适应度值，则满足特赦准则，将此最佳候选解赋予新当前解和最优解；若不满足特赦准则，则在候选解中选择非禁忌的最佳解赋予新当前解；更新禁忌表。重复上述迭代搜索过程，直至满足终止准则。图 2.9 显示了简单禁忌搜索算法的过程框图。上述禁忌搜索算法以禁忌表为核心，体现了算法的短期记忆功能(short-term memory)，实现了最基本的禁忌搜索算法。在更为复杂的应用中，还需要致力于与分散搜索策略相关的长期记忆功能(long-term memory)。

一般而言，在禁忌搜索算法的设计过程中需要确定以下几个基本要素：初始解、邻域结构、候选解的选择策略、禁忌表和禁忌长度、禁忌对象、评价函数、特赦准则和终止准则。此外，还有与短期记忆功能和长期记忆功能相关的集中搜索(intensification)和分散(diversification)搜索策略。下面根据求解调度问题的需要对主要的设计要素分别进行讨论。

2.3.2　遗传算法和禁忌搜索算法混合策略研究

禁忌搜索算法和遗传算法是目前两种广泛应用于求解调度问题的元启发式算法。禁忌搜索算法主要由 Glover[20,21] 提出和发展，是基于局部搜索算法的扩展和

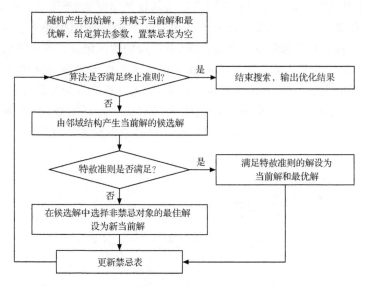

图 2.9　简单禁忌搜索算法的基本过程

对人类思维过程的一种模拟,该算法利用记忆功能来避免陷入局部最优。Taillard[23]最早应用禁忌搜索算法求解 job-shop 调度问题,此后该算法逐渐发展成为求解调度问题最有效的方法之一[24~26]。然而,禁忌搜索算法最初设计是用来发现组合优化问题的近优解,至今没有切实可行的理论收敛证明。与其他局部搜索算法类似,其最终解的质量依赖于初始解。

遗传算法主要是借鉴达尔文提出的"物竞天择、适者生存"的进化准则,用选择、交叉和变异操作分别模拟自然界进化中广泛存在的生物繁衍、交配和基因突变,并通过作用于染色体上的基因寻找好的染色体来求解问题,具有隐含并行性和全局解空间搜索的特点。但是采用传统遗传算法求解复杂的 job-shop 调度问题,要耗费较长的计算时间和提供较差质量的解,主要原因在于传统遗传算法的局部搜索能力较差。然而,遗传算法是一个非常有效的全局搜索算法,它提供了非常灵活的与其他局部搜索算法进行混合的机制。

遗传算法和禁忌搜索算法均是自然启发的,具有互补的优缺点。遗传算法应用群体并行搜索,具有全局搜索能力,但是局部搜索能力较差且容易早熟收敛;禁忌搜索算法每次迭代从一个解移动到另一个解,善于局部搜索,但是全局搜索能力较差。因此,组合遗传算法的全局搜索能力和禁忌搜索算法的局部搜索能力为混合 GA 和 TS 算法提供了基本机理。

禁忌搜索算法的创始人 Glover 等[27]较早地分析了 GA 和 TS 混合的理论基础,但没有提出具体的混合算法。本章通过组合遗传算法和禁忌搜索算法各自的优势,提出了一种 GTS 混合算法,将遗传算法"适者生存"的进化准则嵌入多起点的禁忌搜索算法中。进化禁忌搜索混合算法的框架如图 2.10 所示。在 GTS 混合算法中,遗传算法起着继承父代优良特征和分散搜索的作用,引导算法探索有希望的区域;禁忌搜索算法起集中搜索的作用,对有希望的区域进行集中搜索。尽管有些文献讨论在遗传禁忌混合算法中将禁忌搜索算法作为遗传算法的变异操作设计,但作者研究发现,对于极困难的调度问题,将遗传算法作为分散搜索策略,禁忌搜索算法作为集中搜索策略,将全局搜索和局部搜索有机结合,能得到更好的结果。GTS 混合算法的基本思想同样适用于解决其他带约束的组合优化问题。

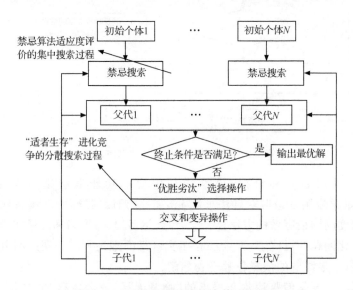

图 2.10　进化禁忌搜索混合算法的框架

在混合策略方面,国外有些调度问题的著名研究者认为,更先进的分散搜索策略(即维持精华解机制)对改善调度算法性能有潜在的重要意义[28]。但是作者的大量研究测试显示,集中搜索对算法的性能影响更为重要。为了与分散搜索达到合理的平衡,基于 Nowicki 和 Smutnicki[25] 提出著名的 TSAB 算法和对调度领域知识的研究,提出一种强化的禁忌算法,目的是对有希望的区域进行更充分的集中搜索。下面介绍通过 GTS 混合算法求解 job-shop 调度问题。

2.3.3　进化禁忌算法求解 job-shop 调度问题

1. 遗传算法求解 job-shop 调度问题的研究

(1) 调度问题编码。

编码是遗传算法求解调度问题成功与否的关键。本节采用基于工序的编码具有任意置换染色体后总能得到可行调度、避免死锁、对解空间表征的完全性和解码成主动调度等优点,是目前遗传算法应用于 job-shop 调度问题较成功的编码。不过它只具有半 Lamarkian 特性,因此遗传操作的设计对算法的性能有较大影响。

基于工序的编码染色体的基因数等于工序总数,每个工件的工序都用相应的工件序号表示,并且工件序号出现的次数等于该工件的工序数。根据工件序号在染色体出现的次序编译,即从左到右扫描染色体,对于第 k 次出现的工件序号,表示该工件的第 k 道工序。例如,对于如表 2.1 所示的 3×3 调度问题,图 2.3 所示的调度解的机器码为

M1：$(J2,1) \to (J1,1) \to (J3,2)$

M2：$(J3,1) \to (J1,2) \to (J2,3)$

M3：$(J2,2) \to (J3,3) \to (J1,3)$

该机器码对应的一个基于工序编码的染色体可为[2 1 3 2 3 1 2 3 1],其中 1 为工件 J1,染色体中的 3 个 1 依次为工件 J1 的 3 个工序,分别为工序 1、工序 2 和工序 3,2 和 3 与此类似。

（2）调度问题解码。

对于基于工序编码的染色体[2 1 3 2 3 1 2 3 1],该染色体对应的机器序列为[1 1 2 3 1 2 2 3 3],对应的加工时间序列为[3 3 4 5 6 2 4 3 3]。按一般半主动解码方式,从左到右依次将染色体上的工序都安排完为止,可产生染色体对应的半主动调度,如图 2.3 所示。其中 M1 上的工件加工顺序为 2-1-3,M2 上为 3-1-2,M3 上为 2-3-1,最大完工时间 makespan 为 18。

上述解码方式只能得到半主动调度,而不是主动调度,而最优解是在比半主动调度集更小的主动调度集中。本节采用一种插入式贪婪解码算法,以确保染色体经过解码后产生主动调度。该解码方法的描述如下：首先将染色体看做工序的有序序列,根据工序在该序列上的顺序进行解码;然后将每道工序插入到对应机器上最佳可行的加工时刻安排加工,按此方式直到序列上所有工序都安排在其最佳可行的地方。因此,应用插入式贪婪解码算法,该染色体解码后产生的主动调度解的甘特图如图 2.11 所示,最大完工时间 makespan 缩短为 15。

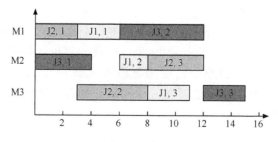

图 2.11　解码为主动调度解的机器甘特图

禁忌搜索算法是基于调度解的机器码运行,而遗传算法是应用基于工序的编码。按照插入式贪婪解码算法可将基于工序编码的染色体解码为主动调度解的机器码,同时需要将机器码转化为基于工序编码的染色体。本节提出的转化方式为:按照工艺顺序的大小次序依次循环扫取每台机器上的工件,直到所有工件号被取完为止。因此,可得到如图 2.11 所示调度解机器码对应的主动染色体为[2 1 3 2 3 1 2 1 3]。

(3) 交叉操作。

交叉操作和变异操作决定了遗传算法的全局搜索能力。其中交叉是遗传算法中起核心作用的遗传操作,是将两个父代个体的部分结构加以替换重组而生成新个体的操作。对于调度问题中基于工序的编码,设计交叉操作的最重要标准是特征继承,即父代如何将机器上相邻工序的优良特征保留到子代。目前,研究者已提出许多有效的交叉操作,如 SXX、PPX、LOX 等,其中 POX 能较好地保留父代的优良特征。本节对 POX 操作进行了改进,设计了一种改进的优先工序交叉(improved precedence operation crossover, IPOX)用于混合算法的遗传算法。

设父代染色体分别 P_1 和 P_2,交叉产生子代 C_1 和 C_2,IPOX 操作的过程为:所有工件集随机划分为两个非空的子集 J_1 和 J_2,复制 P_1 包含在 J_1 的工件到 C_1,复制 P_2 包含在 J_2 的工件到 C_2,保留它们的位置;复制 P_2 包含在 J_2 的工件到 C_1,P_1 包含在 J_1 的工件到 C_2,保留它们的顺序。

(4) 变异操作。

变异操作的作用是维持群体的多样性,防止算法出现早熟收敛。常用的变异操作有交换变异、插入变异和逆转变异等。测试结果显示,对于 GTS 混合算法,交换变异表现出更优越的性能。因此,遗传算法中的交换变异被采用,即变异操作就是在染色体中随机选择两个不相同的基因,交换它们的位置。

(5) 选择操作。

选择操作是根据个体适应度值的优劣程度决定它在下一代是淘汰还是遗传。在 GTS 混合算法中,选择操作采用最佳个体保存(elitist model)和锦标选择(tournament selection)两种方式。

最佳个体保存就是将群体中适应度高的个体不经配对交叉而直接复制到下一代。锦标选择由 Goldberg 和 Deb 提出,是从种群中随机选择两个个体,如果随机值 r(在 0~1 内随机产生)小于给定概率值 k(k 是一个固定参数,一般设置为 0.8),则选择优的一个,否则就选择另一个。被选择的个体放回到种群,可以重新作为父代染色体参与选择。

2. 禁忌搜索算法设计

禁忌搜索算法是一种有效求解 job-shop 调度问题的局部搜索算法。在 GTS

混合算法中,禁忌搜索算法对染色体代表解的附近区域进行集中搜索。本节设计的禁忌搜索算法与 Nowicki 和 Smutnicki[25] 提出的精华解恢复机制的 TSAB 算法有点相似,主要区别在于邻域结构、移动评价策略、禁忌表和禁忌长度的设计、选择策略和终止准则。下面对这几个主要组成部分进行介绍。

1) 邻域结构与移动评价策略

邻域结构与移动评价策略是影响局部搜索算法求解调度问题质量和效率的关键因素。本节禁忌搜索算法的邻域结构采用文献[26]的定义,即一个移动被定义为:将一个关键工序移动至其块首之前或块尾之后,或将关键块首工序或尾工序插入到工序块内部。该邻域结构能探索更广泛的解空间区域,因此具有较强搜索能力,它的移动操作如图 2.12 所示。

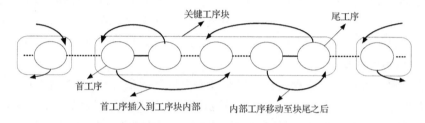

图 2.12 邻域结构的移动操作

但是如何将关键工序移动至其块首之前或块尾之后,或将关键块首工序或尾工序插到工序块内部不产生循环?本节扩展 Grabowski 和 Wodecki[29] 提出的两个定理,将此定理扩展到能将关键块首工序或尾工序插到工序块内部也不产生循环。这两个扩展的定理如下:

定理 2.1 设一个可行解 S,如果其两个关键工序 u 和 v 在同一台机器上,且满足 $L(v, n) + \min(p_{JP[v]}, p_{MP[v]}) + p_{JS[u]} > L(JS[u], n)$ 和 $JS[u] \neq JP[v]$,那么移动工序 u 至工序 v 之后将产生非循环的完全选择。

事实上,该定理的理论来源于:如果在 D_s 中没有从 $JS[u]$ 到 v 的有向路径,那么移动关键工序 u 至关键工序 v 之后将不会产生循环。同理给出定理 2.2。

定理 2.2 设一个可行解 S,如果其两个关键工序 u 和 v 在同一台机器上,且满足 $L(0, u) + \min(p_{JS[u]}, p_{MS[u]}) + p_{JP[v]} > L(0, JP[v])$ 和 $JP[v] \neq JS[u]$,那么移动工序 v 至工序 u 之前将产生非循环的完全选择。

禁忌搜索算法求解调度问题的运行时间是由计算每次移动花费的时间决定,为了减少计算的花费,本节采用 Balas 和 Vazacopoulos[30] 提出的一种有重要意义的下界近似评价策略计算每次移动的评价值。实验测试表明,下界近似方法不仅非凡地改进了计算速度,而且对解的质量没有实质影响[24]。此外,为了进一步减少计算时间,当每次迭代后精确计算所选择的邻域解时,仅重新计算需要升级工序的首值和尾值。

2）禁忌表和禁忌长度

禁忌表的作用是避免重复搜索以前迭代中访问过的解。在混合算法的禁忌搜索算法中，储存在禁忌表中的元素是移动属性而不是解本身，并使用特赦准则以避免令人感兴趣的解受到禁忌。为了更好地代表问题的解本身，禁忌表中的元素不仅存储移动工序序列，而且存储它们在机器上的位置。

禁忌长度决定了禁忌表中元素存储的时间长短，对搜索过程有较大影响。如果禁忌长度过短，可能产生循环搜索；相反，禁忌长度过长则会产生过多的约束。但是，对于给定的组合优化问题，很难甚至不可能找到一个既能防止循环，又不会产生过多约束的禁忌长度。一种解决这个问题的有效途径就是使用动态的禁忌长度[21]。因此，在本节禁忌搜索算法中的禁忌长度采用动态设置方式，其值在给定的极小值和极大值$[L_{min}, L_{max}]$区间内随机选取。大量测试研究显示，禁忌长度的极值分别设置为：$L_{min} = 11 + n/m$ 和 $L_{max} = L_{min} + 2$，可以取得较好的结果。

3）精华解恢复机制

精华解恢复机制是指存储算法搜索过程中发现的最好解，并在适当的时候以此解开始重新搜索。更详细地说，每当算法搜索到比当前最好解更好的解时，新的最好解被"压入"精华解集；当算法执行给定的未改进迭代次数（improveIter）后，如果没有改进当前最好解，那么精华解集顶端的解被"弹出"，并转化为主动调度，赋予当前解；接着算法清空禁忌表，重新设置参数，从新的当前解开始重新执行禁忌搜索。

精华解集是一个循环列表，当精华解集存储满时，新的最好解覆盖最老的。精华解集中解的存储数目（maxelite）是一个固定常数，一般设置为 5。需要注意的是，禁忌搜索运行过程中的调度解仅是半主动调度，不是主动调度，而最优解在解空间更小的主动调度集中。因此，将从精华解集中"弹出"的半主动调度转化为主动调度，能更好地引导算法搜索未探索的区域。

4）移动选择

禁忌搜索算法的移动选择策略是选取满足特赦准则的移动或非禁忌的最佳移动。但是在搜索过程中会出现所有移动都被禁忌并且都不满足特赦准则的情况，在这种情况下算法在所有可能的移动中随机选择一个移动。

5）终止准则

当精华解集被耗空或当前解被证明为最优解时，禁忌搜索算法终止。如果以下条件之一得到满足：所有关键工序都在同一台机器上（即只产生一个关键块），或者所有关键工序属于同一个工件（即每个块仅由一个工序组成），那么得到的当前解就是最优解，禁忌搜索算法终止。

6）GTS 混合算法求解 job-shop 调度问题的步骤

GTS 混合算法将"适者生存"的进化准则嵌入多起点禁忌搜索算法中，也就是说，该混合算法由遗传算法和对初始化及进化过程中产生的个体进行集中搜索的禁忌搜索算法组成。从总体上分析，遗传算法用于引导算法进行全局探索，探索有希望的区域；禁忌搜索算法对有希望的区域进行集中搜索。由于遗传算法和禁忌搜索算法具有互补的特性，GTS 混合算法在性能上能够超越各自算法。GTS 混合算法的框架图 2.10 所示，具体步骤如下：

（1）初始化产生 P 个可行解，P 为种群规模。

（2）用禁忌搜索算法评价每个个体适应值。

（3）判断是否达到终止条件，若满足则输出最好解；否则转到步骤（4）。

（4）按最佳个体保存和锦标选择策略选取下一代种群。

（5a）若两个父代的适应度不相等并且满足交叉概率 P_c，则执行交叉操作产生两个个体。

（5b）若满足变异概率 P_m，则执行变异操作产生个体。

（6）用禁忌搜索算法集中搜索和评价交叉和变异操作产生的新个体。

（7）生成新一代种群，返回步骤（3）。

2.3.4　计算结果与分析

前文所述的 GTS 混合算法由 VC++ 编程，在 CPU 为 PⅣ 3.0GHz、内存为 512MB 的计算机上执行。为了测试该算法的性能，本节选取了研究中最普遍的基准问题：FT6、FT10、FT20、LA01-40、ABZ5-9、ORB01-10、YN1-4 和 SWV01-10 基准集。这些基准集从 OR-Library 网站下载，基准实例的上界（UB_{best}）和下界（LB_{best}）主要出自文献[24]，其中部分由文献[31]升级。

为了比较和评估 GTS 混合算法的性能，将 GTS 混合算法与近年来著名的近似算法进行比较。这些算法及其表示方法如下：BV 表示 Balas 和 Vazacopou-los[30] 提出的"移动瓶颈指导的全局搜索"算法，其中 SB-RGLS5 表示 SB-RGLS 迭代 5 次获得的解，BV-best 表示 Balas 和 Vazacopoulos 得到的最好解；TSSB 表示 Pezzella 和 Merelli[32] 提出的"移动瓶颈引导的禁忌搜索算法"。此外，由于文献[31]中对 i-TSAB 算法只提供了每组实例的统计结果及发现的新上界，而没有提供获得统计数据的基础，因此只能对发现更好的解比较。为了评估不同算法解的质量，用公式 $RE = 100 \times (UB_{solve} - LB_{best}) / LB_{best}$ 计算每个实例的相对误差（式中 UB_{solve} 表示测试算法得到的最好适应度），并根据每个实例的相对误差计算每组实例的平均相对误差（MRE）。

由于遗传算法具有随机的特性，本节对每个基准实例连续运行 10 轮，以获得平均适应度和平均运行时间。尽管其他算法不能确定其提供的是平均解还是最佳解,但为了客观公正地评价本节算法的性能,这里采用 GTS 混合算法获得的平均适应度的平均相对误差(av-MRE)与其他算法提供的结果进行比较。由于存在浮点数的问题,不可能得到真正的独立计算机的 CPU 时间,因此在比较不同算法的数据时,封装了每个算法的原始测试机器名称和原始运行时间,以避免讨论测试中电脑运行速度的不同。

1. 混合算法测试参数设置

在 GTS 混合算法中,遗传算法的参数种群规模 P、交叉概率 P_c、变异概率 P_m、进化代数及禁忌搜索算法的参数禁忌长度、未改进迭代次数和精华解集的存储长度由大量实验测试确定,以保证算法在解的质量和计算速度之间平衡。

实验测试显示,遗传算法的种群规模应随着问题规模的加大而增加,但是对于单个实例,种群规模的增加超过一定限度时,对最终解的质量的提高并不明显,却显著地增大了运行时间。对于测试的基准问题,遗传算法运行参数设置如下:如果实例的工件数大于或等于 15,则种群规模 $P = 20$,否则 $P = 10$;交叉概率 $P_c = 0.8$,变异概率 $P_m = 0.1$,选择概率值 $k = 0.8$;进化代数为 $10 \sim 15$。禁忌搜索算法参数的设置方式如下:禁忌长度在给定的极小值和极大值 $[L_{min}, L_{max}]$ 区间内随机选取;未改进迭代次数 improveIter $= 120 \times n$,精华解集的存储长度 maxelite $=5$。每个实例连续运行 10 轮。

2. FT、LA、ABZ 和 ORB 基准集的实验结果

本节用 GTS 混合算法测试提出较早的基准实例 FT6、FT10、FT20、LA01-40、ABZ5-9 和 ORB01-10,共计 58 个实例,工序总数介于 $55 \sim 300$。这些实例曾经非常难解,如著名的 FT10 实例在提出后经 1/4 个世纪才得以解决到最优。经过众多研究者的不懈努力,除 ABZ8 和 ABZ9 外的其余实例都被解决,其中部分采用近似算法,部分采用 B&B 算法。

首先测试三种最常用的基准问题 LA 和 ABZ。对于这些实例,表 2.6 显示了 GTS 混合算法与 BV 和 TSSB 算法测试结果的比较,在表中分别列出了 GTS 混合算法获得每组实例的最佳适应度的平均相对误差(b-MRE)、平均适应度的平均相对误差(av-MRE)、平均运行时间(av-Time),以及 BV 和 TSSB 算法提供的结果。为了避免讨论测试计算机运行速度的不同,各个算法封装了原始运行机器及运行时间。从表中可以看出,GTS 混合算法的运行速度非常快,在计算机上平均每个实例花费时间少于 1min;GTS 混合算法获得 b-MRE 和 av-MRE 分别为 0.21% 和 0.23%,明显低于 BV 和 TSSB 算法提供的 MRE 值 0.26% 和 0.50%。

表 2.6　对于 LA 和 ABZ 基准问题 GTS 混合算法与 TSSB 和 BV 算法测试结果的比较

问题	$n \times m$	GTS			BV[①]		TSSB[②]	
		b-MRE	av-MRE	av-time/s	b-MRE	av-time/s	MRE	av-time/s
LA01-05	10×5	0.00	0.00	0.0	0.00	3.9	0.00	9.8
LA06-10	15×5	0.00	0.00	0.0	0.00	—	0.00	—
LA11-15	20×5	0.00	0.00	0.0	0.00	—	0.00	—
LA16-20	10×10	0.00	0.00	0.74	0.00	25.1	0.00	61.5
LA21-25	15×10	0.00	0.00	11.5	0.00	314.6	0.10	115
LA26-30	20×10	0.02	0.02	56.1	0.09	100.0	0.46	105
LA31-35	30×10	0.00	0.00	0.0	0.00	—	0.00	—
LA36-40	15×15	0.00	0.03	87.4	0.03	623.5	0.58	141
ABZ5-6	10×10	0.00	0.00	1.55	0.00	252.5	0.00	77.5
ABZ7-9	20×15	2.05	2.27	349.9	2.45	6680.3	3.83	200
MRE		0.21	0.23		0.26		0.50	

① 在大型机 SUN Sparc-330 上运行的 CPU 时间。

② 在主频为 133MHz 的计算机上运行的 CPU 时间。

为了进行更详细的性能比较,从 FT、LA 和 ABZ 基准问题中选取 15 个最困难的实例进行测试,这些实例曾被认为是对算法性能的挑战[24]。表 2.7 显示了 GTS 混合算法与其他算法求解这 15 个困难实例测试结果的比较。表 2.7 中每个实例上界和下界的值由文献[24]给出,Best、M_{av}、T_{av} 列给出了 GTS 混合算法连续运算 10 轮获得的最佳适应度、平均适应度和平均计算时间,后面几列分别列出了 SB-RGLS5、BV-best 和 TSSB 算法提供的结果,最后一行给出了各个算法的平均相对误差(MRE)和平均运行时间以评估各种算法的性能。

表 2.7　对于 15 个困难基准实例 GTS 混合算法与其他算法测试结果的比较

问题	$n \times m$	UB(LB)	GTS			SB-RGLS5[①]		BV-best[①]		TSSB[②]	
			Best	M_{av}	T_{av}/s	makespan	CPU/s	makespan	CPU/s	makespan	CPU/s
FT10	10×10	930	930[③]	930	7.9	930	247.2	930	12.8	930	80
LA19	10×10	842	842[③]	842	3.2	842	269.2	842	70	842	—
LA21	15×10	1046	1046[③]	1046	20.4	1046	611.6	1046	611.6	1046	—
LA24	15×10	935	935[③]	935	11.3	935	681.6	935	981.6	938	—
LA25	20×10	977	977[③]	977	15.9	977	616	977	224	979	—
LA27	20×10	1235	1235[①]	1235	17	1235	315.2	1235	315.2	1235	—
LA29	20×10	1152	1153	1153.4	263	1164	1062	1157	115.6	1168	—
LA36	15×15	1268	1268[③]	1268	16.2	1268	920	1268	55.6	1268	—
LA37	15×15	1397	1397[③]	1397.2	98.7	1397	822	1397	37.2	1411	—
LA38	15×15	1196	1196[③]	1196	107.5	1196	1281.2	1196	1281.2	1201	—

续表

问题	$n \times m$	UB(LB)	GTS			SB-RGLS5[①]		BV-best[①]		TSSB[②]	
			Best	M_{av}	T_{av}/s	makespan	CPU/s	makespan	CPU/s	makespan	CPU/s
LA39	15×15	1233	1233[③]	1233	46	1233	1131.2	1233	154	1240	—
LA40	15×15	1222	1222[③]	1223.8	168.5	1224	1589.6	1224	1589.6	1233	—
ABZ7	20×15	656	657	658.1	319.2	664	1513.2	662	7176	666	200
ABZ8	20×15	665(645)	667	668.9	371	671	2931.2	669	7916	678	205
ABZ9	20×15	679(661)	**678**	679.5	359.4	679	4949.2	679	4949.2	693	195
MRE			0.41	0.47	121.7	0.61	1262.7	0.53	1682.0	1.09	170

① 在大型机 SUN Sparc-300 上运行的 CPU 时间。

② 在主频为 133MHz 的计算机上运行的 CPU 时间。

③ GTS 混合算法获得该实例的最优解。

　　从表 2.7 中可以看出,即使 GTS 混合算法获得的 av-MRE 为 0.47%,也明显优于 BV-best、SB-RGLS5 和 TSSB 提供的 MRE 值 0.53%、0.61% 和 1.09%。GTS 混合算法在平均时间少于 4s 内就能得到著名的 FT10 实例的最优解,即使是中等规模的实例,如 LA36(15×15),GTS 混合算法在计算机上也能在十几秒钟内得到最优解 1268,这表明 GTS 混合算法有较高的搜索效率。在 13 个已被解决到最优的实例中,GTS 混合算法得到了 11 个实例的最优解;对于 2 个未解决的实例 ABZ8 和 ABZ9,GTS 混合算法获得一个新的最好解(见表中黑体),即 ABZ9 的 678。图 2.13 显示了得到 ABZ9 实例最好调度解的机器甘特图。此外,GTS 混合算法从随机产生的初始解开始搜索得到的 b-MRE = 0.41% 和 av-MRE = 0.47% 非常接近,以上表明 GTS 混合算法是一个非常有效、鲁棒性好的算法。

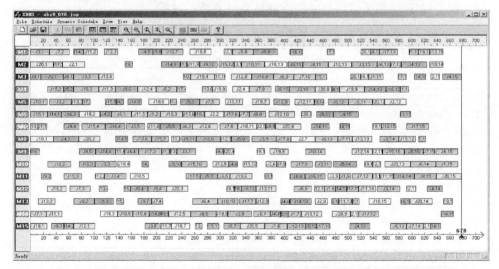

图 2.13　GTS 混合算法得到 ABZ9 实例最好调度解的机器甘特图

最后测试包含 10 个实例、总工序数均为 100 的 ORB 基准问题,表 2.8 给出了详细的比较结果。从表中可以看出,GTS 混合算法能在合理的时间内得到全部最优解,计算每个实例的平均时间约为 6s;在解的质量方面,GTS 混合算法明显优于 BV 和 TSSB 算法。例如,其余两个算法中最好的 BV 算法仅得到 8 个实例的最优解。

表 2.8　对于 ORB01-10 实例 GTS 混合算法与 TSSB 和 BV 算法测试结果的比较

问题	$n \times m$	LB	GTS			BV[①]		TSSB[②]	
			Best	M_{av}	T_{av}/s	makespan	CPU/s	makespan	CPU/s
ORB01	10×10	1059	1059[③]	1059	2.3	1059	17.3	1064	82
ORB02	10×10	888	888[③]	888	6.2	888	88.4	890	75
ORB03	10×10	1005	1005[③]	1005	7.6	1005	16.2	1013	87
ORB04	10×10	1005	1005[③]	1005	14.3	1013	285.6	1013	75
ORB05	10×10	887	887[③]	887.2	12.4	889	15.2	887	81
ORB06	10×10	1010	1010[③]	1010	7.7	1010	124.8	—	—
ORB07	10×10	397	397[③]	397	0.3	397	69.2	—	—
ORB08	10×10	899	899[③]	899	5.3	899	97.6	—	—
ORB09	10×10	934	934[③]	934	1.0	934	73.2	—	—
ORB10	10×10	944	944[③]	944	0	944	14.2	—	—
ORB1-10			0.0	0.0	5.71	0.10	80.2	0.46	80

① 在大型机 SUN Sparc-300 上运行的 CPU 时间。

② 在主频为 133MHz 的计算机上运行的 CPU 时间。

③ GTS 混合算法获得该实例的最优解。

3. YN 和 SWV 基准集的实验结果

YN 基准集包含 4 个规模为 20×20 的实例,最优解均未知。SWV 基准集包含 20 个工序总数在 200～500 内的实例。这些实例难度较大,故进化代数设为 15。TSSB 算法未测试 YN 和 SWV 基准集,因此本节只能将 GTS 混合算法与 BV 算法进行比较。

表 2.9 显示了对于 YN1-4、SWV01-10 实例 GTS 混合算法与 BV 算法测试结果的详细比较。对于 YN1-4 实例,GTS 混合算法得到的 b-MRE 和 av-MRE 分别为 6.4% 和 6.72%,明显低于 BV-best 和 SB-RGLS5 提供的 MRE 值 6.98% 和 7.2%;对于 SWV06-10 实例,GTS 混合算法得到的 b-MRE 和 av-MRE 分别为 6.84% 和 7.64%,也远低于 SB-RGLS5 和 BV-best 提供的 MRE 值 8.11% 和 9.27%;此外,GTS 混合算法得到 6 个比文献[31]更优的最好解(见表中黑体)。

GTS 混合算法一般在进化 3～4 代之内(在测试的计算机上平均花费 2～3min)就可获得 BV 算法在 SUN Sparc-330 上花费约 150～180min 所提供的 MRE 值。因此,对于 YN、SWV 基准问题,GTS 混合算法在解的质量和计算时间方面优于 BV 算法。图 2.14 显示了得到 YN1 实例最大完工时间等于 884 调度解的机器甘特图。

表 2.9　对于 YN1-4、SWV01-10 实例 GTS 混合算法与 BV 算法测试结果的比较

问题	$n \times m$	UB(LB)	GTS			BV①			
			Best	M_{av}	T_{av}/s	SB-RGLS5	CPU/s	BV-best	CPU/s
YN1	20×20	885(826)	**884**	886.4	684.1	893	3959.2	891	9382.4
YN2	20×20	909(861)	**907**	908.8	664.1	911	5143.2	910	11647.2
YN3	20×20	892(827)	892	895	667.5	897	4016	897	4016
YN4	20×20	968(918)	969	971.2	674.3	977	7407.2	972	10601.2
YN1-4			6.4	6.72	672.5	7.2	5131.4	6.98	8911.7
SWV01	20×10	1407	1408	1417	442.9	1418	1498	1418	1498
SWV02	20×10	1475	1475②	1475.5	230.6	1484	1389.2	1484	1389.2
SWV03	20×10	1398(1369)	1398	1412.3	448.9	1443	—	1425	3302
SWV04	20×10	1474(1450)	**1471**	1474.9	498	1484	1621.2	1483	2433.2
SWV05	20×10	1424	1426	1431.1	506.3	1434	1961.2	1434	1961.2
SWV01-05			0.76	1.22	425.3	1.97	1617.2	1.69	2116.7
SWV06	20×15	1678(1591)	1678	1686.1	703.1	1710	5446	1696	11863
SWV07	20×15	1600(1446)	1600	1612.2	730.7	1645	3903.2	1622	10699
SWV08	20×15	1763(1640)	**1758**	1771.5	707.1	1787	4264	1785	10375
SWV09	20×15	1661(1604)	**1659**	1674	690.5	1703	4855.2	1672	12151
SWV10	20×15	1767(1631)	**1753**	1767.4	670.4	1794	3005.2	1773	10332
SWV06-10			6.84	7.64	700.4	9.27	4294.7	8.11	11084

① 在大型机 SUN Sparc-300 上运行的 CPU 时间。

② GTS 混合算法获得该实例的最优解。

　　综上所述,GTS 混合算法在平均相对误差和改进最好解方面均优于 BV 和 TSSB 算法。因此,在解的质量方面 GTS 混合算法超过 BV 算法和 TSSB 算法。

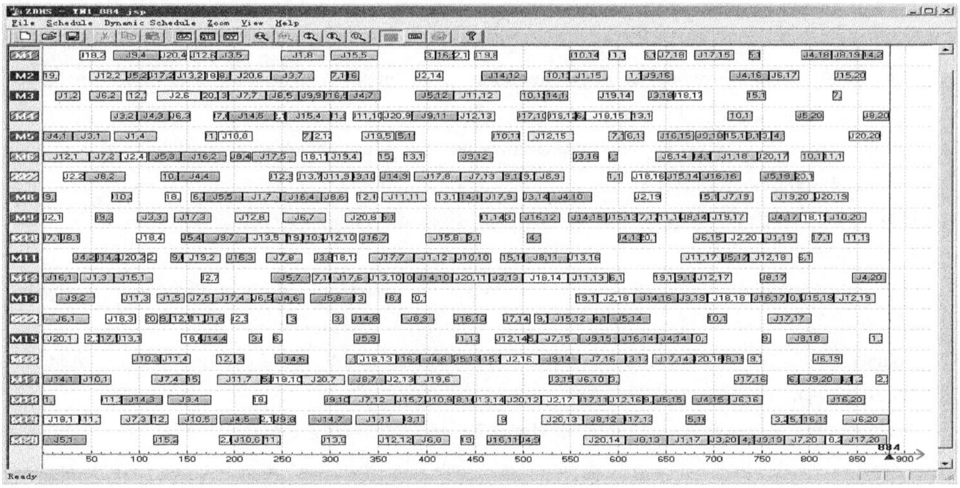

图 2.14　GTS 混合算法得到 YN1 实例最大完工时间等于 884 调度解的机器甘特图

2.4　本章小结

车间调度问题在实际生产中广泛存在,对车间调度进行研究不仅有重大的现实意义,而且有深远的理论意义。遗传算法在解决车间调度问题的过程中较少应用邻域知识(而模拟退火和禁忌搜索应用基于关键路径的邻域知识加快搜索),更适合于解决实际生产中的调度问题。通过深入分析车间调度问题的特性,本章提出一种主动解码方法,进一步缩小了搜索范围;为基于工序的编码提出一种有效的POX 操作,并因传统遗传算法在解车间调度问题上不是很成功,而设计了一种子代交替模式的遗传算法。该算法能更好地继承父代优良特征,其原理同样适用于其他组合优化问题,将其应用于 FT 基准问题的实验运行,得到较好的效果。

通过整合遗传算法和禁忌搜索算法各自的优势,本章提出了一种求解复杂车间调度问题的进化禁忌搜索混合算法。GTS 混合算法的搜索机理为:遗传算法起分散搜索的作用,引导算法探索有希望的区域;禁忌搜索算法起集中搜索的作用,对有希望的区域进行集中搜索。为了使混合算法在更高级的集中搜索和分散搜索之间达到适当的平衡,本章设计了一种 IPOX 操作使子代能更好地继承父代的优良特征,并确保遗传算法能有效地进行分散搜索;基于著名的 TSAB 算法和新邻域结构,提出了一种强化的禁忌搜索算法以实现对有希望的区域进行更充分的集中搜索。本章还应用所提出的混合算法求解大量著名的车间调度基准问题,测试结果显示 GTS 混合算法在解的质量方面优于著名的 BV 和 TSSB 算法,证实了该算法具有很强的搜索能力。此外,GTS 混合算法的基本思想同样适用于解决其他带约束的组合优化问题。

参 考 文 献

[1] Balas E. Machine scheduling via disjunctive graphs: An implicit enumeration algorithm. Operations Research, 1969, 17: 941-957.

[2] Adams J, Balas E, Zawack D. The shifting bottleneck procedure for job shop scheduling. Management Science, 1988, 34: 391-401.

[3] Holland J H. Adaptation in Natural and Artificial Systems. Ann Arbor: The University of Michigan Press, 1975.

[4] de Jong K A. An analysis of the behavior of a class of genetic adaptive systems. PhD thesis. Michigan: University of Michigan, 1975.

[5] Goldberg D E. Genetic Algorithms in Search Optimisation and Machine Learning. Reading: Addison-Wesley, 1989.

[6] 王凌, 郑大钟. 基于遗传算法的 Job-Shop 调度研究进展. 控制与决策, 2001, 16(11): 641-646.

[7] Davis L. Job shop scheduling with genetic algorithms. Proceedings of an International Conference on Genetic Algorithms and their Application, Hillsdale, 1985: 136-140.

[8] Gen M, Tsujimura Y, Kubota E. Solving job-shop scheduling problems by genetic algorithm. Proceedings of the 16th International Conference on Computer and Industrial Engineering, Tokyo, 1994: 576-579.

[9] Shi G Y, Iima H, Sannomiya N. A new encoding scheme for Job Shop problems by Genetic Algorithm. Proceedings of the 35th Conference on Decision and Control, Tokyo, 1996: 4395-4400.

[10] Baker K R. Introduction to Sequencing and Scheduling. New York: John Wiley and Sons, 1974.

[11] Ono I, Yamamura M, Kobayashi S. A genetic algorithm for job-shop scheduling problems using job-based order crossover. Proceedings of ICEC96, Tokyo, 1996: 547-552.

[12] Kobayashi S, Ono I, Yamamura M. An efficient genetic algorithm for job shop scheduling problems. Proceedings of 6th ICGA, Tokyo, 1995: 506-511.

[13] Bierwirth C. A generalized permutation approach to job shop scheduling with genetic algorithms. OR Spektrum, 1995, 17: 87-92.

[14] Yamada T, Nakano R. A genetic algorithm applicable to large-scale job-shop problems. Proceedings of 2nd PPSN, Tokyo, 1992: 281-290.

[15] Falkenauer E, Bouffoix S. A genetic algorithm for job shop. Proceedings of the 1991 IEEE International Conference on Robotics and Automation, 1992: 824-829.

[16] Cheng R. A study on genetic algorithms-based optimal scheduling techniques. PhD thesis. Tokyo: Tokyo Institute of Technology, 1997.

[17] Muth J F, Thompson G L. Industrial Scheduling. Englewood Cliffs: Prentice-Hall, 1963.

[18] Glover F. Future paths for integer programming and links to artificial intelligence. Computers and Operations Research, 1986, 13: 533-549.

[19] Hansen P. The steepest ascent mildest descent heuristic for combinatorial programming. Congress on Numerical Methods in Combinatorial Optimization, Capri, 1986: 1-14.

[20] Glover F. Tabu search—Part I. ORSA Journal on Computing, 1989, 1(3): 190-206.

[21] Glover F. Tabu search—Part II. ORSA Journal on Computing, 1990, 2(1): 4-32.

[22] Glover F, Laguna M. Tabu Search. Dordrecht: Kluwer Academic Publishers, 1997.

[23] Taillard E D. Parallel taboo search techniques for the job-shop scheduling problem. ORSA Journal on Computing, 1994, 6: 108-117.

[24] Jain A S, Meeran S. Deterministic job shop scheduling: past, present and future. European Journal of Operational Research, 1999, 113: 390-434.

[25] Nowicki E, Smutnicki C A. Fast taboo search algorithm for the job shop scheduling problem. Management Science, 1996, 42(6): 797-813.

[26] Zhang C Y, Li P G, Guan Z L, et al. A tabu search algorithm with a new neighborhood structure for the job shop scheduling problem. Computers & Operations Research, 2007, 34(11): 3229-3242.

[27] Glover F, Kelly J, Laguna M. Genetic algorithm and tabu search: Hybrids for optimization. Computers and Operations Research, 1995, 22(1): 111-134.

[28] Watson J P. On metaheuristic "failure modes": A case study in tabu search for job-shop scheduling. The 6th Metaheuristics International Conference, Vienna, 2005: 22-26.

[29] Grabowski J, Wodecki M. A very fast tabu search algorithm for the job shop problem // Rego C, Alidaee B. Metaheuristic Optimization via Memory and Evolution: Tabu Search and Scatter Search. Dordrecht: Kluwer Academic Publishers, 2005: 117-144.

[30] Balas E, Vazacopoulos A. Guided local search with shifting bottleneck for job shop scheduling. Management Science, 1998, 44(2): 262-275.

[31] Nowicki E, Smutnicki C A. An advanced tabu search algorithm for the job shop problem. Journal of Scheduling, 2005, 8: 145-159.

[32] Pezzella F, Merelli E. A tabu search method guided by shifting bottleneck for job shop scheduling problem. European Journal of Operational Research, 2000, 120(2): 297-310.

第3章 柔性作业车间生产运行优化

针对实际生产的需要,本章研究了柔性作业车间调度和动态调度问题。首先,对不同性能指标的柔性作业车间调度问题进行研究;针对柔性作业车间调度问题的具体特点,设计基于工序编码和基于机器分配编码两种交叉算子,并提出一种双层子代产生模式的改进遗传算法应用于该调度问题;用实例测试提出的改进遗传算法,验证该算法的有效性。然后,系统地研究工件持续到达情况下的动态调度问题,提出一种基于改进遗传算法的滚动调度策略。该策略基于周期和事件驱动的滚动再调度机制,运用多目标遗传算法解决调度过程中每个滚动窗口中工件的调度优化。为了适应复杂多变的动态环境,对实际调度方案执行过程提出一种人机协同调度机制。最后,基于以上研究开发出动态调度原型系统,并对基准实例和应用实例进行仿真,验证提出策略的可行性。

3.1 引　　言

柔性作业车间调度问题(flexible job-shop scheduling problem,FJSP)是传统单体车间调度问题的扩展。在传统的单体车间调度问题中,工件的每道工序只能在一台确定的机床上加工。而在柔性作业车间调度问题中,每道工序可以在多台机床上加工,并且在不同的机床上加工所需时间不同。柔性作业车间调度问题减少了机器约束,扩大了可行解的搜索范围,增加了问题的复杂性。

柔性作业车间调度问题在实际生产中广泛存在,并且是迫切需要解决的一类问题。此外,在离散制造业或流程工业中广泛存在的另一类问题——混合流水车间调度问题(hybrid flow-shop scheduling problem,HFSP),可看成是柔性作业车间调度问题的一种特例,即所有工件的加工路线都相同。目前,遗传算法是主要应用于求解柔性工作车间调度问题的元启发式方法。本节借鉴遗传算法求解传统调度问题的成功经验,并结合柔性作业车间调度问题的具体特点,改进传统的遗传算法求解不同性能指标的柔性作业车间调度问题。对于进一步用混合算法求解柔性作业车间调度问题的研究将在以后的工作中进行。

3.2　柔性作业车间调度问题的描述及求解方法

3.2.1　柔性作业车间调度问题的描述

1. 柔性作业车间调度模型

柔性作业车间调度问题的描述如下[1,2]：一个加工系统有 m 台机器，要加工 n 种工件。每个工件包含一道或多道工序，工件的工序顺序是预先确定的；每道工序可以在多台不同的机床上加工，工序的加工时间随机床的性能不同而变化。调度目标是为每道工序选择最合适的机器、确定每台机器上各工件工序的最佳加工顺序及开工时间，使系统的某些性能指标达到最优。此外，在加工过程中还需满足以下约束条件：

（1）同一时刻同一台机器只能加工一个零件。

（2）每个工件在某一时刻只能在一台机器上加工，不能中途中断每一个操作。

（3）同一工件的工序之间有先后约束，不同工件的工序之间没有先后约束。

（4）不同工件具有相同的优先级。

一个包括 3 个工件、5 台机器的柔性作业车间调度加工时间表如表 3.1 所示。柔性作业车间调度问题的求解过程包括两部分：选择各工序的加工机器和确定每台机器上工件的先后顺序。

表 3.1　柔性作业车间调度加工时间表

工件	工序	加工机器和时间				
		M1	M2	M3	M4	M5
	O_{11}	1	3	4	—	—
J1	O_{12}	—	5	2	—	3
	O_{13}	—	2	5	4	—
	O_{21}	3	—	5	—	2
J2	O_{22}	—	3	2	9	—
	O_{23}	7	—	4	2	3
J3	O_{31}	3	2	—	7	—
	O_{32}	—	—	2	6	1

一个 3 个工件在 5 台机器上加工的柔性作业车间调度加工时间表如表 3.1 所示。此外，析取图（disjunctive graph）模型是调度问题的另一类重要的描述形式，Balas[3]等较早将其运用于调度问题。析取图模型 $G=(N,A,E)$ 定义如下：N

是所有工序组成的节点集,其中,0 和 $*$ 表示两个虚设的起始工序和终止工序;A 是连接同一工件的邻接工序间的连接(有向)弧集;E 是连接在同一机器上相邻加工工序间的析取弧集。析取弧集 E 由每台机器 k 上的析取弧子集组成,即 $E = \overset{m}{\underset{k=1}{\cup}} E_k$,其中 E_k 表示机器 $k(k \in M)$ 上的析取弧子集,m 为机器总数;对于 FJSP 析取弧集 E 是变化的。每个节点上都有一个权值,表示此工序的加工时间 p_{i,j_k},此外 $p_0 = p^* = 0$。

　　对于所有 $k \in M$,在每个 E_k 中求得一个选择 S_k,其并集 $S = \cup(S_k : k \in M)$ 称为完全选择。将完全选择集 S 取代析取图 G 中的析取弧集 E,则可得到有向图 $D_s = (N, A \cup S)$。如果图 D_s 内不存在循环(非循环的),则称相应的完全选择 S 是非循环的。一个非循环的完全选择 S 确定一个可行调度。图 3.1 表示了 FJSP 的一个可行解的有向图,该图内不存在循环。此外,如果 $L(u, v)$ 表示图 D_s 中从工序 u 到工序 v 的最长路径的长度,那么调度的最大完工时间 $L(0, *)$ 等于图 D_s 中最长路径的长度。因此,用析取图描述调度问题的目标就是找到一个完全选择 $S \subseteq E$,使得有向图 D_s 中最长路径的长度(或关键路径的长度)最小。

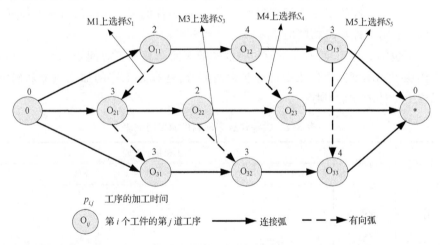

图 3.1　表 3.1 中 FJSP 的一个可行解的有向图表示

　　关键路径是一个可行调度解的重要成分,它是有向图 $D_s = (N, A \cup S)$ 中从起点到终点的最长路径,其长度表示调度解的最大完工时间,并且只有关键路径上的工序 u 具有 $L(0, u) + L(u, *) = C_{max}$ 的特性,其中 $L(0, u)$ 表示头时间,即工序 u 的最早开工时间,$L(u, *)$ 表示尾时间,即工序 u 的最早开工时间到 $*$ 的最大长度。在调度问题中,一般邻域的移动都是通过对关键路径上的工序产生小的扰动产生,只有如此才有可能缩短当前解的最大完工时间。在关键路径上的工序称为关键工序,同时关键路径可能分解成许多的块。一个块是由同一台机器上最大序列的相邻关键工序组成,其中处于块第一位的工序称为块首工序,处于最后的工序的称为块尾工序,其余的称为内部工序(如果不少于一个工序)。

在调度问题中,每个工序 u 有两个前任工序和两个后续工序(如果存在),分别为它的工件前任工序和工件后续工序,本章用 JP[u] 和 JS[u] 表示,以及它的机器前任工序和机器后续工序,本章用 MP[u] 和 MS[u] 表示。换句话说,(JP[u],u) 和 (u,JS[u]) 是有向图 D_s 中的连接弧,(MP[u],u) 和 (u,MS[u]) 是一个完全选择 S 中的弧(如果它们存在)。

2. 柔性作业车间性能指标

本节考虑实际生产中常用的三种性能指标:最大完工时间 C_{max} 最小、每台机器上最大工作量(workloads)最小和提前/拖期惩罚代价最小(基于 JIT 生产模式 E/T 调度问题的性能指标)。其中,最大完工时间 C_{max} 最小是最典型的正规性能指标;E/T 调度问题的性能指标是非正规性能指标中最具代表性的一种。对于 n 个工件,m 台机器的柔性作业车间调度问题,这三种性能指标的目标函数如下:

(1) 最大完工时间 C_{max} 最小,即 $\min\{\max C_i, i = 1, \cdots, n\}$,其中 C_i 是工件 Ji 的完工时间。

(2) 每台机器上最大工作量 W_{max} 最小,即 $\min\{\max W_j, j = 1, \cdots, m\}$,其中 W_j 是机器 Mj 上的工作量(或机器 Mj 上总加工时间)。

(3) 提前/拖期惩罚代价最小,即 $\min \sum_{i=1}^{n} [h_i \times \max(0, E_i - C_i) + \omega_i \times \max(0, C_i - T_i)]$。其中,$C_i$ 是工件 Ji 的实际完工时间;[E_i、T_i] 是工件 Ji 的交货期窗口,E_i、T_i 分别为工件 Ji 的最早和最晚交货期;h_i 是工件 Ji 提前完工的单位时间惩罚系数;ω_i 是工件 Ji 拖期完工的单位时间惩罚系数。

3.2.2　柔性作业车间调度问题求解方法

与传统的单件车间调度比较,柔性作业车间调度是更复杂的 NP 难问题[4]。迄今为止,比较常用的求解方法有基于规则的启发式方法[5,6]、遗传算法[7~11]、模拟退火算法[12]、禁忌搜索算法[13,14]、整数规划法[15]和拉格朗日松弛法等。

柔性作业车间调度中运用较多的是基于规则的启发式方法。各种调度规则按其在调度过程中所起的作用又分为加工路线选择规则和加工任务排序规则,它们的共同特点是求解速度快、简便易行。然而,现行的调度规则大多是在一般单件车间调度甚至是单台机床排序的应用背景下提出的,它们对于柔性作业车间调度问题的解决虽然有相当的借鉴价值,但同在一般调度应用中一样,其对于应用背景有较大的依赖性。目前,尽管大量研究开展了新型规则设计、调度规则比较,以及不同调度环境下各种规则的性能评估等方面的工作,但要给出一种或者一组在各种应用场合均显优势的调度规则尚有一定困难。

遗传算法操作简便、鲁棒性好、通用性强,不受限制性条件的约束,并且具有隐含并行性和全局解空间搜索能力的特点,在生产调度领域得到广泛的应用。但是,如何利用遗传算法高效地求解车间调度问题,一直被认为是一个具有挑战意义的难题并成为研究热点。柔性车间调度问题比传统的调度问题更具复杂性,不仅要安排工序的顺序,还要面临机器选择的问题,如何在这么多可行解的范围内寻找最优解是遗传算法面临的主要问题。

3.3　遗传算法求解柔性作业车间调度问题

3.3.1　遗传算法编码和解码

编码与解码是指染色体和调度解之间进行相互转换,是遗传算法成功实施优化的首要和关键问题。对于传统的作业车间调度问题,大多数研究采用基于工序的编码。但是柔性作业车间调度问题不仅要确定工序的加工顺序,还需为每道工序选择一台合适的机器,仅采用基于工序的编码方法不能得到问题的解。因此,对于柔性作业车间调度问题,遗传算法的编码由两部分组成:第一部分为基于工序的编码,用来确定工序的加工先后顺序;第二部分为基于机器分配的编码,用来选择每道工序的加工机器。融合这两种编码方法,即可得到柔性作业车间调度问题的一个可行解。

1. 基于工序的编码

这部分编码染色体的基因数等于工序总数,每个工件的工序都用相应的工件序号表示,并且工件序号出现的次数等于该工件的工序数。根据工件序号在染色体出现的次序编译,即从左到右扫描染色体,对于第 k 次出现的工件序号,表示该工件的第 k 道工序。对表 3.1 所表示的柔性作业车间调度问题,一个基于工序编码的基因串可以表示为[1 2 2 1 3 1 2 3]。

2. 基于机器分配的编码

设工序总数为 l,工序号分别用 1, 2, 3, $\cdots$, l 表示。对于这 l 道工序,形成 l 个可选择机器的子集$\{S_1, S_2, S_3, \cdots, S_l\}$,第 i 个工序的可加工机器集合表示为 S_i,S_i 中元素个数为 n_i,表示为$\{M_{i1}, M_{i2}, \cdots, M_{in_i}\}$。

基于机器分配的编码基因串的长度为 l,表示为$[g_1, g_2, \cdots, g_i, \cdots, g_l]$。其中第 i 个基因 g_i 为$[1, n_i]$内的整数,是集合 S_i 中的第 g_i 个元素 M_{g_i},表示第 i 个工

序的加工机器号。具体地说,若第 1 道工序有 3 台机器作为可选择机器,则 $n_1=3$。
设 $S_1=\{M_{11},M_{12},M_{13}\}$,则第 1 道工序有 M_{11},M_{12},M_{13} 这 3 台机器作为可选机
器,根据 g_1 的值从集合 S_1 中确定加工第 1 道工序所用的机器。若 $g_1=1$,则机器
M_{11} 为加工第 1 道工序所用的机器。以此类推,确定加工第 $2,3,\cdots,l$ 道工序所用
的机器。对于表 3.1 所示的柔性作业车间调度问题中,总共有 8 道加工工序,假设
基于机器分配编码的基因串为[2 1 2 3 1 2 3 2],则表示这 8 道工序的加工机器号
分别为[2 2 3 5 2 3 4 4]。

　　解码时先根据基于机器分配编码的基因串选择每道工序的加工机器,然后按
基于工序编码的基因串确定每台机器上的工序顺序。但是确定每台机器上的工序
顺序时,按一般解码方式只能得到半主动调度,而不是主动调度。本章将插入式贪
婪解码算法引入柔性作业车间调度问题解码过程,即把全部工序逐次安排在其最
早可行的地方,能保证染色体经过解码后生成主动调度。

3.3.2　交叉操作

　　交叉操作是将种群中两个个体随机地交换某些基因,产生新的基因组合,期望
将有益的基因组合在一起。染色体中两部分基因串的交叉分别进行,其中第一部
分基于工序编码基因串的交叉操作采用本书第 2 章提出的 POX 交叉算子,第二部
分基于机器分配编码基因串的交叉采用一种新提出的多点交叉的方法。

　　1. 基于工序编码基因串的交叉

　　这部分交叉操作的过程为:将所有的工件随机分成两个集合 J_1 和 J_2,子代染
色体 Child1/Child2 继承父代 Parent1/Parent2 中集合 J_1 内的工件所对应的基因,
Child1/Child2 其余的基因位则分别由 Parent2/Parent1 删除已经继承的基因后所
剩的基因按顺序填充,交叉操作过程如图 3.2 所示。

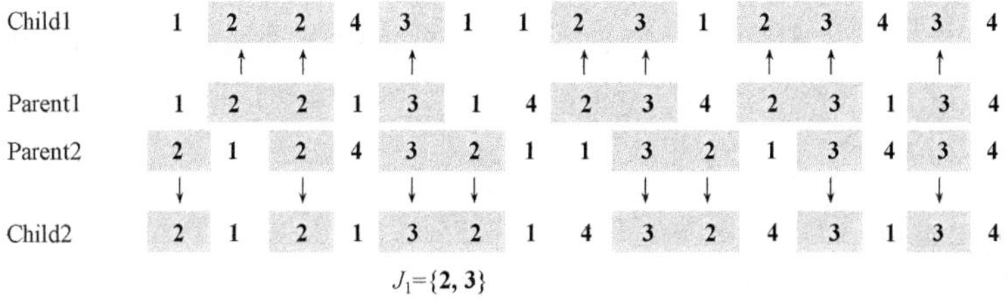

图 3.2　基于工序编码的交叉

　　2. 基于机器分配编码基因串的交叉

　　这部分基因串采用一种新的多点交叉的方法,交叉操作的过程为:首先随机产

生一个由 0、1 组成与染色体长度相等的集合 rand0_1,然后将两个父代中与 rand0_1
集合中 0 位置相同的基因互换,交叉后得到两个后代。图 3.3 显示了两个父代基
因 Parent1/Parent2 交叉后得到的两个子代基因 Child1/Child2 的过程。此外,对
于部分柔性作业车间调度问题,当交叉产生的机器号大于对应工序可利用的机器
总数时,在该工序加工机器中随机选择一台机器加工(加工时间短的优先选择)。

Child1	2	1	3	2	3	1	3	1	2	3	2	2	3	1	3	2
		↑			↑	↑		↑			↑	↑			↑	↑
Parent1	2	1	1	2	3	1	1	2	3	2	1	2	3	1	3	2
rand0_1	0	1	0	0	1	1	0	1	0	0	1	1	0	1	1	1
Parent2	2	1	3	2	3	2	1	1	2	3	2	1	3	1	3	3
		↓			↓	↓		↓			↓	↓			↓	↓
Child2	2	1	1	2	3	2	1	1	3	1	1	3	2	3		

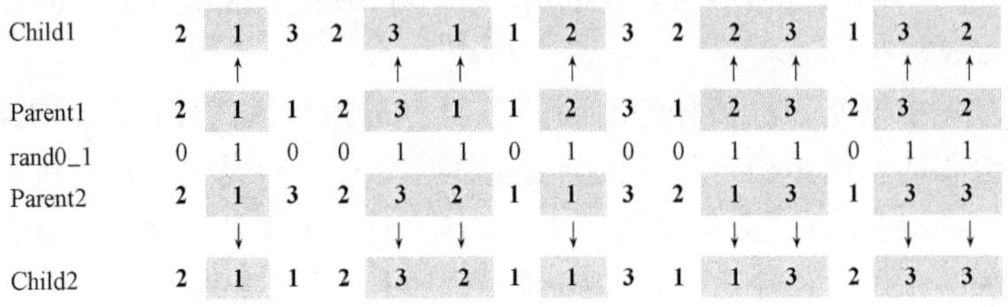

图 3.3　基于机器分配编码的交叉

3.3.3　变异操作

变异操作的目的是改善算法的局部搜索能力和维持群体多样性,同时防止出
现早熟现象。对于改进遗传算法,基于工序编码和基于机器分配编码的变异分别
设计如下。

1. 基于工序编码的变异

对于这部分基因实施插入变异,即从染色体中随机选择一个基因,然后将之插
入到一个随机的位置。

2. 基于机器分配编码的变异

由于每道工序都可以由多台机器完成,所以随机选择两道工序,然后在执行这
两道工序的机器集合中选择一台机器(采用比例选择策略,加工时间短的优先选
择),并将选择的机器号置入对应的基于机器分配编码的基因串中,这样得出的解
能确保是可行解。

3.3.4　选择操作

在遗传算法中,选择是根据对个体适应度的评价从种群中选择优胜的个体,淘
汰劣质的个体。在改进遗传算法中,选择操作采用最佳个体保存(elitist model)和
锦标选择(tournament selection)两种方法。在本章的改进遗传算法中,最佳个体
保存方法是将父代群体中最优的 1% 个体直接复制到下一代中。锦标选择是从种
群中随机选择两个个体,如果随机值(在 0~1 内随机产生)小于给定概率值 r(概

率值 r 是一个参数,一般设置为 0.8),则选择优的一个;否则就选择另一个。被选择的个体放回到种群,可以重新作为一个父染色体参与选择。

3.3.5　基于柔性作业车间调度问题的改进遗传算法

用传统遗传算法求解调度问题,交叉产生的子代总是被接受,这可能造成优良解丢失或被破坏,因此,传统遗传算法求解调度问题并不很成功,它易于早熟且收敛慢。第 2 章求解传统调度问题时介绍了一种子代产生模式的改进遗传算法(IGA)。而柔性作业车间调度问题比传统调度问题更复杂,首先需要确定工序的加工顺序,然后为每道工序选择一台加工机器;前者由染色体中基于工序编码的基因串确定,后者由基于机器分配编码的基因串确定,结合这两个基因串就可得到一个可行解。

由于柔性作业车间调度问题的复杂性,目前的交叉操作很难将父代的染色体优良特征保留到子代。本章针对柔性作业车间调度问题的具体特点,提出一种双层子代产生模式的改进遗传算法,使子代能更好地继承父代的优良特征。它的交叉操作过程为:对于两个父代中基于工序编码的基因串交叉 n 次,基于机器分配编码的基因串交叉 $n \times k$ 次。具体地说,基于工序编码的基因串每交叉一次产生两子代,基于机器分配编码的基因串就交叉 k 次,这样能为子代分配更合适的机器,从而更好地继承父代的优良特征。因此,改进的遗传算法中每两个父代相当于交叉了 $n \times k$ 次,从产生的所有后代中选择两个最优的染色体存入下一代。测试结果显示本节提出的改进遗传算法比传统遗传算法在收敛速度和解的质量上得到较大提高。改进遗传算法的步骤如下。

(1) 初始化随机产生 P 个染色体个体,P 为种群规模。

(2) 评价每个个体适应度值。

(3) 判断是否达到终止条件,若满足则输出最好解;否则转到步骤(4)。

(4) 将 1% 最优个体直接复制到下一代中。

(5) 按选择策略选取下一代种群。

(6a) 若两父代个体适应度不相等并满足交叉概率 P_c,基于双层子代产生模式对两父代个体进行交叉,基于工序编码的基因串交叉 n 次,基于机器分配编码的基因串交叉 $n \times k$ 次,从所有后代中选择两个最优的染色体作为下一代。

(6b) 按变异概率 P_m 进行变异操作生成新个体。

(7) 生成新一代种群,返回步骤(3)。

3.3.6　实验结果与分析

为了评估和比较算法性能,本章使用与文献[7]和[16]相同的数据集进行测试,这些数据显示在表 3.2 和表 3.3 中。表 3.2 列出的是 8 个工件在 8 台机器上加工的部分柔性调度问题,该调度问题每道工序的可利用加工机器数小于或等于

机器总数,表中符号"－"表示这台机器不能为对应的工序使用。表 3.3 列出的是
10 个工件、10 台机器的全部柔性调度问题,该调度问题每道工序的可利用加工机
器数等于机器总数。

表 3.2　部分柔性调度问题的测试实例

工件	工序	加工机器和时间							
		M1	M2	M3	M4	M5	M6	M7	M8
J1	O_{11}	5	3	5	3	3	－	10	9
	O_{12}	10	－	5	8	3	9	9	6
	O_{13}	－	10	－	5	6	2	4	5
J2	O_{21}	5	7	3	9	8	－	9	－
	O_{22}	－	8	5	2	6	7	10	9
	O_{23}	－	10	－	5	6	4	1	7
	O_{24}	10	8	9	6	4	7	－	－
J3	O_{31}	10	－	－	7	6	5	2	4
	O_{32}	－	10	6	4	8	9	10	－
	O_{33}	1	4	5	6	－	10	－	7
J4	O_{41}	3	1	6	5	9	7	8	4
	O_{42}	12	11	7	8	10	5	6	9
	O_{43}	4	6	2	10	3	9	5	7
J5	O_{51}	3	6	7	8	9	－	10	－
	O_{52}	10	－	7	4	9	8	6	－
	O_{53}	－	9	8	7	4	2	7	－
	O_{54}	11	9	－	6	7	5	3	6
J6	O_{61}	6	7	1	4	6	9	－	10
	O_{62}	11	－	9	9	9	7	6	4
	O_{63}	10	5	9	10	11	－	10	－
J7	O_{71}	5	4	2	6	7	－	10	－
	O_{72}	－	9	－	9	11	9	10	5
	O_{73}	－	8	9	3	8	6	－	10
J8	O_{81}	2	8	5	9	－	4	－	10
	O_{82}	7	4	7	8	9	－	10	－
	O_{83}	9	9	－	8	5	6	7	1
	O_{84}	9	－	3	7	1	5	8	－

表 3.3　全部柔性调度问题的测试实例

工件	工序	加工机器和时间									
		M1	M2	M3	M4	M5	M6	M7	M8	M9	M10
	O_{11}	1	4	6	9	3	5	2	8	9	5
J1	O_{12}	4	1	1	3	4	8	10	4	11	4
	O_{13}	3	2	5	1	5	6	9	5	10	3
	O_{21}	2	10	4	5	9	8	4	15	8	4
J2	O_{22}	4	8	7	1	9	6	1	10	7	1
	O_{23}	6	11	2	7	5	3	5	14	9	2
	O_{31}	8	5	8	9	4	3	5	3	8	1
J3	O_{32}	9	3	6	1	2	6	4	1	7	2
	O_{33}	7	1	8	5	4	9	1	2	3	4
	O_{41}	5	10	6	4	9	5	1	7	1	6
J4	O_{42}	4	2	3	8	7	4	6	9	8	4
	O_{43}	7	3	12	1	6	5	8	3	5	2
	O_{51}	7	10	4	5	6	3	5	15	2	6
J5	O_{52}	5	6	3	9	8	2	8	6	1	7
	O_{53}	6	1	4	1	10	4	3	11	13	9
	O_{61}	8	9	10	8	4	2	7	8	3	10
J6	O_{62}	7	3	12	5	4	3	6	9	2	15
	O_{63}	4	7	3	6	3	4	1	5	1	11
	O_{71}	1	7	8	3	4	9	4	13	10	7
J7	O_{72}	3	8	1	2	3	6	11	2	13	3
	O_{73}	5	4	2	1	2	1	8	14	5	7
	O_{81}	5	7	11	3	2	9	8	5	12	8
J8	O_{82}	8	3	10	7	5	13	4	6	8	4
	O_{83}	6	2	13	5	4	3	5	7	9	5
	O_{91}	3	9	1	3	8	1	6	7	5	4
J9	O_{92}	4	6	2	5	7	3	1	9	6	7
	O_{93}	8	5	4	8	6	1	2	3	10	12
	$O_{10,1}$	4	3	1	6	7	1	2	6	20	6
J 10	$O_{10,2}$	3	1	8	1	9	4	1	4	17	15
	$O_{10,3}$	9	2	4	2	3	5	2	4	10	23

上文所述的改进遗传算法用 VC＋＋编程,程序运行环境:CPU 为 P Ⅳ

3.0GHz、内存为 512MB。改进遗传算法的运行参数为:种群规模 $P = 200$,交叉概率 $P_c = 0.8$,变异概率 $P_m = 0.1$,基于工序编码的交叉次数 $n = 6$,基于机器分配编码的交叉次数为 $6×10$,终止代数为 600,每个实例针对三种不同性能指标分别连续运行 10 轮。

表 3.4 和表 3.5 分别显示了 $8×8$ 和 $10×10$ 实例的测试结果,表中给出了本章改进遗传算法与 SPT 启发式规则、传统 GA、Kacem 方法、Zhang 和 Gen 方法在不同性能指标下测试结果的比较,这些性能指标包括最大完工时间 C_{max} 最小、每台机器上最大工作量 W_{max} 最小和 E/T 性能指标(提前/拖期惩罚代价)最小。其中,计算提前/拖期惩罚代价最小的性能指标时,每个工件的交货期窗口 $[E_i, T_i]$ 一致设为 $[50,60]$,各个工件提前完工的惩罚系数 h_i 和拖期完工的惩罚系数 ω_i 都设为 0.5,采用半主动解码方式。

表 3.4　8 个工件、8 台机器实例的测试结果比较

目标函数	SPT 启发式规则	传统 GA	Kacem 方法	Zhang 和 Gen 方法	本章改进遗传算法		
					最好值	平均值	平均时间/s
C_{max}	19	16	16	15	**14**	16.2	17.0
W_{max}	16	14	14	14	**11**	12.6	10.2
E/T	—	—	—	—	0	0.0	0.2

表 3.5　10 个工件、10 台机器实例的测试结果比较

目标函数	SPT 启发式规则	传统 GA	Kacem 方法	Zhang 和 Gen 方法	本章改进遗传算法		
					最好值	平均值	平均时间/s
C_{max}	16	7	7	7	7	7.8	16.9
W_{max}	16	7	6	5	5	6.7	9.0
E/T	—	—	—	—	0	0.0	0.3

从表 3.4 和表 3.5 中可以看出,对于 $8×8$ 和 $10×10$ 测试实例,改进遗传算法在三个性能指标上都取得较好的结果。它得到的最好解等于或者小于其他遗传算法提供的最好解,如改进遗传算法计算 $8×8$ 实例时,取得了最大完工时间 C_{max} 最小的最优值 14 和每台机器上最大工作量 W_{max} 最小的最优值 11,均优于其他算法获得的最优值。

图 3.4 显示了 $8×8$ 实例得到的最大完工时间 C_{max} 为 14 的解;图 3.5 显示了 $10×10$ 实例获得的最大完工时间 C_{max} 为 7 的解;图 3.6 显示了 $10×10$ 实例每台机器上最大工作量 W_{max} 为 5 的解。实验结果证明,与其他遗传算法求解柔性作业车间调度问题测试结果相比较,本章提出的改进遗传算法在解的质量和计算速度方面均有较大提高。

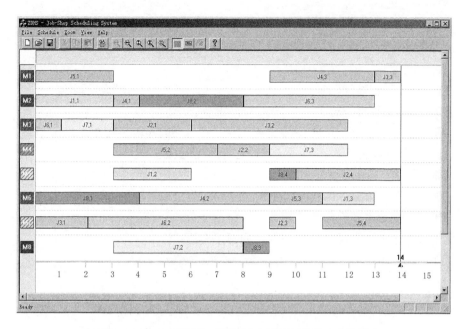

图 3.4　8×8 实例 $C_{\max}$ 指标(最大完工时间为 14)的解

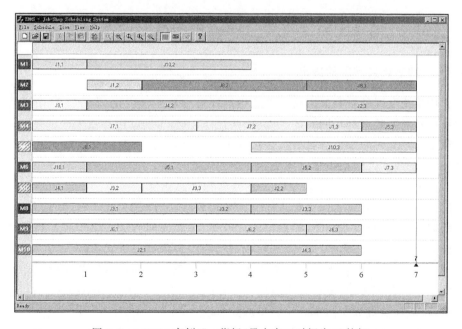

图 3.5　10×10 实例 $C_{\max}$ 指标(最大完工时间为 7)的解

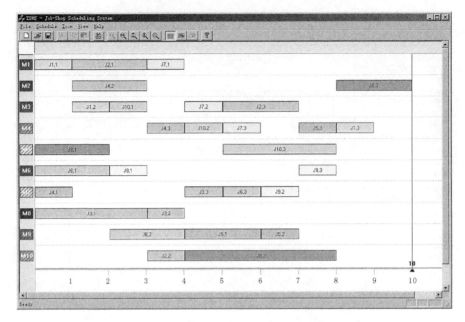

图 3.6　10×10 实例 W_{max} 指标（最大工作量值为 5）的解

3.4　柔性作业车间动态调度问题研究

3.4.1　动态调度问题的提出

传统调度问题研究的主要是静态生产环境中的调度优化,即在生产中所有零件信息和车间状态都是明确的,一旦调度计划确定,车间就按计划生产。但实际生产调度问题具有动态性、随机性、多目标等特点,调度方案需要根据变化及时进行调整,静态调度的结果很难适应实际生产的需要。

Jackson[17] 在 1957 年较早对静态调度和动态调度的概念进行了区分。动态调度问题的提出主要是因为存在原材料延迟到达、急件任务插入、计划任务到达、交货期变更,以及机器故障、零件报废或返工、车间内部人员旷休等一系列随机干扰因素,常使得既定生产作业计划在执行过程中变得难以继续执行。为了保证生产过程的顺利进行,就需要根据系统中工件的状况不断地进行重新调度。动态调度问题是一种更普遍、更符合实际生产需要的调度问题,因此它的研究受到很多学者重视,目前已成为车间调度研究领域的热点之一。

本节结合实际生产系统研究了柔性作业车间的动态调度问题。通过将静态调度问题的研究成果扩展至动态调度问题,主要研究原材料延期到达、工序加工时间延误和装配延误等突发事件的发生,以及急件任务加入或计划任务不断到达等动态事件的处理。其他许多类型问题的处理均可借鉴此类。

3.4.2　动态调度问题描述和研究方法

1. 动态调度问题描述

在静态调度问题中,所有待安排加工的工件均处于待加工状态,进行一次调度后,各工件的加工顺序都被确定,在以后的加工过程中就不再改变。而在实际生产中必然存在种种不确定或随机的事件,如新订单到达、原材料延迟到达、机器故障等,使得事先确定的调度方案不能正常执行,这就需要重新安排调度,这类问题就是动态调度问题。

动态调度是把车间生产看成一个动态过程,工件依次进入待加工状态,各种工件不断进入系统接受加工,同时完成加工的工件又不断离开。引起车间调度环境变化从而需要进行动态调度的事件称为动态事件。动态事件的种类有多种,主要可分成以下四类[18,19]:

(1) 与工件相关的事件:包括工件随机到达、工件加工时间不确定、交货期变化、动态优先级和订单变化。

(2) 与机器相关的事件:包括机器损坏、负载有限、机器阻塞/死锁和生产能力冲突。

(3) 与工序相关的事件:包括工序延误、质量否决和产量不稳定。

(4) 其他事件:如操作人员不在场、原材料延期到达或有缺陷、动态加工路线等。

与静态调度问题比较,动态调度问题不仅需要考虑初始状态,还经常面临急件工件或计划工件不断加入等动态因素,因此动态调度问题的性能指标比静态调度的更为复杂,并且多目标综合性能指标居多。例如,在经典的 job-shop 静态调度问题中,所有工件的释放时间(或到达时间)r_i 均为零时刻,性能指标通常采用最大完工时间 $C_{\max}$ 最小,即 $\min\{\max C_i, i = 1, \cdots, n\}$,其中 C_i 是工件 Ji 的完工时间。然而,在实际动态生产环境中工件是依次进入待加工状态,它们的释放时间 r_i 是不可预期的和不相同的。由于工件只能在释放时间之后开始加工,动态调度中最大完工时间经常由最新加入工件的释放时间支配。因此,在动态调度问题中通用性能指标一般采用工件的平均流经时间 $\overline{F}$(mean flow-time of jobs)最小,即 $\min\left(\dfrac{1}{n}\sum_{i=1}^{n}(C_i - r_i)\right)$,其中 r_i 和 C_i 分别为工件 Ji 的释放时间和完工时间,替代最大完工时间 $C_{\max}$ 最小。

本节考虑动态生产环境中常遇到的两种性能指标:一种是最具代表性的平均

流经时间 $\bar{F}$ 最小;另一种是最大完工时间 $C_{\max}$ 与总拖期时间最小的多目标综合性能指标。这种多目标综合性能指标相当于处理实际生产加工中有急件任务插入问题,急件任务具有较高的优先权并且要求在交货期前完工,其余工件则要求尽早完工。对于 n 个工件在 m 台机器上加工的调度问题,最大完工时间与总拖期时间最小的性能指标函数为

$$\min\left(\max_{i \in S_{J1}} C_i + \alpha \times \left(\sum_{j \in S_{J2}} \max(0, C_j - D_j)\right)\right) \tag{3-1}$$

式中, α 为惩罚项加权系数; S_{J1} 为正在加工工件的工件集, S_{J2} 为急件工件的工件集;每个工件 $i(i \in S_{J1})$ 的完工时间为 C_i ,而每个急件工件 $j(j \in S_{J2})$ 的交货期时间为 D_j ,完工时间为 C_j 。

2. 动态调度问题研究方法

从组合优化的观点,大多数静态调度问题都属于 NP 难问题。由于还需要处理随机或不确定事件,动态调度问题比静态问题增添了复杂性。最初动态调度问题的研究主要采用整数规划、启发式分配规则等方法。对于动态调度,很难用传统的整数规划法来解决实际问题。优先分配规则具有容易实现和较小时间复杂性的特点,在实际生产中获得了广泛应用。但众多研究表明,任何一条规则都难以适合动态多变的调度环境和调度任务[20,21]。

随着计算机技术的迅速发展,人工智能、仿真方法、滚动窗口再调度方法和元启发式算法等为动态调度的研究开辟了新思路,也为生产调度的实用化奠定了基础。人工智能和专家系统方法能够根据系统的当前状态与给定优化目标,对知识库进行搜索,选择最优的调度策略。但这种方法对新环境的适应性差、开发周期长、成本高。离散系统仿真方法通过建立仿真模型来模拟实际的生产环境,从而避开了对调度问题进行理论分析的困难;但是由于仿真本身具有实验的特点,很难从特定的实验中提炼出一般规律[22,23]。滚动窗口再调度(rolling horizon rescheduling)是 Nelson 等[24]在 1977 年最早提出,它的基本思想是把动态调度过程分成多个连续静态的调度区间,然后对各个调度区间进行在线优化达到每个区间内最优,从而使得调度方案能适应复杂多变的动态环境[25,26]。正是基于这些优点,滚动窗口再调度得到了较广泛的关注和应用。

在元启发式算法中,遗传算法原理和操作简单,具有高效性、鲁棒性、通用性和仅根据个体的适应度值进行搜索等特点,在动态调度研究中得到广泛应用[27~30]。本节将改进遗传算法和滚动窗口再调度技术相结合,设计了一种基于遗传算法的动态调度优化策略,研究了工件持续到达情况下的多目标动态调度问题。

3.4.3　滚动调度策略

实际的制造系统存在一些不可预期的现象或随机扰动发生,因此生产过程的

调度是一个不确定性问题。Raman 等[31]和方剑等[32]应用滚动窗口解决这种不确定性调度问题,将不确定性调度问题分解成一系列动态但确定的调度问题。对照连续系统预测控制取代最优控制并在工业过程中得到广泛应用的成功经验,滚动窗口将调度过程分成连续静态调度区间,通过在线优化每个滚动区间,使系统在此区间内达到最优。滚动调度不仅可以克服在动态加工环境中随机和不确定因素的影响,而且使调度方案尽可能地反映和跟踪系统状态的变化。

滚动调度的主要思想是滚动优化。在初始时刻,从所有待加工工件中选取一定数目的工件,加入工件窗口进行调度并产生调度初始方案,这就是静态调度问题;但在初始方案的执行过程中,由于生产环境情况的变化,需要进行再调度,也就是动态调度;这时将已完工的工件从工件窗口中移去,再加入一批待加工工件到工件窗口中,重新对工件窗口内的工件进行静态调度。这样的过程重复进行,直到所有工件都完成加工,这就是滚动窗口调度技术。下面对滚动调度策略中工件窗口和滚动再调度机制两个关键要素进行介绍。

1. 滚动调度工件窗口

采用滚动窗口技术进行动态调度优化,首先要定义一个滚动窗口。滚动窗口也称为工件窗口。每次再调度只对当前工件窗口中的工件(或窗口工件)进行操作,并依据调度结果进行加工。本节将所有工件分成四个集合:已完成工件集、正在加工工件集、未加工工件集、待加工工件集,图 3.7 显示了滚动调度中各工件集的关系。其中正在加工工件集包括再调度时刻正在加工的工件;未加工工件集包括已调度但还没有开始加工的工件;待加工工件集包括准备加工等待调度的工件。窗口工件由正在加工工件集、未加工工件集、待加工工件集组成。每次滚动调度优化时,从工件窗口中移去已完成工件集,向其中加入待加工工件集,运用调度算法对窗口工件进行优化,得到的调度方案下达生产线执行。

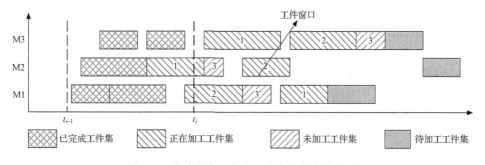

图 3.7　滚动调度工件窗口中各工件集的关系

再调度周期和窗口工件的选择规则是工件窗口中的两个关键要素,它们直接影响着调度优化的整体效率。再调度周期是指两次调度之间的时间间隔。在大多数研究中,再调度时间点是均匀分布的,这样做的缺点是再调度次数不能反映车间生产的负荷情况。针对这一问题,Sabuncuoglu 和 Karabuk[33]建议采用变再调度周期方法,使再调度次数与生产车间的负荷成正比,负荷越大,再调度次数越频繁。窗口工件或待调度工件来源于三个工件集,即正在加工工件集、未加工工件集、待加工工件集。窗口工件的数量影响着调度优化的效果,若选取的工件太少,则优化调度整体效果不理想且机床设备的利用率低;若选取的工件太多,则对突发事件的响应时间较长,影响车间的生产效率。选取规则要充分考虑到客户的要求和提高生产率的需要,可根据工件优先级或交货期的时间约束选择工件。再调度周期的时间和窗口工件的数量可以根据生产的实际情况加以确定。

2. 滚动再调度机制

针对作业车间动态调度问题,考虑的具体情况不同,所采取的调度策略也有所不同。有些研究重点考虑原材料延期达到、工序加工延误或超前、机器损坏等突发事件的应对措施,有些则主要针对紧急工件或待加工工件连续不断到来的情况,也有些将两方面的情况都加以考虑。因此,目前滚动再调度主要有三种:事件驱动再调度、周期性再调度和基于周期与事件驱动的混合再调度。

事件驱动再调度是指当出现一个使系统状态发生变化的事件时立即进行再调度。当原材料延期到达、工序延误、某台机床设备突发故障或损坏时,为使生产能够继续进行,需要进行再调度。同时,在下面几种突发事件发生时,一般也需立即进行再调度:一是当损坏的机床被修复后;二是某种正在加工的工件突然被取消;三是有新类型的工件由于交货期突然提前,需要立即进行加工等[34]。

周期性再调度是每隔一段生产周期进行一次再调度。在每个生产周期开始前进行调度,当生产周期开始后按调度结果执行。周期性再调度使生产保持一定的稳定性,是实际生产中采用最多的调度方法。当计划层不断地下达工件的加工计划时,新的工件由于交货期等的约束,需要采用周期性再调度策略。周期性再调度的时间间隔可以根据计划层下达的计划任务量、车间生产的负荷等具体实际情况加以确定。

事件驱动再调度能处理突发事件,但对未来事件缺乏预见能力,没有整体的概念。周期性再调度可提高生产的稳定性,但无法处理突发事件。基于周期与事件驱动的混合再调度策略组合了这两种调度策略的优点,既可以较好地响应实际的动态环境,又能保持一定的稳定性。因此,本节采用基于周期和事件驱动的混合再调度策略。当原材料延期到达、工序延误、机床发生故障、工件交货期改变和急件任务到达等突发事件发生时,立即进行再调度;否则,按周期性再调度的周期时间进行再调度。

3.4.4　动态调度优化策略研究

本节基于周期与事件驱动的混合再调度机制,将改进遗传算法求解传统调度问题的成功经验和滚动窗口技术相结合,设计了一种基于遗传算法的滚动调度优化策略。此外,为了减少计算费用、降低动态调度的复杂性及保持生产的稳定性,提出一种动态调度优化算法与手动调整结合的人机协同调度方案执行机制。下面对求解动态调度问题的改进遗传算法和人机协同机制分别进行介绍。

1. 基于遗传算法的动态调度研究

本节将改进遗传算法求解静态调度问题的研究成果扩展到动态调度问题,设计了一种基于滚动窗口的遗传算法求解动态调度问题,运用改进遗传算法对滚动窗口的工件进行调度优化,得到优化调度方案后就可下达生产线执行。遗传算法采用基于工序的编码,交叉、变异和选择操作与前文改进遗传算法求解静态柔性作业车间调度问题基本相同,但是对于动态调度问题,它在染色体的解码过程和性能指标方面与求解静态调度问题有所不同。下面主要对这两方面分别进行介绍。

(1) 动态调度问题的解码。

调度的解码可认为是根据染色体和工艺路线与定额计算每台机器上所有工序的开始加工时间。对任意工序 i,设它的开始加工时间为 t_i,加工时间为 p_i,那么工序 i 的完工时间为 $(t_i + p_i)$;并设工序 i 的工件前任工序和机器前任工序分别为 JP$[i]$ 和 MP$[i]$(如果它们存在),那么工序 i 的开始加工时间由它的工件前任工序 JP$[i]$ 和机器前任工序 MP$[i]$ 中完工时间的最大值决定。对于静态调度问题,由于所有机床的初始状态均处于空闲,每个工件的可能开始加工时间都为零时刻,因此静态调度问题解码过程中每个工序 i 开始加工时间为

$$t_i = \max\left(t_{\text{JP}[i]} + p_{\text{JP}[i]}, t_{\text{MP}[i]} + p_{\text{MP}[i]}\right) \tag{3-2}$$

对于动态调度问题,在再调度 t_0 时刻某些机器还处于加工状态,由于加工的连续性,这些机器只能在加工完该工序后才能参与再调度。此外,有些待加工工件在释放时间之后才能加工,因此需要对它们分开进行考虑。

对于正在加工工件的第一道未加工工序,它的开始加工时间由该工序工件前任工序 JP$[i]$ 和机器前任工序 MP$[i]$ 中完工时间的最大值决定。对于未加工工件集,它的第一道工序的开始加工时间由再调度时刻 t_0 和机器前任工序 MP$[i]$ 的完工时间中最大值决定。它们的非第一道工序的开始加工时间仍然可根据静态调度公式(3-2)计算。因此,在解码过程中,正在加工工件、未加工工件第一道工序的开始加工时间 t_i 计算公式为

$$t_i = \max\left(\max\left(t_0, t_{JP[i]} + p_{JP[i]}\right), t_{MP[i]} + p_{MP[i]}\right) \qquad (3\text{-}3)$$

对于待加工工件,如果工件的释放时间不等于再调度时刻 t_0,工件第一道工序的开始加工时间由释放时间 r_i 和机器前任工序 MP[i] 的完工时间中的最大值决定,非第一道工序的开始加工时间仍根据公式(3-2)计算。因此,对于待加工工件,在解码过程中每个工件第一道工序 i 的开始时间 t_i 计算公式为

$$t_i = \max\left(r_i, t_{MP[i]} + p_{MP[i]}\right) \qquad (3\text{-}4)$$

上述解码方式只能产生半主动调度,而不是主动调度。本节引入一种插入式贪婪解码算法,能保证染色体经过解码后生成主动调度。该解码算法描述如下:按照工序在该序列上的顺序进行解码,序列上第一道工序首先安排加工,然后取序列上第二道工序,将其插入到对应机器上最佳可行的加工时刻安排加工,以此方式直到序列上所有工序都安排在其最佳可行的地方。

(2) 动态调度问题的性能指标。

动态调度问题的性能指标比静态调度问题的更复杂,如已调度工件和待调度工件可能有不同的性能指标要求。本节除了考虑典型的平均流经时间 $\bar{F}$ 最小以外,还考虑另一种较为常用的多目标综合性能指标。

2. 人机协同的动态调度机制

在动态制造环境中,生产过程的随机、不确定因素往往要求不断进行重新调度。处理各种突发事件频繁进行优化调度,不仅带来巨大计算量,而且使操作人员无法适从。为保证调度优化算法产生的调度方案顺利进行,当操作偏离调度方案的开始时间和结束时间期望值较小时,可以通过局部调整或忽略不计处理。因此,对于随机发生的突发事件,首先考虑尽可能少地改变现行计划,借助甘特图等工具,对现行计划进行手动调整,如拖动可交换的工序、调整工序延误时间或装配时间等。如果上述措施不能使问题得到解决,必须考虑再调度优化。

因此,本节提出一种动态调度优化算法与手动调整结合的人机协同调度机制,以降低动态调度的复杂性和保持生产的稳定性。该机制基本思想是调度员可依据经验对调度优化方案进行手动调整和修改,以适应复杂的动态生产环境和弥补调度算法优化中的不足。图 3.8 显示了这种人机协同的调度流程,采用这种人机协同的调度技术,将人的知识、经验与计算智能结合起来,对复杂的动态调度问题提供了一种较好的解决方法。

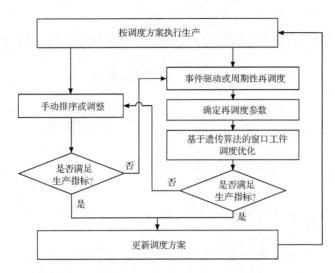

图 3.8　动态调度优化算法与手动调整结合的人机协同调度机制

3.5　实例仿真

最后,基于上述研究开发出的动态调度原型系统,对具体实例进行仿真验证提出的动态调度优化策略。由于动态调度问题没有标准算例,测试数据来源于著名的 FT20(20×5)基准实例,并依据实际动态调度的要求适当地增添部分动态数据,然后基于这些测试数据仿真当突发事件发生及急件任务到达时动态加工环境的调度优化。在仿真过程中,对于发生的突发事件,性能指标为最典型的平均流经时间最小;对于急件任务的插入,性能指标为多目标的最大完工时间与总拖期时间最小。

对于 20 个工件在 5 台机器上加工的 FT20 基准实例,改进遗传算法的参数设置如图 3.9 和图 3.10 所示。图 3.11 显示了得到的最大完工时间最小的初始调度优化方案,该初始方案是 FT20 实例的最优解,即最大完工时间为 1165。设在时刻 600 发生以下一系列随机事件:由于机器故障、误工或其他原因,机器 2 上工序 (J10,1)的加工时间延误了 30 个时间单位;由于人员旷休等原因,机器 3 上的工序(J1,3)与工序(J20,3)进行交换;由于原材料延期到达,工件 8 推迟了 505 个时间单位开工(把机器 3 上工序(J8,1)拖动到工序(J1,3)后,并推迟了 60 个时间单位);由于运输小车或装配延误等原因,机器 5 上的工序(J11,4)推迟了 40 个时间单位开始加工。对这些不确定事件进行手动调整的界面如图 3.10 所示。由于上述突发事件的发生,初始方案的最大完工时间推迟到 1219。设在时刻 600 需要立即进行再调度,用改进遗传算法对再调度时刻 600 后的窗口工件进行调度优化,遗传算法动态优化的参数设置如图 3.9 所示。图 3.12 显示了获得的事件驱动再调度的优化方案,最大完工时间缩短为 1202。

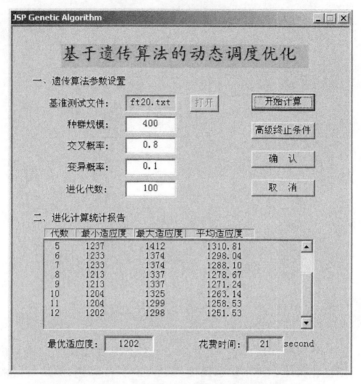

图 3.9　基于遗传算法动态调度优化的参数

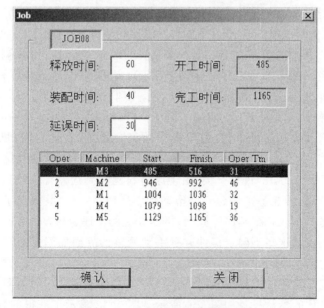

图 3.10　突发事件的调整界面

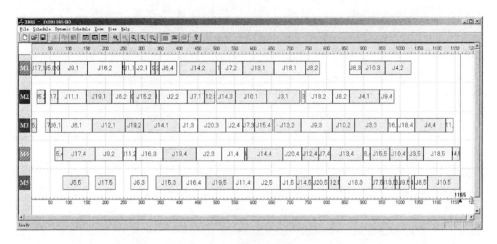

图 3.11　初始调度优化方案

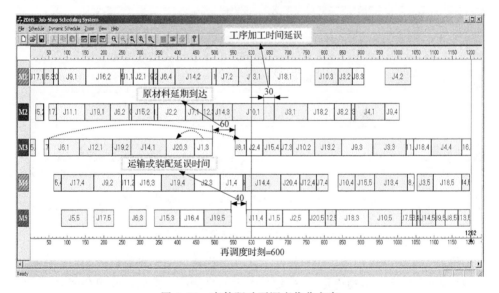

图 3.12　事件驱动再调度优化方案

　　为了进一步深入研究滚动优化策略,设在时刻 600 除了发生上述三个随机事件外,又有急件任务插入。急件任务包括 3 个工件,即 J21、J22 和 J23,它们要求在给定的交货期前完工。表 3.6 给出了这三个紧急工件的加工机器、加工时间、释放时间和交货期(交货期是把三个工件的平均加工时间乘以 1.8,加上再调度时刻 600 设定)。然而,原来已调度的工件要求尽早完工,新加入的急件任务则要求在交货期前完工,这就需要考虑最大完工时间与总拖期时间最小的多目标动态调度。根据多目标性能指标,运用改进遗传算法对再调度时刻 600 后加入急件任务的窗口工件进行调度优化,图 3.13 显示了得到的再调度优化方案。从图 3.13 可以看出,新加入的三个急件任务都在时刻 900 前完工,完成窗口工件的最大完工时间为时刻 1338。

表 3.6　急件任务中每个工件的加工机器、加工时间和释放时间

工件 \ 工序	加工机器(加工时间)					释放时间	交货期
	1	2	3	4	5		
J21	1 (29)	2 (9)	3 (49)	4 (12)	5 (26)	650	900
J22	3 (18)	2 (22)	1 (36)	4 (21)	5 (72)	600	900
J23	2 (46)	1 (28)	3 (32)	5 (40)	4 (30)	680	900

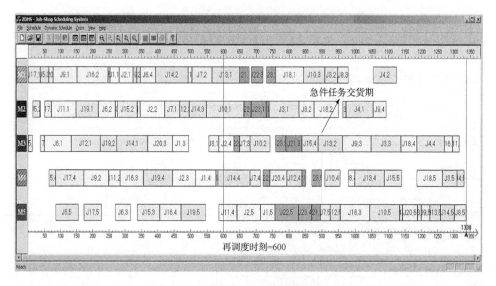

图 3.13　急件任务插入再调度优化方案

　　按照上述策略可用改进遗传算法不断在线优化各个滚动窗口的工件。从仿真实例可以看出,采用滚动优化策略,把一个大而复杂的动态调度问题分成多个连续调度区间,通过用静态调度算法在线优化每个滚动区间,就能够适应连续加工过程中复杂环境的变化要求,使突发事件和急件任务得到及时处理。同时,该策略具有很强的扩展性,可以扩展到其他调度问题,如流水车间调度问题和混流车间调度问题等。

3.6　车间作业调度应用实例

　　车间生产是一个动态过程,各种工件不断进入系统接受加工,同时完成加工的

工件又不断离开。应用滚动调度优化策略能较好地适应这种复杂的动态生产环境,即运用动态调度优化策略对滚动窗口的工件进行调度优化。但在调度优化方案的执行过程中,会遇到种种不可预测的随机或不确定事件,如原材料延期到达、工序加工时间超前或延迟、装配时间延误和工件交货期改变等,使得现行的调度方案不能正常执行。这时首先应考虑尽可能少地改变现行计划,借助甘特图等工具进行手动调整或修改,如拖动可交换的工序,调整工件开工时间、装配时间或工序延误时间等。如果手动调整措施能奏效,则无需对现行计划作实质性更改,即可保证生产流程的顺利进行。如果上述措施不能使问题得到解决,需考虑再调度优化。具体内容可参见第 5 章的动态优化调度算法与手动调整结合的人机协同调度策略。

作为原型系统车间作业调度的实践应用,加工该批代号为 SG03520 的 40 个零件,所涉及的加工工种有六种:车削加工设备 6 台,铣削加工和钳工设备各 4 台,刨床 1 台,其他两工种设备各有 1 台,加工设备共计 17 台。加工设备类型及其台数如表 3.7 所示,40 个零件加工工序及其工时定额如表 3.8 所示。每种零件的待加工工件数均设为 1(部分小批量零件看成 1 个工件数)。运用 WINQ 和 SPT 等优先规则进行调度,获得最大完工时间为 560;运用本节提出的改进遗传算法求解该柔性作业车间调度问题,得到最好解的机器甘特图如图 3.14 所示,最大完工时间缩短为 365。

表 3.7　加工设备类型及其数量

设备类型	车削(C)	铣削(X)	钻孔(Q)	刨床(B)	外圆(W)	内圆(N)
设备台数	6	4	4	1	1	1

表 3.8　40 个零件工序工时定额表

编号	代号 SG03520-	加工机器(加工定额时间)							
		1	2	3	4	5	6	7	8
1	20/1-100	C(100)	X(30)	Q(15)					
2	20/1-101	C(30)	X(20)	W(10)					
3	21/1-100	C(40)	X(30)	Q(20)	N(15)	W(10)			
4	21/1-101	C(60)	Q(50)	X(10)	N(20)	W(10)			
5	21/1/102	C(90)	W(30)	X(60)	N(30)	Q(20)	C(75)	Q(30)	
6	21/1-201	C(20)	B(15)	Q(10)	W(12)				
7	22/1-301	C(30)	X(15)	Q(5)					
8	24/2-101/3a	C(90)	Q(8)	X(50)	Q(15)				
9	30-201/1	C(15)	B(20)	Q(10)					
10	30-109	Q(10)	C(40)	Q(10)	X(30)	C(35)	N(15)	W(5)	

续表

编号	代号 SG03520-	加工机器(加工定额时间)							
		1	2	3	4	5	6	7	8
11	30-111	C(45)	B(20)	X(25)	Q(15)				
12	30-118	Q(5)	C(50)	Q(5)	X(30)	Q(10)			
13	30-122	C(20)	X(10)	Q(6)	W(5)	C(10)			
14	30-128	C(18)	B(30)	Q(10)	X(30)	Q(10)	X(15)	Q(5)	W(8)
15	30-131	C(15)	Q(6)	X(25)	Q(8)	X(20)	Q(10)		
16	30-129	C(20)	X(15)						
17	30-132	Q(10)	C(40)	Q(15)					
18	31-103	Q(10)	C(75)	Q(22)	C(20)				
19	31-105	Q(10)	C(25)	X(15)	C(30)	Q(15)	X(10)		
20	31-113	C(35)	X(20)	Q(15)					
21	31-115	X(30)	Q(10)	C(35)	Q(20)				
22	31-117	Q(10)	C(35)	X(15)	C(15)	X(25)	Q(10)		
23	31-121	C(25)	B(45)	Q(10)	W(10)				
24	31-200/1	C(20)	B(30)	Q(8)	W(10)				
25	31-101	C(40)	X(15)	Q(5)	W(15)				
26	31-105	C(30)	X(25)	Q(10)	W(10)				
27	31-111	C(70)	Q(10)	N(25)	W(20)				
28	31-121	C(35)	W(6)	X(15)	Q(8)				
29	31-124	Q(10)	C(50)	X(35)	Q(25)				
30	31-141	C(45)	X(25)	Q(5)	W(10)				
31	31-154	C(60)	W(10)	X(30)	Q(5)				
32	32-106	C(90)	Q(45)	W(10)	N(15)	W(30)			
33	32-115	C(25)	B(15)	W(10)					
34	32-116	C(35)	X(30)	Q(10)	W(8)				
35	33-104	C(20)	X(25)	W(10)	C(15)				
36	33-105	B(30)	C(15)	X(20)	W(10)				
37	34-103	C(30)	X(10)	Q(10)	N(15)	W(10)			
38	34-104	C(50)	X(15)	Q(15)	W(10)				
39	34-105	Q(15)	B(35)	C(70)	X(40)	Q(30)			
40	34-110	C(90)	Q(15)	N(30)	W(15)				

　　注：C—车削；X—铣削；Q—钳工(划线、钻孔)；B—刨床；W—外圆加工；N—内圆加工。时间单位为 min。

对于图 3.14 所示的初始调度方案,在调度方案执行过程中,可发生以下一系列不确定或随机的突发事件:由于原材料延迟到达、运输或装配延误等原因,车4#上的工序(J4,1)4 推迟了 10min 开始加工;由于机器故障、误工或超前等原因,铣3#上工序(J8,3)的加工时间比额定时间延误了 15min,钻 4#上工序(J20,3)的加工时间比额定时间延误了 10min,车 1#上工序(J40,1)的加工时间比额定时间提前了 10min;由于人员旷休、交货期变更等原因,对车 2#上的工序(J5,6)与工序(J6,1)进行交换,车 4#上的工序(J7,1)与工序(J33,1)进行交换。对这些调度方案执行过程中的随机或不确定事件,首先考虑对调度方案进行局部手动调整或修改,通过拖动可交换的工序,调整工件开工时间、运输或装配时间及工序延误时间等手动操作修改调度方案,得到实际执行调度方案的机器甘特图如图 3.15 所示,最大完工时间为 370。

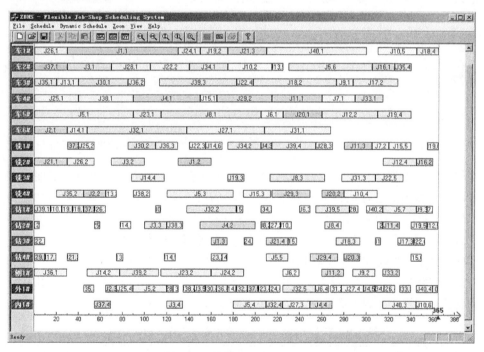

图 3.14　40 个零件在 17 台机床上加工初始调度方案的机器甘特图

在实际生产过程中经常存在急件任务加入或计划任务到达等动态事件,需要实施再调度优化。依据实际生产情况,设在时刻 320 接到加工 30 个零件的新计划任务,它们的零件号从 41 到 70,工序工时定额表和优先级如表 3.9 所示。在这 30 个零件中,由于存在装配(装配件中部分部件需早完工)关系或急件任务等原因,零件 41~50 具有较高的加工优先级,它们要求尽量在时刻 540 前完工;其他零件 51~70 则要求尽早完工。而对于原来已调度 40 个零件中未完工零件,仍要求它

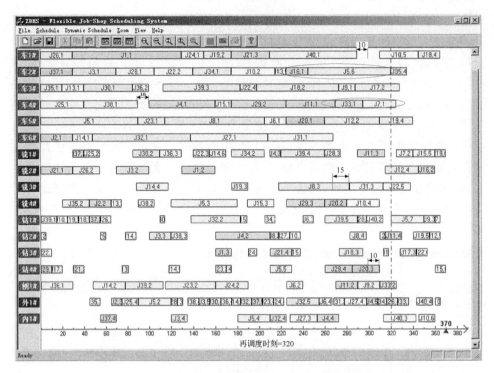

图 3.15　对调度方案执行中的随机突发事件进行手动调整得到的机器甘特图

们按原调度方案在时刻 370 前完工,因此这必须考虑最大完工时间与总拖期时间最小的多目标综合性能指标。应用本节提出的改进遗传算法对时刻 320 后的窗口工件(未完工的工件和新加入的 30 个工件)进行调度优化,图 3.16 显示了得到最好解的机器甘特图。从图 3.16 中可以看出,在再调度时刻 320 后,原来 40 个零件中的未完工零件均在时刻 370 前完工。在新加入的 30 个零件中,零件 41~50 在时刻 540 前完工,其他零件最大完工时间为时刻 715。在协作企业实施显示,采用优化调度技术缩短产品制造周期 19%,减少在制品数量 20%,产生了可观的经济效益。

表 3.9　在 320 时刻加入 30 个零件的工序工时定额表

编号	代号 SG03526-	加工机器(加工定额时间)							加工优先级
		1	2	3	4	5	6	7	
41	40/1-101	Q(10)	C(60)	Q(20)	X(25)				2
42	40/1-101	Q(10)	C(25)	X(20)	C(30)	Q(15)	X(10)		2
43	40/1/102	C(35)	Q(20)	X(20)					2
44	40/1-201	Q(10)	C(50)	X(35)	Q(25)				2
45	40/1-301	Q(25)	C(45)	X(25)	Q(5)	W(10)			2
46	40-201/1	C(60)	W(10)	X(30)	Q(5)				2
47	40-103	C(90)	Q(45)	W(10)	N(15)	W(30)			2

续表

编号	代号 SG03526-	加工机器(加工定额时间)							加工优先级
		1	2	3	4	5	6	7	
48	40-104	Q(20)	C(25)	Q(10)	B(15)	W(10)			2
49	40-105	C(35)	X(30)	Q(10)	W(8)				2
50	40-106	Q(15)	C(20)	X(25)	W(10)	C(15)			2
51	41-103	C(35)	X(30)	W(15)					3
52	41-105	C(60)	Q(45)	X(15)	N(20)	W(15)			3
53	41-113	C(80)	W(35)	X(60)	N(30)	Q(20)	C(75)	Q(30)	3
54	41-124	C(25)	B(30)	Q(15)	W(15)				3
55	41-141	C(30)	X(20)	Q(5)					3
56	41-154	C(15)	B(60)	Q(10)					3
57	42-106	Q(15)	C(45)	Q(15)	X(30)	C(35)	N(15)	W(10)	3
58	42-115	C(20)	X(10)	Q(6)	W(5)	C(10)			3
59	42-116	C(25)	Q(10)	X(25)	Q(15)	X(20)	Q(10)		3
60	43-104	B(30)	Q(10)	C(40)	Q(15)				3
61	43-105	B(30)	C(15)	X(20)	W(10)				3
62	44-103	C(30)	X(10)	Q(10)	N(15)	W(10)			3
63	44-104	C(50)	X(15)	Q(15)	W(10)				3
64	44-106	C(90)	Q(45)	W(15)	N(15)				3
65	44-104	C(20)	W(15)	C(15)					3
66	44-105	Q(10)	B(30)	C(15)	Q(15)	X(20)	W(10)		3
67	45-103	C(35)	X(30)	Q(15)	N(15)	W(10)			3
68	45-104	C(50)	X(25)	Q(15)	W(20)				3
69	45-105	Q(15)	B(35)	C(70)	X(40)	Q(30)			3
70	45-110	C(90)	Q(15)	N(30)	W(15)				3

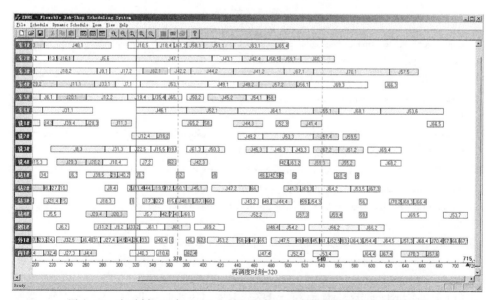

图 3.16 在时刻 320 加入 30 个计划零件后动态优化得到的机器甘特图

3.7　本章小结

本章深入研究了柔性作业车间调度和动态调度问题。首先对不同性能指标的柔性作业车间调度问题(如最大完工时间最小、每台机器上最大工作量最小和提前/拖期惩罚代价最小)进行了研究。针对柔性作业车间调度问题的特点,设计了基于工序编码和基于机器分配编码的两种交叉算子,并提出了一种双层子代产生模式的改进遗传算法,使子代能更好地继承父代的优良特征。此外,在基于工序编码染色体的解码过程中引入了插入式贪婪解码算法,生成主动的柔性作业车间调度。通过实例测试改进的遗传算法,并与目前其他遗传算法提供的结果进行了比较,实验结果显示本章提出的改进遗传算法在解的质量方面优于其他算法。

然后,将静态调度的研究成果扩展至动态调度,系统研究地了动态环境中多目标作业车间调度问题。针对突发事件发生、急件任务加入和计划工件不断到达等不确定因素,提出了一种基于遗传算法的滚动调度策略。该策略采用基于周期性和事件驱动的混合再调度将调度过程分成连续静态调度区间,在每个区间内用多目标遗传算法进行调度优化,使得调度方案能适应复杂动态环境变化的要求。此外,提出了一种动态优化调度算法与手动调整结合的人机协同机制,降低动态调度的复杂性和保持生产的稳定性。最后,基于提出的滚动调度优化策略开发出动态调度原型系统,并通过对具体的基准实例和应用进行仿真,验证了该策略的可行性和有效性。

参 考 文 献

[1] Brandimarte P. Routing and scheduling in a flexible job shop by tabu search. Annals of Operations Research, 1993, 22: 158-183.

[2] 谷峰,陈华平,卢冰原等. 粒子群算法在柔性工作车间调度中的应用. 系统工程,2005,23(9):20-23.

[3] Balas E. Machine scheduling via disjunctive graphs: An implicit enumeration algorithm. Operations Research, 1969,17:941-957.

[4] Blazewicz J, Finke G, Haopt G. New trends in machine scheduling. European Journal of Operational Research,1988,37: 303-317.

[5] Mati Y, Rezg N,Xie X. An integrated greedy heuristic for a flexible job shop scheduling problem. IEEE International Conference on Systems, Man and Cybernetics,2001,4: 2534-2539.

[6] Montazeri M,van Wassenhove L N. Analyses of scheduling rules for an FMS. Int. J. Prod. Res. ,1990, 28: 785-802.

[7] Zhang H P,Gen M. Multistage-based genetic algorithm for flexible job-shop scheduling problem. Complexity International, 2005,11: 223-232.

[8] Tay J C,Wibowo D. An effective chromosome representation for evolving flexible job shop schedules. Genetic and Evolutionary Computation—GECCO 2004, LNCS 3103, Berlin: Springer-Verlag, 2004:

210-221.

[9] Kacem I. Genetic algorithm for the flexible job-shop scheduling problem. IEEE,2003:3464-3469.

[10] Chen H,Ihlow J,Lehmann C. A genetic algorithm for flexible job-shop scheduling. Proceedings of IEEE International Conference on Robotics and Automation,San Francisco,1999:1120-1125.

[11] 谷峰,陈华平,卢冰原. 病毒遗传算法在柔性工作车间调度中的应用. 系统工程与电子技术,2005, 27(11):1953-1956.

[12] Najid N M, Dauzere-Peres S,Zaidat A. A modified simulated annealing method for flexible job shop scheduling problem. IEEE International Conference on Systems, Man and Cybernetics, Hammamet, 2002:6-12.

[13] Dauzere-Peres S, Paulli J. An integrated approach for modeling and solving the general multiprocessor job-shop scheduling problem using tabu search. Annals of Operations Research, 1997, 70: 281-306.

[14] Mastrolilli M,Gambardella L M. Effective neighbourhood functions for the flexible job shop problem. Journal of Scheduling, 2000, 3: 3-20.

[15] Zhu Z W, Heady R B. Minimizing the sum of earliness/tardiness in multi-machine scheduling:A mixed integer programming approach. Computers & Industrial Engineering, 2000, 38: 297-315.

[16] Kacem I, Hammadi S,Borne P. Approach by localization and multiobjective evolutionary optimization for flexible job-shop scheduling problems. IEEE Transactions on Systems, Man and Cybernetics, Part C, 2002, 32(1): 408-419.

[17] Jackson J R. Simulation research on job shop production. Naval. Res. Log. Quart. ,1957,4(3):287-295.

[18] Suresh V, Chandhuri D. Dynamic scheduling-a survey of research. Int. J. of Prod. Econ. , 1993, 32(1): 53-63.

[19] 谢畅. 基于多 Agent 的 MES 调度研究. 武汉:华中科技大学硕士学位论文,2004.

[20] Shafaei R, Brunn P. Workshop scheduling using practical (inaccurate) data. Part 1: The performance of heuristic scheduling rules in a dynam is job shop environment using a rolling time horizon approach. Int. J. Prod. Res. , 1999, 37(17): 3913-3925.

[21] Shafaei R, Brunn P. Workshop scheduling using practical (inaccurate) data. Part 2: An investigation of the robustness of scheduling rules in a dynamic and stochastic environment. Int. J. Prod. Res. ,1999, 7(18): 4105-4117.

[22] 潘全科,朱剑英. 作业车间动态调度研究. 南京航空航天大学学报,2005,37(2):262-268.

[23] Kim M,Kim Y. Simulation based real-time scheduling in a flexible manufacturing system. Journal of Manufacturing Systems, 1994,13(2): 85-93.

[24] Nelson R T, Holloway C A,Wong R M. Centralized scheduling and priority implementation heuristics for a dynamic job shop model with due dates and variable processing time. AIIE Transactions, 1977, 19: 96-102.

[25] Abumaizar R J, Suestka J A. Rescheduling job shops under disruptions. Int. J. of Prod. Res. , 1997, 35: 2065-2082.

[26] Church L,Uzsoy R. Analysis of periodic and event-driven rescheduling policies in dynamic shops. International Journal of Computer Integrated Manufacturing, 1992, 5(3): 153-163.

[27] Bierwirth C, Mattfeld D C. Production scheduling and rescheduling with genetic algorithms. Evolutionary Computation, 1999,7(1): 1-17.

[28] Lin S, Goodman E,Punch W. A genetic algorithm approach to dynamic job shop scheduling problems.

Proceedings of the Seventh International Conference on Genetic Algorithms,San Mateo：Morgan Kaufmann,1997：481-489.

[29] Bierwirth C，Kropfer H，Mattfeld D C,et al. Genetic algorithm based scheduling in a dynamic manufacturing environment. IEEE Conference on Evolutionary Computation，Perth：IEEE Press，1995.

[30] Fang H L，Ross P,Corne D. A promising genetic algorithm approach to job-shop scheduling，rescheduling，and open-shop scheduling problems. Proceedings of the Fifth International Conference on Genetic Algorithms,San Mateo：Morgan Kaufmann，1993：375-382.

[31] Raman N，Talbot F. The job shop tardiness problem：A decomposition approach. European Journal of Operational Research，1993，69：187-199.

[32] 方剑,席裕庚. 基于遗传算法的滚动调度策略. 控制理论与应用,1997,14(4):589-594.

[33] Sabuncuoglu I，Karabuk S. Rescheduling frequency in an FMS with uncertain processing times and unreliable machines. Journal of Manufacturing Systems，1999，18(4)：268-281.

[34] 余琦玮. 基于遗传算法的作业车间调度问题研究. 杭州:浙江大学硕士学位论文,2004.

第4章 混流装配车间生产计划排序与关联优化

自 Henry Ford 于 20 世纪初在汽车工业创立世界上第一条流水生产线以来，装配型生产就一直是制造业中重要的组成部分。MRP（物料需求计划）、MRPII（制造资源需求计划）、JIT（just in time，准时化生产）等各种现代化的生产管理方式均参考了装配生产的某些指标，以作为组织生产订货及安排工厂活动的重要依据。因此，装配生产在整个生产系统中具有举足轻重的地位。

按一条装配线上所完成的产品类型数量，装配线又可分为以下三种。

（1）单一产品装配线：只生产一种产品。

（2）多品种产品装配线：轮番生产多种产品，各种产品的投产间隔较长。

（3）混流产品装配线：生产多种产品，各种产品的投产间隔较短。

基本的产品装配线类型如图 4.1 所示。

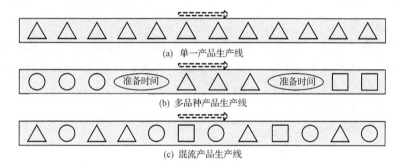

(a) 单一产品生产线

(b) 多品种产品生产线

(c) 混流产品生产线

图 4.1　基本的产品装配线类型

其中，混流装配生产方式是制造业普遍采用的一种生产组织方式，它可以在基本不改变生产组织方式的前提下，在同一条流水线上同时生产出多种不同型号、不同数量的产品。因此，相对于其他方式而言，混流生产系统既可以大批量生产标准产品，也可以按照客户订单生产小批量非标准产品，因而具有更高的灵活性，可满足客户对产品的多样化需求，使企业对市场的快速响应不再仅依赖于产品库存。在汽车、家电等行业的生产过程中，大部分生产工序是相同的，更换产品品种时基本不需要调整生产线，因此，混流生产方式在这些行业中具有广阔的应用前景。

本章首先围绕混流装配生产系统的特点，探讨了 JIT 环境下混流装配生产中的优化排序问题及其分类；然后，深入讨论了其中的若干问题，并给出了单一车间和多车间生产排序问题的优化模型、求解方法及仿真算例；最后，结合汽车装配生产的特点,介绍了混流装配车间的生产运作优化在汽车行业的应用实例。

4.1　混流装配生产模式及其对生产运行优化的要求

4.1.1　JIT 环境下车间计划排序与执行管理的目标

JIT 生产模式于 20 世纪 50 年代由日本丰田汽车公司首创,随后被广泛应用于日本汽车和电子工业。JIT 管理为日本企业生产高质量、低成本的产品提供了保证。

JIT 的总体目标是形成一个平衡的生产系统,包括一个贯穿整个系统的平滑、敏捷的物料流。主要目标如下。

(1) 消除中断:减少由于设备故障、进度安排改变、送货延迟等造成的生产停滞。

(2) 使系统具有柔性:提高对品种、产量变化的适应性。

(3) 减少换产时间与生产提前期。

(4) 存货最小化。

(5) 消除浪费。

混流装配生产由于涉及更多的生产要素(如多种类型的产品、复杂的 BOM 等),使得对 JIT 的实现相对于一般生产方式又具有更高的要求,具体要求包括:

(1) 良好的、适应性强的生产计划。

(2) 对生产故障的快速响应。

(3) 适时的线边物料配送。

(4) 更少的物料和在制品库存。

4.1.2　多车间关联生产方式

对于某些制造工艺较复杂的产品,如汽车、船舶、机车等,其生产往往难以在一个车间内全部完成,因此一般采用"企业—分厂—车间"的三层生产运作体系。

企业级生产计划来自于销售订单及公司的整体规划,常被称为生产大纲或生产纲领,它往往是在 ERP 系统中确定的。生产大纲是分厂和各生产车间的计划调度部门用于制订每日生产计划的基本依据。

在接收到生产大纲文件之后,各执行单位根据一定的策略将它分解为每日的滚动计划。制订每日滚动生产计划属于 MES 的范畴。由企业级生产计划分解为每日滚动计划的过程可分为两个层次:考虑多个车间的关联生产计划和各车间的独立生产计划。各车间制订独立生产计划的一个作用是,在某车间内部出现影响正常生产的异常状况时,将波动屏蔽在车间内部,尽可能避免对关联生产计划和其他独立生产计划造成连锁反应。然而,由于不同生产过程的特殊要求常常使得各车间的排序目标存在较大差异。如果完全让各个车间独立制订各自的生产计划,其结果必然导致整体生产不能协调一致的情况。而为了避免这种局面,制造企业常常需要协调不同车间的生产计划。这意味着不仅要考虑针对本车间的独立优化目标,也需要考虑面向整个装配生产过程的关联优化目标。

4.2　混流装配车间生产运行优化问题的相关模型

4.2.1　排序问题简述

作为运筹学的一个分支,排序问题有着深刻的实际背景和广阔的应用前景。国内外的研究中,有时也把排序问题与调度问题等同,或者将排序看做是解决调度问题的一种方法。

普遍认为,1954 年 Johnson 的论文[1]是最早研究排序问题的文献之一。半个多世纪以来,全世界已经发表排序文献 2000 多篇,其中包括排序专著和教材 40余种。

排序问题是一种典型的组合优化问题,对这类问题的解析方法主要有两种:动态规划法和分枝定界法。构造良好的解析方法一般都能够求得问题的最优解,常常被称为精确求解方法。然而,它们的计算复杂性往往都是指数型的,这使得排序问题难于使用传统的精确方法求解。近 30 年来,研究者越来越多地采用更为容易实现的搜索算法,包括运筹学中常用的邻域搜索技术(如遗传算法、模拟退火算法和禁忌搜索算法等)和人工智能中常用的约束导向启发式搜索技术等。

这些文献中的大部分都是研究经典排序问题的,对于流水线型生产而言,这类问题被称为流水车间问题(flow shop problem,FSP)。经典 FSP 有 4 个基本假设[2]:

(1)资源类型假设:同一机器上任何时刻只能加工一个工件,并且一个工件任何时刻只能在一台机器上加工。

(2)确定性假设:所有输入参数都是预先知道且完全确定的。

(3)可运算性假设:所有参数都可以计算得到,不考虑如何确定交货期等问题。

(4)单目标和正则性假设:假设排序的目标是工件完工时间的一维非降函数。

由于使用了较为严格的基本假设,所谓的经典调度问题一般难以直接应用于生产实践。作为上述经典排序问题的突破,文献[2]研究了成组分批排序、在线排序、随机排序等 10 种扩展的排序问题。扩展的排序问题显然离实际应用更近了一步,这也是今后若干年内这方面研究的发展方向之一。

　　不过,本章所研究的装配线排序问题虽然与经典 FSP 有相似之处,但它们之间有本质的区别。其相似之处在于都具有流水车间工件之间工序一致的特点,同时排序结果都可以被描述为一个生产任务的序列。不同点在于其优化目标完全不同,考虑问题的方向也有很大差别。装配线排序问题的优化大部分是以 JIT 生产的要求为目标,多与生产和物流的瓶颈问题有关,如生产负荷平衡化、物流平顺化等;而流水车间排序问题多与时间和成本有关,如最短完工时间、最大设备利用率等。同时,FSP 一般不考虑生产过程中物料的约束。因此,很难将求解 FSP 的算法直接应用于求解装配线排序问题。

　　对于混流装配线生产模式来说,其计划排序优化的主要工作就是在一定的生产工艺及制造资源约束下,通过一系列方法生成可供指导生产的上线序列,以达到提高生产效率、降低成本等目的。而考虑到上下游工艺之间的约束,生产计划的排序又可以分为单一车间计划排序和多车间的关联计划排序。以下对混流装配生产中的各种排序模型作简单的分析和总结。

4.2.2　单一车间混流装配计划排序

　　面向单一车间的计划排序是指仅考虑本车间生产过程的需求,从车间内部生产能力和资源状况角度出发制订本车间生产计划的过程。

　　由于不考虑车间之间的约束,只考虑单个车间约束的计划排序问题相对简单。以汽车行业为例,单一车间计划排序所涉及的 3 个问题中,总装车间的计划排序问题是其中较为复杂的一个。其中常见的问题模型有基于生产负荷平衡的计划排序问题和基于物流消耗平准化的计划排序问题等。从已有的研究文献中分析可知,目前对单一混流装配车间计划排序的研究大多是基于汽车总装车间的。

　　为了达到各车间生产的均衡和优化,很多复杂产品的制造企业在车间之间均设置了缓冲区。无论采取哪一种缓冲区,其容量都是决定其对生产调节能力的重要因素之一。容量过大必然会导致成本增加;而缓冲容量过小,又可能无法满足瓶颈缓冲及计划排序的需求。因此,在不同的缓冲策略之下,缓冲区容量规划也是装配车间规划及计划排序中一个较为重要的问题。

　　缓冲区容量规划是根据已知的生产节拍和工作日历时间求解最佳的缓冲区容量问题。该问题可以衍生出几种相应的问题:其一,在已确定缓冲区容量和生产节拍的情况下求解各车间最佳的工作时间;其二,在缓冲区容量及工作时间已确定的情况下求解各车间的最佳生产节拍。对于 FIFO 和自由存取类型的缓冲区而言,容量和结构变化均不影响其排序性能,如果不考虑生产过程中的异常因素,则可以采用线性规划方法求解。另外,仿真也是比较常用的方法之一。对于通道选择缓冲区来说,由于问题的规模较大,目前尚没有合适的模型来对其结构进行规划。

缓冲区类型、结构和容量被确定下来以后,某些复杂产品的制造过程还面临着另一个重要问题:在多车间关联的情况下编制生产计划。

自从装配线产生并用于工业生产开始,研究者就从各个角度研究了装配生产过程的优化方法以提高装配线的生产效率。对装配线进行优化的具体方式有两种:①装配线平衡问题(assembly line balancing, ALB),其目的是在设计装配线时合理分配作业元素,平衡装配线上各工位的劳动负荷;②装配线排序问题(assembly line sequencing),其目标是确定装配线上不同制品的投放顺序,优化生产排序。显然,装配线平衡问题是生产管理中的中长期规划问题,而装配线排序问题则是一个短期决策问题。

根据对 EI 索引的 1969 年至 2006 年年底近 1147 篇有关装配线优化问题的论文的分类统计中可以看出(见图 4.2),尽管在装配线方面有大量文献,但大多数研究仍然集中在一般装配线的优化方面。一般装配线计划排序问题沿用了最早流水车间调度问题的目标,主要是最早完工时间。而混流装配计划排序则更多地考虑了 JIT 环境下的各项指标,如符合平衡、物流均衡等。

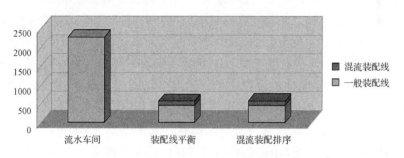

图 4.2　装配线问题相关文献的分类统计

1967 年,Thomopoulos[3] 提出混流装配线平衡和排序问题(mixed-model assembly line balancing and sequencing),用汽车行业的案例,建立了以负荷平衡为目标函数的数学模型,并用启发式算法进行了求解。与一般装配线问题相同,混流装配线的优化问题也可以分为装配线平衡和计划排序两类。

混流装配线在平衡优化方面的相关研究起步较早,但这方面的课题不是本书的主要研究内容,在此不作进一步阐述。近年来该领域的研究进展可参见文献[4]和[5]。

在混流装配的排序优化方面,相关研究主要考虑了两个目标[6]:生产负荷平衡目标和物流消耗速度均衡目标。生产负荷平衡目标是使各工位在装配时既能发挥最大生产能力,又不会超过所允许的生产负荷[7]。物流消耗速度均衡目标是在 JIT 环境下由丰田汽车公司提出来的,该目标认为实现生产的"平准化"是组织多品种混流装配的关键[8]。平准化的核心问题是如何使混流装配线上产品的投产顺序最优化,保持生产均衡稳定,即如何将投入到生产系统的产品按照作业时间、数量、品种进行合理搭配和排序,使生产系统的工件流具有加工时间和物料消耗上的平稳性,保持均衡生产。

启发式算法是在混流装配线排序中应用较为广泛的一种算法。Sumichrast等[9]用装配线的 4 个评价指标(即未完成工作量、空闲时间、工作时间及零部件使用的变化率)比较分析了混流装配线排序的 5 种启发式算法,结果表明 Miltenburg等[10]提出的启发式算法在一般情况下能求得最好的结果。Ding 等[11]探讨了 m 个生产周期的 n 个品种的混流装配线的生产计划与调度问题,提出了两阶段法,即先均衡所有周期的零部件使用速率,再均衡每个周期的零部件消耗速率。Malave 等[12]研究了印刷电路板生产中的一类计划排序问题,该问题可被分解为三个子问题:零件选取、排序、工位负载平衡,针对每一个子问题开发了启发式程序,并将整个问题组合成一个多目标线性规划问题进行考虑。特别的,对于汽车装配生产,目标追踪法[13]是解决汽车装配中计划排序问题的一种常见算法。它的思路是在确定前面 i 个投产顺序后,再确认 $i+1$ 个时选择对目标函数影响效果最有利的一种车型。目标追踪法简单且容易操作,但由于它是一种比较贪婪的算法,在最开始的序列中耗尽了优良的部分,因此采用这种方式难以求得全局最优解。针对这个缺陷,Yeo 等[14]用遗传算法解决混流装配线的排序问题,并与目标追踪算法进行了比较,得到了更快的求解速度和更优的结果。Jin[15]提出了一种基于混流装配线均匀零部件消耗速率的新启发式算法,是目标追踪法的一种改进。

也有研究者将生产线平衡与排序问题接合起来考虑。Merengo 等[16]以减少在制品库存和未完工数量(或停线次数)为目标,将生产线平衡与排序问题接合起来,用平衡算法减少线上的工位数量,用排序算法平顺化物料消耗。宋华明[17]采用并行协同设计的思想,将混流装配线设计与投产排序问题结合起来考虑,排产与平衡交互进行。但无论是串行方式还是协同方式,其生产线的平衡设计显然都无法考虑新产品出现后的情况。因此,上述方法主要适用于在首次设计生产线时获得当前生产环境下的优化解。Mansouri[18]考虑了生产负荷平衡和准备时间两个目标,设计了一种基于多目标遗传算法,该算法比其他算法在同样的 CPU 时间内可以找到更好的解。特别的,对于汽车装配生产,Drexl 等[19]针对以生产负荷为目标的排序问题设计了一种分枝定界法,并在保持该算法优化结果的基础上以物料消耗平准化为目标再次进行优化,计算结果表明这种两阶段算法可以迅速获得问题的可行解。黄刚[6]比较了若干常见目标之间的关联,并给出了一个多目标优化模型。

上述研究已经将单一目标的计划排序扩展成为多目标问题,显然它们更加符合实际生产的需求。

4.2.3　多车间关联计划排序

根据问题涉及的车间,混流装配排序问题又可分为两类:仅考虑单一车间的装配计划排序问题和同时考虑多个车间的关联生产计划排序问题。多车间的关联计划排序是考虑到生产工艺之间的相互影响,同时考虑多个生产过程的一种优化问题。根据车间之间设置的缓冲区类别的不同,多车间关联计划排序问题又可以分为三类:基于自由存取缓冲区、基于 FIFO 缓冲区,以及基于有限能力排序缓冲区的关联计划排序问题。

首先,如果两个车间之间设立了 FIFO 型缓冲区(如前所述,如果未设缓冲区,则相当于设立了容量为 0 的 FIFO 型缓冲区),编制生产计划时往往就需要同时考虑多个车间的约束,那么这个问题就转化为一个多目标的流水车间调度问题。基于 FIFO 型缓冲区的计划排序还有另一种方式,即在其中某一个车间计划确定的情况下,如何对其上下游车间的生产计划进行排序的问题。以汽车装配生产为例,如果焊装车间生产计划先于涂装车间制订,那么因为两个车间之间没有可排序的缓冲区,则焊装车间产出的白车身顺序是不可更改的,所以涂装车间就需要在给定的白车身顺序基础上考虑对本车间最有利的车身颜色排序,这里将这个问题归属于基于部分属性序列的多车间关联计划排序问题。

其次,缓冲区的主要功能除了临时存放在制品外,在生产控制中的另一个重要作用就是对生产序列重新排序。显而易见,对于自由存取缓冲区而言,如果缓冲区内总是存有所有需要类型的产品,即如果不考虑预生产数量及类型的限制,则基于自由存取缓冲区的计划排序问题实际上就等同于单一车间的计划排序问题。如果将每个车间看做一个工作台,则基于自由存取缓冲区的多车间组合优化问题就可转化为作业车间调度问题。但是在有限预生产产品数量及类型的情况下,该问题的研究目标除了确定缓冲区容量之外,还在于确定缓冲区的最佳存车数量。这通常与车型分布、节拍差异有关,甚至涉及生产线突发的异常事件对产量的影响等因素,这个问题目前除仿真手段之外,还没有有效的理论和算法支持。

通道选择缓冲区由于投资较少,得到了很多离散制造企业的青睐。基于通道选择缓冲区的计划排序问题是本书研究的重要内容之一。根据考虑约束的范围,可将该问题分为两类。

第一类是已知上下游序列的通道选择缓冲区计划排序问题。在这种情况下,上下游车间分别采用单一车间计划排序方式编制各自的生产计划,问题的目标是找到一种最优的排序策略通过通道选择缓冲区将已知的上游车间生产序列转换为下游车间的计划序列。这种情况相对简单。

第二类是缓冲区排序能力有限的多车间关联计划排序问题。这类问题与第一类的不同之处在于上下游车间的生产序列均未知,仅仅知道主生产计划。在有限排序能力的缓冲区的支持下,求解上下游车间各自的计划排序,使得能够通过缓冲区的有限排序功能,最终使两个车间的生产计划达到共同优化的目标。

　　由于存在多个车间串行完成一个复杂工艺过程的情况,因此前后序车间的生产计划就构成了一个多车间关联计划。对于多车间的关联计划排序问题,目前采用的方式通常有两种:

　　(1) 关联车间采用同一个生产序列进行生产。

　　(2) 通过在车间之间增加排序手段,使各车间可以分别制订生产计划。

　　这两种方式的根本区别在于车间之间是否存在排序机制。排序机制一般通过引入排序缓冲区来实现。

　　对于第一种情况,显然在车间之间是不存在排序机制的,这种情况也可以考虑为车间之间存在一个 FIFO 类型的缓冲区。对于这种情况,排序问题就简化为一个跨多个车间的多目标优化问题。在多目标优化方面,最早由 Pareto 于 1896 年为解决经济问题提出多目标优化问题。之后,该问题被广泛应用于解决各个行业的实际问题。对于生产系统,Bard 等[20]采用加权的方式同时考虑了两个目标的混流装配线排序问题,即最小化装配线长度和保持均匀的零部件消耗率,并给出了该问题的一种禁忌搜索算法。Tsai[21]用精确算法求解了考虑双目标的混流装配排序问题,其优化目标包括最小化停线次数和最小化辅助工作时间,不过该文献仅考虑了一个工作站和两种不同产品,问题规模明显偏小。Chul 等[22]采用一种新的基因遗传算法解决多目标排序问题,提出了一种新的基因适应度函数及选择机制,其考虑的三个目标是最小化超标工作时间、保持均匀的零部件消耗速率和最小化调整费用,结果表明该基因算法优于已存在的其他基因算法。McMullen[23~25]考虑了与 Chul 同样的目标,也采用加权方式,比较了禁忌搜索、模拟退火及遗传算法对问题的求解结果,其研究表明在解决多目标混流装配排序问题时,禁忌搜索不如后两种算法有效,而后两种算法往往得到同样优化的结果,但遗传算法开销更大。Yu 等[26]将针对混流装配中的物流平顺化目标和最小完工时间目标结合,采用多目标遗传算法给出了 Pareto 解。Allahverdi 等[27]考虑了一种带准备时间,以最小完成时间为目标的两阶段装配排序模型,并为该模型设计了一种算法;将该算法与粒子群优化算法和禁忌搜索算法进行了对比,结果表明此算法在求解工件规模大于 50 时比另两种算法更快得到优化解。特别的,对于汽车装配生产,Bolat 等[28]考虑了汽车装配中两个车间使用同一个生产计划的情况,以减少涂装车间颜色切换和平衡总装车间负荷两个目标为基础提出了一种多目标计划排序模型,并给出了相应的解析算法。Epping 等[29,30]针对汽车涂装与总装车间提出了一种基于 FIFO 缓冲区的涂装与总装关联计划排序问题的数学模型,并给出了相应的动态规划算法。Gagne 等[31]在分析涂装和总装车间各自单一目标排序模型的基础上,提出了一个基于蚁群算法的多目标表达式,实际应用的数据表明该算法比当前采用的算法更优。Zufferey 等[32]针对 ROADEF2005 挑战赛中汽车装配排序问题,将 HPO、颜色切换和 LPO 组成多目标模型,采用分层禁忌搜索算法进行求解。

对于上述的第二种情况,面向多车间的计划排序问题就转化为一个缓冲区排序问题。缓冲区有时也被称为自动存取系统(automotive storage and retrieval system,AS/RS)。从目前可以收集到的文献来看,尽管目前很多行业已在车间之间广泛采用了不同类型的缓冲区,但相应的研究却并不太多。有关缓冲区优化问题的最早研究见于 Law 等[33]在 1974 年发表的一篇文献,该文献基于汽车装配线探讨了线间缓冲的必要性并分析了缓冲成本、时间成本、可靠性等问题。在生产系统中存在多种形式的缓冲区,Wortmann 等[34]总结了一些缓冲区类型。其中,常见的可排序缓冲区类型有:通道选择缓冲区、自由存取缓冲区和后移缓冲区等等。而目前所能够查到的缓冲区在装配排序中应用的文献中,对自由存取缓冲区的研究居多,而且主要以汽车行业的装配过程为研究对象。叶明[35]考虑了一种环形缓冲区在汽车行业中的应用,并采取递进式蚁群算法进行求解。由于该文献没有考虑缓冲区队列的移动成本和时间约束,这种环形缓冲区实际上仍然可以考虑为自由存取缓冲区。

4.2.4　混流装配计划排序的问题分类

基于以上讨论,本章将混流装配中的计划排序问题及其他相关问题进行了分类,如图 4.3 所示。图中带有★的问题为本章重点研究的部分。

4.3　面向单一混流装配线的计划排序问题

制造业正面临着持续不断的多品种、小批量的需求困扰。为了满足用户需求并避免库存过大,很多企业基本上都在按照订单生产,这就导致了日常生产产品类型的大量变动。实际的生产序列对产品的质量及成本有着很大的影响。同时,由于涉及更多的物料和工艺过程,混流装配方式对生产组织方式、计划排序、执行管理等方面提出了更高的要求。因此,在实际工作中生产计划人员需要根据各方面的约束来确定满足最优目标的生产序列。这个目标包含了针对本车间的独立优化目标和面向多个生产过程的关联优化目标。

另外,某些产品的工艺复杂性决定了其生产过程涵盖不仅一条生产线,也就是说,某种产品可能需要经过多个车间的生产才能完成。本节主要研究单一混流装配线的计划排序问题;4.4 节主要考虑多车间的关联计划排序问题。

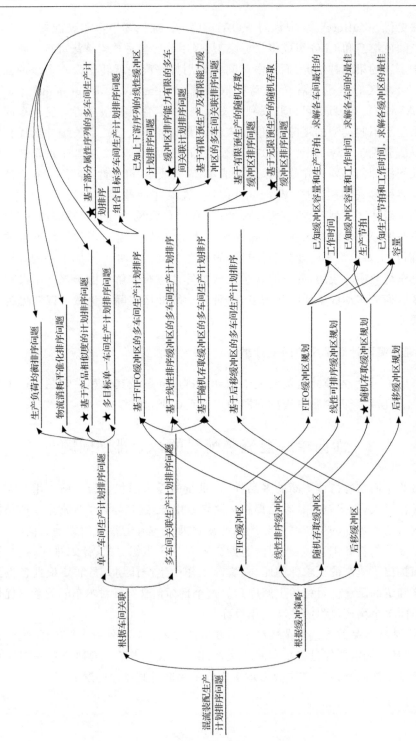

图 4.3 混流装配生产计划排序及其相关问题的分类

4.3.1　JIT 生产模式下混流装配计划排序的特点

工业界一直致力于提高流水线的生产效率,优化流水线的生产序列是行之有效的方法之一。对于混流装配生产来说,其计划排序相对于一般流水线排序更为复杂。为简单起见,下文中提到装配线时均指混流装配线。

装配生产中所涉及的零部件按照对生产的影响可分为三类:第一类是通用零部件(简称通用件),如电视机装配中的电源适配器。所有产品无论型号均采用相同种类的零部件。第二类是关键零部件(简称关键件),如电视机装配中的显像管。所有产品均需要装配此类零件,但不同型别的产品装配的该类零部件可能型号不同。第三类是选装零部件(简称选装件),如电视机装配中的立体声模块。这类零件仅在一部分型号的产品中选配。对于通用零件,由于所有产品均装配同样的零件,因此其装配过程不会受到生产序列变化的影响。本节所讨论的混流装配线计划排序主要考虑关键件和选装件。

装配线排序问题按照问题的目标函数不同又可分为多个类别,常见的有两类[36]:生产负荷平衡排序问题和物流消耗平准化排序问题。前者的主要目的是减少生产线瓶颈,而后者的主要目标则是减少在制品库存。

为方便描述上述两种数学模型,先定义以下符号。

(1) V:产品型号的集合,即产品型号的种类数为 $|V|$。

(2) D_T:一个生产区间中所有产品的生产序列,它是一个有序的集合。因此,该生产区间的总产量为 $|D_T|$。

(3) Z_v:D_T 中第 v 种型号产品的集合,则第 v 种型号产品的产量为 $|Z_v|$,且有 $\sum_{v\in V}|Z_v|=|D_T|$。

(4) D_j:生产序列 D_T 中第 j 个产品所属的产品型号 $(j=1,2,\cdots,|D_T|)$,有 $D_j\in V$。

(5) $s_{j,v}$:生产序列中第 j 个位置是否生产第 v 种产品的标志。

$$s_{j,v}=\begin{cases}0,&\text{第 }j\text{ 个位置生产的不是第 }v\text{ 种产品}\\1,&\text{第 }j\text{ 个位置生产的是第 }v\text{ 种产品}\end{cases}\quad(v\in V;j=1,2,\cdots,|D_T|)$$

显然,有 $\sum_{v\in V}s_{j,v}=1$。

以下分别简单介绍这两种问题的数学模型。

4.3.2　以生产负荷平衡为目标的计划排序

以生产负荷平衡为目标的计划排序问题(以下简称生产负荷平衡排序问题)源自汽车的总装配线。对于汽车总装配生产线,在制的汽车停放在一条以固定速率行进的传送带上,传送带两边按工艺顺序分布若干工位。每个工位配备一个装配小组,装配小组必须在从在制汽车进入该工位到移出该工位的这段时间内完成指定的装配任务。对于无法在规定时间完成工作的情况,一般有两种处理办法[19]:在美国企业中,装配线行进不受影响,未完成的装配任务由另外安排的机动人员负责完成;而在日本企业中,装配小组可以通过特殊设计的 Andon 系统停止装配线,直到完成这些工作,装配线才能够继续前进。

导致生产任务不能完成的原因除了生产中出现的异常状况(如零部件质量问题、工具损坏等)之外,主要原因之一就是生产负荷不均衡。例如,连续选装某种部件过多,使得相应工位的生产人员在一段时间内工作负荷过重,就常常会导致生产任务难以完成。因此,对于实际的生产,每种选装件都有一个选装频率的上限,通常用 $H_x:N_x$ 表示,即在连续生产的 N_x 个产品中,至多只能有 H_x 个产品选装部件 x。例如,某选装项 A 允许的选装频率 $H_A:N_A$ 为 2∶3,表示在生产序列中的任意 3 个连续的产品中,至多只能有 2 件产品装配该选项,如果超出这个值,就可能使得装配人员来不及装配第 3 个产品选装的部件 A,进而导致生产线被迫停线。

以某产品的装配为例,根据生产负荷要求,各选装项的选装频率上限见表 4.1,生产计划见表 4.2。表 4.2 中第一行的数字代表装配生产中的顺序号。第二行的数字代表产品的品种,如 1 代表品种 1,2 代表品种 2,依此类推。表 4.2 数据部分中的 1 表示需要装配对应的选装项,空缺则表示不必装配。

表 4.1　各选装项的选装频率

选装项	$H_x:N_x$
O[1]	2∶3
O[2]	2∶4
O[3]	3∶5
O[4]	2∶6

表 4.2　计划排定的生产序列

生产序列		1	2	3	4	5	6	7	8	9	10	11	12	13	14
选装项	$H_x:N_x$	1	2	3	4	5	6	1	2	6	1	3	4	5	6
O[1]	2∶3		1	1	1			1	1		1	1		1	
O[2]	2∶4				1	1					1	1			
O[3]	3∶5					1		1					1		
O[4]	2∶6	1				1					1				1

从上述两个表中可以看出,一共要生产 14 件产品($|D_T|=14$),其中包含了 6 个不同的型号($|V|=6$),考虑了 4 个选装项(O[1]、O[2]、O[3]、O[4])。显然表 4.2 中的生产序列违背了表 4.1 的选装频率约束。一个满足生产符合均衡目标

的生产序列如表 4.3 所示。

表 4.3　满足生产符合均衡目标的生产序列

生产序列		1	2	3	4	5	6	7	8	9	10	11	12	13	14
选装项	$H_x : N_x$	1	1	2	3	5	3	1	4	6	5	6	6	1	4
O[1]	2:3			1	1		1		1	1		1	1		1
O[2]	2:4				1		1		1						1
O[3]	3:5			1		1					1				
O[4]	2:6	1	1					1	1					1	1

生产负荷平衡排序问题的目标是合理分布选装项的装配频率,为解决混合流水线生产中因负荷不均衡导致的瓶颈问题提供了一种思路。

为方便形式化描述生产负荷平衡排序问题的模型,定义如下符号。

(1) Ξ:选装项的集合。

(2) $a_{v,x}$:选装的标志。

$$a_{v,x} = \begin{cases} 1, & \text{产品型号 } v \text{ 需要装配选装项 } x \\ 0, & \text{产品型号 } v \text{ 不需要装配选装项 } x \end{cases} \quad (x \in \Xi)$$

(3) $H_x : N_x$:在生产序列中,任意连续的 N_x 个产品中至多只能有 H_x 个产品需要装配选装项 $x(x \in \Xi)$。

按照文献[7],生产负荷平衡排序问题可表示为由式(4-1)～式(4-4)描述的一个约束满足问题(constraints satisfaction problem,CSP):

$$\sum_{v \in V} s_{j,v} = 1 \qquad\qquad (j = 1,2,\cdots,|D_T|) \qquad\qquad (4\text{-}1)$$

$$\sum_{j=1}^{|D_T|} s_{j,v} = |Z_v| \qquad\qquad (v \in V) \qquad\qquad (4\text{-}2)$$

$$\sum_{m=j}^{j+N_x} \sum_{v \in V} a_{v,x} s_{j,v} < |H_x| \qquad (j = 1,2,\cdots,|D_T|-|N_x|; x \in \Xi) \qquad (4\text{-}3)$$

$$s_{j,v} = \{0,1\} \qquad\qquad (j = 1,2,\cdots,|D_T|; v \in V) \qquad\qquad (4\text{-}4)$$

4.3.3　以物流消耗平准化为目标的计划排序

以物流消耗平准化为目标的计划排序问题(以下简称物流消耗平准化问题)同样源于汽车行业。为方便描述物流消耗平准化排序问题模型,定义以下符号。

(1) k:第 k 生产阶段,即完成生产序列中前 k 个产品的时刻,$k=1,2,\cdots,|D_T|$。

(2) r_i:第 i 种产品的理想产量比率($i=1,2,\cdots,|V|$),即该产品产量在总产量中所占的比率,$r_i = \dfrac{d_i}{|D_T|}$。

(3) $g_{i,k}$：第 i 种产品到截至第 k 生产阶段时的产量，显然有 $g_{i,k} = \sum\limits_{j=1}^{k} s_{i,j}$，$d_i = g_{i,|D_T|}$。

对符号的理解可参考表 4.4。

表 4.4　物流消耗平准化排序问题模型

产品类型		实际生产序列				
		$k=1$	$k=2$	$\cdots$	$k=|D_T|$	
	$i=1$	$s_{i,j}=\{0,1\}$				$\sum\limits_{j=1}^{|D_T|} s_{1,j} = g_{1,|D_T|} = d_1$
	$i=2$					$\sum\limits_{j=1}^{|D_T|} s_{2,j} = g_{2,|D_T|} = d_2$
	$\vdots$					$\sum\limits_{j=1}^{|D_T|} s_{i,j} = g_{i,|D_T|} = d_i$
	$i=|V|$					$\sum\limits_{j=1}^{|D_T|} s_{|V|,j} = g_{|V|,|D_T|} = d_{|V|}$
	$\sum\limits_{i=1}^{|V|} s_{i,j}$	1	1	$\cdots$	1	$\sum\limits_{i=1}^{|V|}\sum\limits_{j=1}^{|D_T|} s_{i,j} = |D_T|$

按照物流消耗均衡要求，理想的物流消耗平准化排序问题的数学模型为[35]

$$\min \quad f_l = \sum_{k=1}^{|D_T|} \sum_{i=1}^{|V|} |g_{i,k} - kr_i| \tag{4-5}$$

$$\text{s. t.} \quad \sum_{i=1}^{|V|} g_{i,k} = k \quad (k=1,2,\cdots,D_T; g_{i,k} \text{ 为非负整数})$$

显然，目标函数的形式也可以写成

$$\min \quad f_l = \sum_{k=1}^{|D_T|} \sum_{i=1}^{|V|} \left| \frac{g_{i,k}}{k} - r_i \right| \tag{4-5a}$$

或者

$$\min \quad f_l = \sum_{k=1}^{|D_T|} \sum_{i=1}^{|V|} \left(\frac{g_{i,k}}{k} - r_i \right)^2 \tag{4-5b}$$

或者

$$\min \quad f_l = \sum_{k=1}^{|D_T|} \sum_{i=1}^{|V|} (g_{i,k} - kr_i)^2 \tag{4-5c}$$

仍以表 4.2 为例，显然 $|D_T| = 14$。任取一个阶段 $k \leqslant |D_T|$，如取 $k=10$，物流消耗均衡排序的目标是使得对于所有的 k，式(4-5)中的目标函数值都尽可能

小,也就是说,要求在生产的任何阶段其各种类型产品的产出都尽量接近总的产品类型生产比例。

4.3.4　基于产品相似度的混流装配线计划排序

从以上两种模型的定义可以看出,它们的基本目标是一致的,即均衡生产。前者要求装配线负荷均衡,后者要求成品产出和物料消耗均衡。

随着用户需求的多样化,越来越多企业采取了按订单生产的策略,导致混流装配线上共线生产的产品类型也越来越多,这也使得装配线上同一工位需要装配的零部件类别更多。然而,从表 4.3 可以看出,如果要满足前面介绍的两个模型的约束,就必然导致其生产序列中相邻两个产品存在较大差异。由于产品生产序列决定了制造过程中零部件的装配顺序,产品类型的频繁变化往往就意味着某些工位所要装配的零部件的频繁切换。

在生产管理方面,混流装配线在制产品品种的频繁切换对生产管理提出了更为严格的要求,如必须按照生产序列生产并快速更换所需工装工具。目前,一般行业的混流装配线在管理上还难以达到这个要求,随着装配线上零部件品种切换频次的增加,错、漏装问题随之而来。因此,在尽量保证均衡生产的同时,还应尽量减小连续装配产品之间的差异,使装配工作更具连续性。

在生产效率方面,工效学的实践也表明,连续完成同一种工作比经常切换不同的工作内容具有更高的工作效率[36]。因此,对于装配线上的同一工位来说,如果某一生产序列使得在这一工位装配的零部件种类变化较少,显然可以大大减少生产人员由于更换工具等产生的生产准备时间,并最终提高装配线的生产效率。因此,如何将装配线上的产品序列进行合理排序,尽量使每个工位所装配的零部件变换最少,从工效学的角度来说也是十分有意义的。

考虑到以上需求,本节提出一种以提高产品相似度,减少生产中在制品品种切换次数为目标的计划排序问题(以下简称产品相似度计划排序)模型。

关于混流装配线上不同制品之间的相似度,目前所看到的文献中只有贾大龙[37]从完成作业元素所需要时间的角度给出了定义,并将它作为生产线平衡问题的优化依据之一。然而,即使是工艺不同,它们的装配时间也可能相同。因此,按照文献[37]给出的定义是无法准确区分出不同生产工艺的,即不能准确描述生产工艺之间的相似度。故本书不采用这种方式。

对于混流装配线来说,零部件不同,其装配工艺显然也不同。本节采用产品配置中相同零部件的数量之和来描述连续装配的产品之间的相似程度。生产序列中的产品相似度指标就是序列中所有连续装配的产品的相似度之和。为方便描述基于产品相似度的装配线排序问题,引入以下符号:

(1) v_n:产品型号 v 的第 n 道装配工艺。

(2) $C(v_n, v'_n)$：v_n 与 v'_n 的相似值。若 v_n 与 v'_n 类型相同，$C(v_n, v'_n)$ 取 1；反之，取值 0，即

$$C(v_n, v'_n) = \begin{cases} 1, & 若 v_n = v'_n \\ 0, & 若 v_n \neq v'_n \end{cases}$$

(3) Θ：所有装配工艺属性的集合，显然装配工艺属性的种数为 $|\Theta|$。

(4) $S(v, v')$：产品型号 v 与型号 v' 之间的产品相似度。

$$S(v, v') = \frac{\sum_{n=1}^{|\Theta|} C(v_n, v'_n)}{|\Theta|}$$

显然有 $0 \leqslant S(v, v') \leqslant 1$。产品相似度计划排序问题可表示如下：

$$\max \quad f_p = \sum_{j=1}^{|D_T|-1} S(D_j, D_{j+1}) \tag{4-6}$$

$$\text{s. t.} \quad 0 \leqslant S(D_j, D_{j+1}) \leqslant 1 \quad (D_j、D_{j+1} \in V)$$

显然，当生产序列中所有产品均为同一型号的产品时，f_p 取最大值 $(|D_T|-1)|V|$。

另外，由于装配生产中对效率和质量影响最大的是产品的关键件（在实际应用中有时也被称为关重件、重保件等），因此，为简单起见，本书在定义产品相似度时，仅考虑装配所涉及的关键件。

产品相似度排序问题属于一类装配线排序问题。求解装配线排序问题的方法归纳起来可分为启发式算法、解析算法和智能优化算法三种。

启发式算法是在混流装配线排序中应用较为广泛的一种算法，如目标追踪法。目标追踪法具体算法是：确定前 i 个产品的投产顺序之后，在剩下的尚未排序的产品中选择对目标函数影响效果最有利的那一个，并将它作为第 $i+1$ 个投产的产品。目标追踪法是一种贪婪算法，算法简单、速度很快，但由于缺乏整体优化机制，其结果往往不够理想。

最常见的解析算法有数学规划和分枝定界法，它们可以保证最终能在解空间中找到最优解，但在求解存在组合爆炸问题的某些复杂模型时效率很低，而且往往不能在可接受的时间求得结果，因此实用性不强。

本节所述的混流装配线排序问题可归属于一类带偏序关系的非对称旅行商问题（traveling salesman problem，TSP）。对于这样的问题，研究人员通常采用智能优化算法来解决。目前智能优化算法的应用较为广泛，其中具有代表性的是遗传算法、模拟退火算法、禁忌搜索算法等。下面给出求解产品相似度排序问题的遗传算法。

假设对于某装配车间，在 ERP 中为单个班次排定的主生产计划如表 4.5 所示。

　　为简化问题起见,实例中仅考虑该产品中变化较大且比较关键的零部件。对于这些关键零部件,表 4.5 中所涉及产品的配置表如表 4.6 所示。

表 4.5　主生产计划

订单编号	1	2	3	4	5	6	7	8	9	10	11	12
产品型号	a	b	c	d	e	f	g	h	i	j	k	l
数量	1	2	1	2	1	1	3	3	1	1	2	2

表 4.6　对应产品的关键件配置表

产品	K[1]	K[2]	K[3]	K[4]	K[5]
a	1	1	1	1	1
b	1	2	2	2	2
c	1	2	3	2	2
d	2	2	1	1	3
e	3	3	2	1	3
f	4	2	2	2	1
g	3	3	3	1	2
h	4	1	2	2	2
i	1	3	2	1	1
j	1	2	3	1	1
k	4	2	2	2	2
l	3	3	1	1	2

　　其中,K[1]代表第 1 种关键件,依此类推。生产序列中的一类产品在遗传算法中编码为一个小写字母,表示为一个基因。所有基因有序排列之后就是一条完整的染色体。

　　采用 Java 编制程序,取初始种群数量 $|P| = 72$,交叉概率 $P_c = 0.8$,变异概率 $P_m = 0.03$,交叉的基因段长度 $l = 4$,强行进入下一代的数量 $m = 3$,运行 300 代终止。最终获得最优解为:ddllgggeiajcbbhhhkkf,解码后的生产序列如表 4.7 所示。

　　上述解的目标值为 76,关键件品种切换次数为 19 次。

表 4.7　采用产品相似度目标优化后得到的生产序列

产品	K[1]	K[2]	K[3]	K[4]	K[5]
d	2	2	1	1	3
d	2	2	1	1	3
l	**3**	**3**	1	1	**2**
l	3	3	1	1	2
g	3	3	**3**	1	2
g	3	3	3	1	2
g	3	3	3	1	2
e	3	3	**2**	1	**3**
i	**1**	3	2	1	**1**
a	1	**1**	**1**	1	1
j	1	**2**	**3**	1	1
c	1	2	3	**2**	**2**
b	1	2	**2**	2	2
b	1	2	2	2	2
h	**4**	**1**	2	2	2
h	4	1	2	2	2
h	4	1	2	2	2
k	4	**2**	2	2	2
k	4	2	2	2	2
f	4	2	2	2	**1**

注:加黑表示在该处出现了关键件变化。

4.3.5　面向多目标的装配计划排序

上述计算分析足以说明,对于实际生产中的计划排序,无论是单独考虑生产负荷平衡、物料消耗平准化,还是仅考虑产品相似度均不可能同时满足平衡生产负荷和提高生产效率的需要。因此,有必要考虑各目标之间的关系,使优化结果能尽可能实现对各目标的综合优化。

实际的工程优化问题绝大多数都需要考虑多个不同的优化目标,对多个目标同时进行优化的问题称为多目标优化问题(multi-object optimization problem)。在多目标优化问题中,各目标之间往往是互相冲突的,混流装配排序优化问题也同样如此。

求解多目标优化问题的主要方法可分为三类:

(1) 生成法。首先求出大量的非劣解,构成非劣解的一个子集,然后按照决策者的意图找出最终解。其中的主要方法有加权法、约束法、加权法和约束法结合的混合法等。

（2）交互法。先求出若干非劣解，再通过分析者与决策者对话的方式，逐步调整优化目标，直至求出最终解。

（3）混合法。通过交替使用生成法和交互法，直至决策者找到满意解为止。

加权法以目标之间的相对重要度（由决策者事先提供）为依据，将多目标问题转化为单目标问题来求解。尽管加权法有其固有缺点（如考虑的解空间没有涵盖所有可行解），但考虑到它具有简便易行、求解速度快等优点，而且计算过程无需人工干预，加之生产中需要的是可以接受的近优解，因此在实际工作中仍然得到了大量应用。本节也采用加权法来求解多目标优化问题。

本节的多目标优化问题所考虑的目标有 3 个：

（1）f_c：生产负荷平衡目标。

（2）f_l：物流平准化目标。

（3）f_p：产品相似度目标。

为了确定综合优化的目标函数，需要分别考虑各问题的目标。

单独考虑生产负荷平衡问题。由前面的讨论可知，CSP 是一个约束满足问题，可将其转化为一个目标为使违反规则次数最小或者遵守规则次数最多的约束优化问题。本节取后者，其目标函数为

$$\max \quad f_c = \frac{1}{2} \sum_{i=1}^{|\Xi|} \sum_{j=1}^{|D_T|-|N_x|} \text{rep}_{i,j} \tag{4-7}$$

$$\text{s. t.} \quad \sum_{v \in V} s_{j,v} = 1 \tag{4-8}$$

$$\sum_{j=1}^{|D_T|} s_{j,v} = |Z_v| \tag{4-9}$$

其中

$$\text{rep}_{i,j} = \begin{cases} 1, & \left(|H_x| - \sum_{k=0}^{|N_x|-1} \sum_{v \in V} a_{v,x} s_{j+k,v}\right) \geqslant 0 \\ 0, & \text{其他} \end{cases}$$

$$(s_{j,v} = \{0,1\}; j = 1, 2, \cdots, |D_T|; v \in V, x \in \Xi)$$

对于其他优化目标，式（4-5）描述了单独考虑物流平准化问题时的目标函数，式（4-6）描述了单独考虑产品相似度排序问题时的目标函数。考虑到式（4-5）为极小值目标，因此需要引入：

$$f_l' = -f_l \tag{4-10}$$

基于上述讨论，多目标装配计划排序问题的数学模型为

$$\max \quad f = w_c f_c + w_l f_l' + w_p f_p \tag{4-11}$$

其中，w_c、w_l、w_p 分别是 f_c、f_l'、f_p 的权重系数。确定 w_c、w_l、w_p 的方法有很多种，如专家评价法（Delphi 法）、两两比较法、AHP 方法等，此处不作详述。

在将多目标装配计划排序问题转化为单目标优化问题后,本节采用遗传算法求解。该遗传算法在编码上做了独特的考虑,下面主要介绍其编码与解码策略。

本节所述问题与一般 TSP 有相似之处,如需要的结果也是一个有序的排列,因此看上去比较容易编码。但是,如果将生产计划直接编码为染色体,则为了不违背主生产计划的约束,势必需要复杂的修补算法。因此本节采用一种染色体映射编码策略。具体而言,在初始编码阶段将初始生产序列(可以直接采用主生产计划)按顺序编码为一条基因不可重复的染色体,再通过随机变换该染色体中基因的位置,形成初始种群。由这些基因不重复的染色体参与遗传、交叉和变异。在解码时,再将取得的染色体编码向生产计划进行映射,最终得到生产计划序列。该生产序列用于计算适应度及最后结果输出。举例说明如下。

假设初始的主生产计划(每一个字母代表一种产品型号)为

$$aabbbbbcccddddde$$

按顺序编码为

$$ABCDEFGHIJKLMNOP$$

显然,通过这种方式已经建立了一种映射关系,如 A-a、B-a、C-b、D-b 等。假设最终得到的染色体为

$$LCHMAOEKNFGBIPDJ$$

再按照前面的映射方式进行解码,得到

$$dbcdadbddbcacebd$$

这种策略有效地解决了染色体保证主生产计划约束的问题。在后面的章节中同样会用到这种策略。

为验证上述算法的有效性,考虑 4.3.4 节中使用的例子。仍采用如表 4.5 所示的主生产计划,因为需要考虑选装配置,给出表 4.5 主生产计划涉及的产品的配置表如表 4.8 所示。

表 4.8　对应产品的关键件配置表

产品	K[1]	K[2]	K[3]	K[4]	K[5]	O[1]	O[2]	O[3]	O[4]	O[5]
a	1	1	1	1	1	1	0	0	1	1
b	1	2	2	2	2	1	1	0	0	0
c	1	2	3	2	2	1	0	1	1	0
d	2	2	1	1	3	0	1	0	0	1
e	3	3	2	1	3	0	0	1	0	0
f	4	2	2	2	1	0	1	0	1	1
g	3	3	3	1	2	0	1	1	0	0
h	4	1	2	2	2	0	1	0	1	0
i	1	3	2	1	1	1	0	0	0	1
j	1	2	3	1	1	0	0	1	1	0
k	4	2	2	2	2	0	0	0	0	1
l	3	3	1	1	2	0	0	0	1	1

表 4.8 中所示各选装项的选装频率约束如表 4.9 所示。

表 4.9　各选装项的选装频率

选装项	O[1]	O[2]	O[3]	O[4]	O[5]
$H_x : N_x$	3：4	4：7	3：5	2：3	2：3

设初始序列为

fdljcdghilehhbgkkgab

本节所讨论的 3 种优化目标中,生产负荷平衡目标针对的是产品的选装件,是一个必须尽量满足的目标,如果不能满足则可能导致无法正常生产。而另外两个目标主要与生产效率和成本相关,其约束相对来说要弱一些,也就是说即使不能满足也不会影响生产秩序。因此,w_c 所占比例更大。假设针对某行业,通过专家评分法确定 $w_c = 10$、$w_l = 3$、$w_p = 2$。

采用 Java 编制程序,取初始种群数量 $|P| = 200$,交叉算子采用双点交叉,交叉概率 $P_c = 0.8$,变异概率 $P_m = 0.03$,运行 300 代终止,最终获得如下解:

gghkbleddjaihhkfbclg

其生产负荷平衡目标函数值由初始值 85 提高至 100,意味着生产超负荷的问题从 15 次减少到 0 次。产品相似度目标由初始值 36 提高至 59,意味着关键件变换次数从 59 减少到 36 次。物料平准化目标由 88.4 降低至 82.9。

解码后的生产序列见表 4.10 所示。

表 4.10　解码后的生产序列及其关键件与选装件分布

产品	K[1]	K[2]	K[3]	K[4]	K[5]	O[1] 3：4	O[2] 4：7	O[3] 3：5	O[4] 2：3	O[5] 2：3
g	3	3	3	1	2	0	1	1	0	1
g	3	3	3	1	2	0	1	1	0	1
h	**4**	**1**	**2**	**2**	2	0	1	0	1	0
k	4	**2**	2	2	2	0	0	0	0	1
b	**1**	2	2	2	2	1	1	0	0	0
l	**3**	**3**	**1**	**1**	2	0	0	0	1	1
e	3	3	**2**	1	**3**	0	0	1	0	1
d	**2**	2	1	1	3	0	1	0	0	1
d	2	2	1	1	3	0	1	0	0	1
j	**1**	2	**3**	1	**1**	0	0	1	1	1
a	1	**1**	**1**	1	1	1	0	0	1	1
i	1	**3**	**2**	1	1	1	0	0	0	1
h	**4**	**1**	2	**2**	**2**	0	1	0	1	0
h	4	1	2	2	2	0	1	0	1	0
k	4	**2**	2	2	2	0	0	0	0	1
f	4	2	2	2	**1**	0	1	0	1	1
b	**1**	2	2	2	**2**	1	1	0	0	0
c	1	2	**3**	2	2	1	0	1	1	0
l	**3**	**3**	**1**	**1**	2	0	0	0	1	1
g	3	3	**3**	1	2	0	1	1	0	1

注:加黑表示在该处出现了关键件变化。

表 4.10 中,关键件切换为 36 次。物料消耗平顺化指标见表 4.11 所示。

表 4.11　解的物料消耗平顺化指标

平均	0.1	0.2	0.05	0.05	0.05	0.05	0	0.15	0.05	0.15	0.1	0.05
g	0.05	0.1	0.05	0.1	0.05	0.05	0.15	0.15	0.05	0.05	0.1	0.1
l	0	0	0	0	0	0	1	0	0	0	0	0
h	0	0	0	0	0	0	1	0	0	0	0	0
k	0	0	0	0	0	0	0.667	0.333	0	0	0	0
b	0	0	0	0	0	0	0.5	0.25	0	0	0.25	0
f	0	0.2	0	0	0	0	0.4	0.2	0	0	0.2	0
i	0	0.167	0	0	0	0	0.333	0.167	0	0	0.167	0.167
j	0	0.143	0	0	0.143	0	0.286	0.143	0	0	0.143	0.143
d	0	0.125	0	0.125	0.125	0	0.25	0.125	0	0	0.125	0.125
d	0	0.111	0	0.222	0.111	0	0.222	0.111	0	0	0.111	0.111
e	0	0.1	0	0.2	0.1	0	0.2	0	0	0.1	0.1	0.1
g	0.091	0.091	0	0.182	0.091	0	0.182	0.091	0	0.091	0.091	0.091
a	0.083	0.083	0.167	0.083	0	0	0.167	0.083	0.083	0.083	0.083	0.083
c	0.077	0.077	0	0.154	0.077	0	0.154	0.154	0.077	0.077	0.077	0.077
b	0.071	0.071	0	0.143	0.071	0	0.143	0.214	0.071	0.071	0.071	0.071
k	0.067	0.067	0	0.133	0.067	0	0.133	0.2	0.067	0.067	0.133	0.067
h	0.062	0.062	0	0.125	0.062	0.062	0.125	0.188	0.062	0.062	0.125	0.062
h	0.059	0.118	0	0.118	0.059	0.059	0.118	0.176	0.059	0.059	0.118	0.059
g	0.056	0.111	0.056	0.111	0.056	0.056	0.111	0.167	0.056	0.056	0.111	0.056
l	0.053	0.105	0.053	0.105	0.053	0.053	0.105	0.158	0.053	0.053	0.105	0.105

　　计算结果表明,尽管所设计的多目标优化模型比较简单,但仍能够较好的反映生产实际情况。优化结果中 3 个单独的目标都得到了不同程度的改善,尤其是在考虑了产品相似度的情况下,计算结果仍能使关键的生产负荷平衡指标达到最优,从而使因生产超负荷而导致的停线事故减少到最低程度。

　　以上例子的规模不大,本节的算法在 CPU 为 PⅣ 2.4GHz、内存为 768MB 的台式计算机的 Windows XP 平台上运行时间不超过 1s。可见该算法足以满足较小规模应用的需要。针对大规模问题,如一个批次产量在 500 件以上、关键件配置在 20 项、可选配置在 10 项以上的情况,则需要采用以下方式对问题进行简化。

　　(1)分治策略:将总批次根据产品类型,均匀分成较小的批次进行计算。例如,如果总批量为 500 件,可将产品按照总的分布比例平均分配到 5 个 100 件的子批次中,然后对 100 件的问题进行计算,得到结果后再进行合并。

（2）模式策略：首先通过对日常生产中出现的产品序列进行分析，找出常见的产品比例；然后在离线状态对大规模问题进行大量计算，并通过对计算结果的分析，发现其中较优（出现概率较大）的模式串；最后在实际生产中尽量采用这些模式的组合进行排序。

上述策略有待进一步研究。无论采用哪种策略，都可以在简化后使用前面给出的算法进行计算。

4.3.6　采用不同目标的对比分析

为了进一步说明该模型与现有模型的差别，分别以生产负荷平衡和物料消耗平准化为目标进行了计算。为方便比较，仍采用与 4.3.5 节相同的数据样本，计算方式是分别计算 50 次，取其中的最优值。

以生产负荷平衡为目标得到的生产序列为 fghgkckbibedldgljahh，以物料消耗平准化为目标得到的生产序列为 hglbkdefihgcjadlkbhg，解码后的生产序列如表4.12 所示。

表 4.12　采用生产负荷平衡目标(左)和采用物料消耗平准化目标(右)的优化结果

产品	K[1]	K[2]	K[3]	K[4]	K[5]	产品	K[1]	K[2]	K[3]	K[4]	K[5]
f	4	2	2	2	**1**	h	4	**1**	2	2	2
g	**3**	3	**3**	**1**	**2**	g	**3**	**3**	**3**	**1**	2
h	**4**	**1**	**2**	2	2	l	3	3	**1**	1	2
g	**3**	**3**	**3**	**1**	2	b	**1**	**2**	2	**2**	2
k	**4**	**2**	2	**2**	2	k	**4**	2	2	2	2
c	**1**	2	**3**	2	2	d	**2**	2	**1**	**1**	**3**
k	**4**	2	2	2	2	e	**3**	**3**	**2**	1	3
b	**1**	2	2	**2**	2	f	**4**	**2**	2	**2**	**1**
i	1	**3**	2	**1**	**1**	i	**1**	**3**	2	**1**	1
b	1	**2**	2	**2**	2	h	**4**	**1**	2	**2**	**2**
e	**3**	**3**	2	1	**3**	g	**3**	**3**	**3**	**1**	2
d	**2**	**2**	**1**	1	3	c	**1**	**2**	3	**2**	2
l	**3**	**3**	**1**	1	**2**	j	1	**2**	3	**1**	**1**
d	2	**2**	**1**	1	**3**	a	1	**1**	**1**	1	1
g	**3**	**3**	**3**	1	**2**	d	**2**	**2**	1	1	**3**
l	3	**3**	**1**	1	2	l	**3**	**3**	1	1	**2**
j	**1**	**2**	**3**	1	**1**	k	**4**	**2**	**2**	**2**	2
a	1	**1**	**1**	1	1	b	**1**	2	2	**2**	2
h	**4**	1	**2**	2	**2**	h	**4**	**1**	2	2	2
h	4	1	2	2	2	g	**3**	**3**	**3**	**1**	2

注：加黑表示在该处出现了关键件变化。

　　上述解中,以生产负荷平衡为目标得到的目标值为 39,关键件品种切换次数为 56 次。以物料消耗平准化为目标得到的目标值同样也是 39,关键件品种切换次数同样也是 56 次。很明显,这个结果与采取本节设计的产品相似度优化模型所得到的最好解(关键件品种切换次数 19)相差甚远,其原因在于现有的两个目标在优化过程中并没有考虑关键件品种切换的因素。

　　然而,另一方面,以产品相似度为目标所得到的生产序列可能导致 38 次停线,比以另外两个目标计算得到的最好解(16 次停线)增加了一倍多。这也说明本节所设计的产品相似度优化模型存在其自身的缺陷,即没有考虑选装件的装配时间,因此无法针对选装件的装配频率进行优化。

　　通常多目标优化中各单独目标之间都会存在冲突甚至完全背离的约束。本节考虑的生产负荷平衡、产品相似度及物料平准化目标之间也存在这方面的问题。为了探究它们之间的关系,以下采用更大规模的问题求解表 4.13 中所列的四类问题。

表 4.13　四类问题的权重值

编　号	w_c	w_p	w_l	描　述
问题一	1	0	0	单独考虑生产负荷平衡目标
问题二	0	1	0	单独考虑产品相似度目标
问题三	0	0	1	单独考虑物料平准化目标
问题四	10	3	2	加权考虑以上 3 个目标

　　为保证计算结果的可对比性,采用同一组数据:关键件配置表如表 4.8 所示,各选装项的选装频率如表 4.9 所示,主生产计划如表 4.14 所示。

表 4.14　主生产计划

产品品种	a	b	c	d	e	f	g	h	i	j	k	l
生产数量	8	7	2	9	3	8	7	2	5	6	5	8

　　采用 Java 编制程序,为减少随机误差,取初始种群数量 $|P| = 400$,运行 800 代终止。交叉算子采用双点交叉,交叉概率 $P_c = 0.8$,变异概率 $P_m = 0.03$。对每一类问题计算 50 次,得到的最优结果参见表 4.15 所示。

表 4.15　四类问题的对比结果

编　号	f_c	停线	f_p	切换	f'_l
问题一	**342**	**8**	132	213	−592.571
问题二	251	99	**297**	**48**	−1165.43
问题三	314	36	110	235	**−222.8**
问题四	**342**	**8**	200	145	−588.457

　　注:加黑表示该值为 4 个运算结果中的最优值。

　　四类问题的解的分布参见图 4.4 所示。通过对计算结果进行分析,可以得到以下结论。

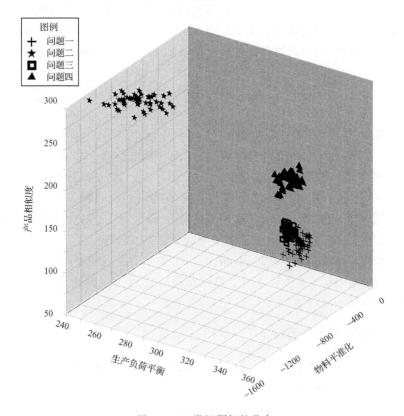

图 4.4　四类问题解的分布

　　(1) 从图 4.4 可以看出,问题一和问题三的优化结果有部分重叠,由此可知,生产负荷平衡化和物料消耗平准化的优化方向基本一致。这说明两个问题的目标有一定的潜在相似性,也就是说,对其中一个目标进行优化,一般也会使得另一个目标有所改善。不过从表 4.15 的数据来看,两者还是有一定差异的,主要原因是生产负荷平衡化关注的是选装件,而物料消耗平准化关注的是每种产品都有的关键件。

　　(2) 同样,从图 4.4 可以看出问题二与其他两个问题具有截然不同的目标,也就是说,单独对问题二进行优化不可能使得另外两个目标逼近最优,反之亦然。另外,计算结果也说明问题二与其他两个问题的优化目标有一定的互补性。

　　(3) 从表 4.15 的结果可见,以生产负荷平衡化(问题一)和物料消耗平准化(问题三)为目标的排序结果较好地保持了生产的均衡性,而在生产效率方面相对于基于产品相似度(问题二)的优化有着较大差距,而仅基于产品相似度进行优化虽然减少了装配中的准备时间,但可能导致停线次数大大增加。因此,单独采用三种目标中的任何一种均无法对生产均衡性和生产效率两者同时进行优化。而采用组合的多目标优化模型,既满足了保持均衡的要求(停线次数保持最低值),也提高了生产效率(产品品种切换次数降低了30％以上)。由此看出,将产品相似度目标与另外两个目标相结合,其模型往往更能反映实际生产的需求。

4.4　面向多级装配车间的关联计划排序问题

执行层的生产计划可分为两个层次:单一车间生产计划和多车间生产计划。单一车间生产计划是各车间制订的用于指导本车间实际生产的详细计划,对应于"企业-分厂-车间"模型中的车间层。多车间生产计划则是一种整体生产计划,它考虑了一个装配分厂下属的多个车间之间的关联优化目标,对应于"企业-分厂-车间"模型中的分厂层。有了这两层生产计划,整个分厂的生产网络就能够成为一个动态性能良好的生产系统。在多车间生产的情形下,前后序车间就构成了一个涵盖多个车间的关联生产过程,相应的,生产计划人员需要面对涉及多个车间的关联计划排序问题。4.3节介绍了单一车间的计划排序问题,本节主要介绍多车间的关联计划排序问题。

4.4.1　多车间关联生产的特点

对于多车间关联计划排序问题,目前采用的方式通常有两种。

(1)多个关联车间采用同一个生产序列进行生产,或者后序车间需要在维持前序车间部分序列的前提下进行生产。

(2)通过在车间之间增加排序手段,使得关联生产中各车间可以分别制订生产计划。

一般情况下,混流装配过程中不同车间往往有各自不同的优化目标,因此需要根据不同制造过程的特点对生产序列进行调整。然而,在有些情况下(如生产过程之间只允许较小的停顿,或者重新调整顺序成本较高),多个生产过程只能采用同一个生产序列,也就是说,第一个车间的投产顺序和最后一个车间的产出顺序一致。

如果两个车间采用的生产序列完全一致,也就是所说的基于全属性序列的多车间关联生产。在这种情况下,若将各车间的优化目标都同时考虑进来,则多车间关联计划排序问题就转化一个多目标排序问题。如果车间之间设有支持排序功能的缓冲区,则关联计划问题又变成了基于缓冲区的排序问题。

另一方面,不同生产过程之间由于生产能力、作业时间等方面的差异,必然会导致投入和产出速度不一致的问题。目前解决生产速度不同问题的常用方法是在车间与车间之间设立缓冲区,通过缓冲区的临时库存来缓解生产速度不一致对上下游生产所带来的冲击。

在现代制造企业中所用到的缓冲区种类不下十种,但无论是哪一种缓冲区,都具有一个基本属性,即其缓冲容量。容量合适的缓冲区是保证多车间关联生产平顺性的关键所在。下面首先简单介绍一种采用线性规划方法来确定缓冲区容量的方法。

4.4.2　基于部分属性序列的多车间计划排序

如前所述,在生产过程之间的中转时间不足以重新调整顺序,或者重新调整顺序成本较高等情况下,多个生产过程往往只能采用同一个生产序列。这时,解决问题的流程中可分两个步骤完成,分别对应于以下问题:

(1) 上游车间的计划排序问题。

(2) 保持上游车间产出序列不变情况下的下游车间计划排序问题。

本节在考虑上述问题时,采用两层优化的办法,首先对上游车间的生产序列进行排序,然后保持上游车间产出顺序不变,优化下游车间的计划排序。

显而易见,第一步中的问题属于单一车间计划排序问题,在此不再考虑。本节主要考虑第二步,假设第一步已经完成,即上游车间生产序列已给定,在维持该序列不变的情况下考虑下游车间的排序问题。

为解决第二步中的问题,目前的办法一般是通过人工凭借工作经验进行排序,由于问题较为复杂,基本上很难得到最好的解。

本节采取的策略是将产品的部分属性与产品本身之间的关联暂时分离,等到下游车间生产计划排定后再进行关联。该方法的基本思路来自于软件开发中的延迟绑定策略。在软件开发领域,通常编译器是在编译时便绑定了方法和方法调用,因此系统灵活性非常有限。实现延迟绑定策略后,编译器直到运行时才检查类、域、方法的类型,这样的松耦合机制使得类的重载和基于组件的开发成为可能,它也是某些系统兼容性得以提高的关键。

延迟绑定策略基于这样一个事实:在制品转变为产品的过程就是通过各种不同的工序不断为它添加新的属性的过程。以某种产品的混流生产为例,该生产包括两个不同的工艺过程:成型和雕刻,如图 4.5 所示。

成型工序为在制品添加了形状属性,而雕刻工序为在制品添加了花纹属性。在如图 4.5 所示的计划排序中,更换工具的次数是 11 次。考虑到雕刻不同的花样需要更换工具,因此一般在雕刻工艺会对本车间的生产序列作进一步排序。如果按照一般的排序问题,那么刻花车间最优的生产序列应该是如图 4.6 所示的序列。其更换工具的次数仅为 2 次,显然比图 4.5 中的计划排序有更大的优越性。

(a) 成型

(b) 雕刻

图 4.5 某种零件的混流生产过程

图 4.6 一般排序优化对图 4.5 所示问题的最优解

然而,假设成型工序的产出顺序不可更改,那么图 4.6 所示的生产序列显然是不符合要求的。这时,采用图 4.7 的序列就既满足了本节一开始所述的约束,又将更换工具的次数减少到了 8 次。

图 4.7 基于部分属性序列的排序

可以看出,图 4.5 中成型车间的生产完成时,生产序列中所有产品的特性并没有完全确定下来,这就使得刻花车间的计划排序拥有了一定的灵活性,这一点与一般的多目标排序问题不同。由于这种问题需要维持生产序列的部分属性不变,因此称这类排序问题为基于部分属性序列的多车间关联计划排序问题。显然,基于部分属性序列的多车间计划排序问题与一般排序问题的区别是,在保持来自前一个车间的生产序列不变的前提下,优化本车间的生产序列。寻找类似图 4.7 所示优化解的过程就是求解基于部分属性序列的多车间计划排序问题的过程。

基于这种策略,本节在考虑下游车间的计划排序问题时,假定上游车间产出产品(半成品)的顺序是不可改变的,将这个半成品顺序作为下游车间生产的一个固定的外部变量,然后对下游车间需要为产品添加的属性进行排序。这样的办法实现了多个车间产品属性的暂时分离,该策略适应了目前增加制造柔性的趋势。

基于部分属性序列的多车间计划排序问题较少被研究者关注。最为接近的是,Epping 等[38] 根据汽车行业焊装与涂装车间的生产过程,于 2000 年提出了

"paint shop problem for words"问题;随后,Epping[30] 又给出了 FIFO 缓冲区的涂装与总装关联计划排序问题的一种数学模型,并给出了相应的动态规划算法。由于该问题的组合爆炸特性,精确算法的运行时间取决于颜色重现的频率、颜色在队列、白车身序列中的分布、白车身序列的大小、所有颜色的种类数量,因此 Epping 等提出的数学规划算法尚不能直接应用于实际生产。这里考虑了该数学模型,并将该模型泛化,称做基于部分属性序列的多车间计划排序问题。目前为止,尚未见有采用智能算法解决本书所述问题的相关文献介绍。

为了准确描述所讨论的问题,下面需要引入一些术语和符号。

在多车间的关联装配生产中,以 w、p 分别表示产品在上游和下游车间生产完成后形成的形态,以 c 代表在下游车间为 w 添加的属性。显然,可以将下游车间的生产过程描述为 $p = w \times c$。在下游车间的生产过程中,常常需要按照属性 c 的值进行分类排序,以使得品种切换(changeover)成本最小。

基于部分属性序列的多车间计划排序问题可以描述为一个五元组 $X1 = (W, P, C, \boldsymbol{\omega}, \psi)$。其中

(1) W:上游车间产出半成品品种的集合。

(2) P:下游车间产出半成品(或成品)品种的集合。

(3) C:P 相对于 W 新增属性的取值集合。

(4) $\boldsymbol{\omega}$:上游车间产出的半成品序列。$\boldsymbol{\omega}$ 为 n 维矢量,$\boldsymbol{\omega} = \langle w_1, \cdots, w_n \rangle \to W$。显然可能有 $w_i = w_j (i \neq j)$,即 w_i 与 w_j 为相同品种的半成品。

(5) ψ:下游车间生产计划中的半成品(或成品)集合。$\psi = \{p_1, \cdots, p_n\} \to P$,集合的元素是可重复的,即可能存在 $p_i = p_j (i \neq j)$。以上,$i, j = 1, 2, \cdots, n$。

为了指导生产,车间计划员需要确定集合 ψ 中所有元素的顺序。确定顺序后形成的生产序列是一个 $|\psi|$ 维矢量,记为 $\boldsymbol{\psi}$,代表下游车间的作业计划。该序列中的信息可以分解为投放的半成品序列信息和下游车间为该序列添加的新增属性序列信息。既然制订生产计划时不能改变上游车间产出的半成品序列的顺序,那么其中投放的半成品序列就是上游车间产出的半成品序列 $\boldsymbol{\omega}$。下游车间为产品新增的属性序列用向量 $\boldsymbol{\zeta}$ 表示。其中,$\boldsymbol{\omega}$ 和 $\boldsymbol{\zeta}$ 都是 $|\psi|$ 维矢量。记 $\boldsymbol{\zeta} = \langle c_1, \cdots, c_n \rangle$,$c_i \in C$。如果记 $p_i = w_i \times c_i$,则有 $\boldsymbol{\psi} = \boldsymbol{\omega} \times \boldsymbol{\zeta}^{\mathrm{T}}$。上述表达式中 n 为问题中所考虑的产品产量,显然这有 $n = |\psi|$。

实际的生产过程中,如果下游车间生产序列中两个相邻产品 p_i 和 p_{i+1} 的新增属性不同,即 $c_i \neq c_{i+1}$,则称在这两个相邻产品之间发生了属性切换。本节用 $\delta(p_i, p_{i+1})$ 表示在结果序列中相邻产品 p_i 与 p_{i+1} 的属性切换标志,并规定如果发生属性切换(即 $c_i \neq c_{i+1}$)时,记 $\delta(p_i, p_{i+1}) = 1$,其中 p_i、$p_{i+1} \in P$,反之记 $\delta(p_i, p_{i+1}) = 0$。

即

$$\delta(p_i, p_{i+1}) = \begin{cases} 1, & c_i \neq c_{i+1} \\ 0, & c_i = c_{i+1} \end{cases} \tag{4-12}$$

本问题的目标在于求得一个下游车间的生产序列 ψ，使得在保持进入该车间的半成品品种序列 ω 不变的情况下，与之相应的 ζ 中颜色的变化次数之和最小。该模型的形式化表示如下。

给定一个五元组 $X = (W, P, C, \omega, \psi)$，找到一个序列 $\psi = \langle p_1, \cdots, p_n \rangle = \langle w_1, \cdots, w_n \rangle \langle c_1, \cdots, c_n \rangle^{\mathrm{T}}$，在满足 W 顺序不变的前提下，使得下游车间的生产序列 ψ 中属性切换的次数最小，即 $\sum_{i=1}^{n-1} \delta(p_i, p_{i+1})$ 最小。令

$$f_1. = \sum_{i=1}^{n-1} \delta(p_i, p_{i+1}) \tag{4-13}$$

总结起来，基于部分属性序列的多车间计划排序问题的优化目标为

$$\min \quad f_1. = \sum_{i=1}^{n-1} \delta(p_i, p_{i+1}) \tag{4-14}$$

$$\text{s. t.} \quad p_i \in S_0(i)$$

其中，$S_0(i)$ 为在下游车间的生产序列 ψ 中与 p_i 所采用的半成品 w 品种相同（无论新增属性是否相同）的所有产品集合，简称 p_i 的同质产品集合。即

$$S_0(i) = \{p_j \mid w_j = w_i, j = 1, 2, \cdots, n\} \tag{4-15}$$

如果记排序变换后的下游车间生产序列为 ψ'，对应在位置 i 上的下游车间产品元素变为 p_i'，那么为了使得 w_i 在变换前后保持不变，必有 $p_i' \in S_0(i)$。

图 4.8 给出了一个 $|W| = 5$、$|C| = 2$ 的实例。其中，$W = \{A, B, C, D, E\}$，$P = \{\boxed{A}, A, \boxed{B}, B, \boxed{C}, C, D, E, E\}$。为方便图形描述，假设下游车间新增属性为颜色，取 $C = \{$灰，白$\}$，主生产计划为：$\psi = \{\boxed{A}, A, A, \boxed{B}, B, \boxed{C}, C, C, D, D, E, E\}$。进入下游车间的半成品顺序为 $\omega = \langle A, C, D, A, B, C, C, E, D, B, A, E \rangle$。优化前后的产品序列如图 4.8 所示。优化之前的颜色序列为：$\zeta = \langle$灰，白，灰，白，白，灰，灰，灰，灰，灰，白，白$\rangle$，属性切换共 7 次。在上游车间产出序列 ω 不变的情况下，通过排序优化得到 $\zeta' = \langle$白，白，灰，灰，灰，灰，灰，灰，灰，白，白，白$\rangle$，属性切换次数减少为 2 次。

下游车间产出的半成品（或成品）品种集合 P 中有 9 个元素，为描述方便，本节分别用数字 1 到 9 来表示图 4.9 中这 9 种不同类型的产品：

那么，图 4.8 中的初始生产序列 ψ 可以表示为 $\langle 2, 5, 7, 1, 3, 6, 6, 9, 7, 4, 1, 8 \rangle$，经过优化后的序列 ψ' 为 $\langle 1, 5, 7, 2, 4, 6, 6, 9, 7, 3, 1, 8 \rangle$。在图 4.8 所示的问题中，根据式(4-15)有，$S_0(1) = \{1, 1, 2\}$，$S_0(2) = \{5, 6, 6\}$……

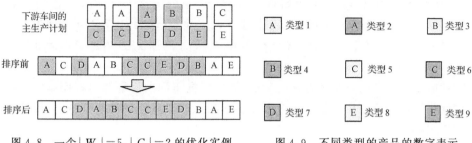

图 4.8　一个 $|W|=5$、$|C|=2$ 的优化实例　　　图 4.9　不同类型的产品的数字表示

根据式(4-12)可以得到一个属性切换矩阵,如式(4-16)所示。该矩阵描述了在产品序列 ψ 中各元素之间的属性变化关系。

$$
\begin{pmatrix}
\delta(1,1) & \delta(1,2) & \cdots & \delta(1,|\boldsymbol{\omega}|) \\
\delta(2,1) & \delta(2,2) & \cdots & \delta(2,|\boldsymbol{\omega}|) \\
\vdots & \vdots & & \vdots \\
\delta(|\boldsymbol{\omega}|,1) & \delta(|\boldsymbol{\omega}|,2) & \cdots & \delta(|\boldsymbol{\omega}|,|\boldsymbol{\omega}|)
\end{pmatrix}
\tag{4-16}
$$

上述颜色变化矩阵是一个具有 n 个顶点的无向无权图。图中每个顶点代表装配序列中的一个产品,如果相邻两个产品 p_i 和 p_{i+1} 之间有弧相连,则表示 p_i 与 p_{i+1} 的颜色不同,记做 $\delta(p_i,p_{i+1})=1$。

很明显,基于部分属性序列的多车间计划排序问题是一类带有准备时间的混流装配计划排序问题,因为要求按某种固定的排列顺序进行加工,所以该问题与一般生产线计划排序问题又有不同。其问题的规模可由下式表示:

$$
\frac{\prod\limits_{k=1}^{|W|}|\psi_k|!}{\prod\limits_{k=1}^{|W|}\prod\limits_{m=1}^{|C|}|\psi_{k,m}|!}
\tag{4-17}
$$

其中,$|W|$ 为 ψ 中所包含的 w 的品种数量;$|C|$ 为 ψ 中新增属性的种类数量,ψ_k 表示 ψ 中第 k 类 w 品种的集合;$\psi_{k,m}$ 表示 ψ_k 中被添加了第 m 种新增属性的 w 品种的集合。还容易看出,有 $\psi=\bigcup\limits_{k=1}^{|W|}\psi_k=\bigcup\limits_{k=1}^{|W|}\bigcup\limits_{m=1}^{|C|}\psi_{k,m}$,且 $\psi_{k,m}\bigcap\psi_{r,s}=\varnothing$,其中 $k\neq r$、$m\neq s$。

遗传算法是基于码串来工作的,编码的目的就在于将解空间用码串来表达,然后通过复制、交叉、变异等遗传算子来搜索出优化解。

参考 TSP 的旅行路径编码方式,本节基于部分属性序列的多车间计划排序问题也采用对品种序列进行排列组合的方法,即一个染色体就对应一个产品品种的加工排列。到目前为止,与 TSP 相关的编码方式有三种:邻接表达(adjacency)、普通表达(ordinal)、路径表达(path)。为便于理解和操作,本节采用路径表达法。例如,设有 8 个品种的多车间计划排序问题,其中的某个编码串(染色体)为:12345678,该编码串表示一个加工路径,其中每一个值(基因)代表下游车间生产序列中的一个产品品种,因此,这个编码串表示品种加工的顺序就是品种1→品种 2→…→品种 8。

适应度函数是衡量个体好坏的标准,需要根据不同的问题和目标而制定。本节要优化的目标是使由产品品种变更而引起的总新增属性切换次数最小,故选取适应度函数为

$$F(X) = 1/f_1. \tag{4-18}$$

遗传算法选择适应性强的个体进行复制,并替代适应性弱的个体。适应性是用适应度值来表征的,通过适应度函数计算得到。本节采用最优保存方式作为选择策略。

最优保存策略的具体操作过程如下:

(1) 找出当前群体中适应度最高的个体和适应度最低的个体。

(2) 若当前群体中最佳个体的适应度比总的迄今为止最好的个体的适应度还高,则将当前群体中最佳个体作为迄今为止的最佳个体。

(3) 用迄今为止的最佳个体替换当前群体的最差个体。

本节采用子串交换杂交(substring exchange crossover)。子串交换杂交是Cheng 等[2]提出的一类部分调度交换交叉方法,该方法可以看做是两点杂交对于一般字母串编码的适应性改进。其具体操作过程如下:

(1) 随机在串中选择两个交叉点。交换两个父代由两个交叉点确定的子串,从而产生两个原型子代。

(2) 通过比较两个子串来确定每个原型子代中缺乏的和多余的基因。

(3) 通过随机将多余的基因替换为缺乏的基因来使原型子代合法化。

下面以如图 4.10 所示的算例为例进行说明。

(1) 子串交换杂交,如图 4.11 所示。

(2) 确定多余和缺乏的基因,基本算法如下:

$S_0^*(i) = S_0(i)$

//初始化 $S_0^*(i)$ 以获取可选基因集合

if　$x_i \in S_0^*(i)$

//如果基因 x_i 在可选基因集合中

　　$S_0^*(i) = S_0^*(i) - x_i$

　　//相应的可选基因集合中要除去 x_i

else

//如果基因 x_i 不在可选基因集合中

set x_i = null

//将基因 x_i 置为空

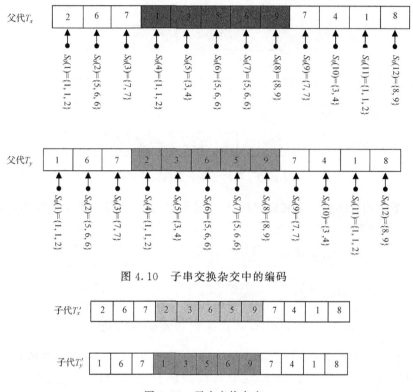

图 4.10　子串交换杂交中的编码

图 4.11　子串交换杂交

具体过程为:遍历子代 T'_x。交叉后 $x_1 = 2$, $x_1 \in S_0^*(1)$,那么在位置 1、4、11 剩余的可选基因是 $S_0^*(1) = S_0^*(4) = S_0^*(11) = \{1, 1\}$。同理,$x_2 = 6$,那么在位置 2、6、7 剩余的可选基因为 $S_0^*(2) = S_0^*(6) = S_0^*(7) = \{5, 6\}$。$x_3 = 7$,则 $S_0^*(3) = S_0^*(9) = \{7\}$。因为交叉后的 $x_4 \notin S_0^*(4)$,所以置 x_4 为空,即 $x_4 =$ null。依此类推,在遍历所有位置后得到 $x_1 = 2$, $S_0^*(1) = \{1\}$, $x_2 = 6$, $S_0^*(2) = \{\}$, $x_3 = 7$, $S_0^*(3) = \{\}$, $x_4 = 0$, $S_0^*(4) = \{1\}$, $x_5 = 3$, $S_0^*(5) = \{\}$, $x_6 = 6$, $S_0^*(6) = \{\}$, $x_7 = 5$, $S_0^*(7) = \{\}$, $x_8 = 9$, $S_0^*(8) = \{\}$, $x_9 = 7$, $S_0^*(9) = \{\}$, $x_{10} = 4$, $S_0^*(10) = \{\}$, $x_{11} = 1$, $S_0^*(11) = \{1\}$, $x_{12} = 8$, $S_0^*(12) = \{\}$。最终只有 $x_4 =$ null,表示仅有 x_4 需要修补。

（3）修补空位。

最后只有 $x_4 = 0$, $S_0^*(4) = \{1\}$,因此必有 $x_4 = 1$,修补后 $S_0^*(1) = \{\}$, $S_0^*(4) = \{\}$, $S_0^*(11) = \{\}$。采用同样的方法修补另一个子代染色体。经过修补后

得到的两条子代染色体如图 4.12 所示。

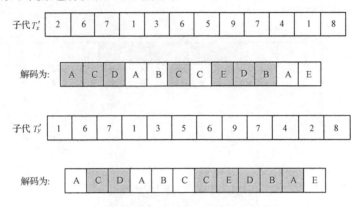

图 4.12　子串交换杂交得到的子代

本节采用互换算子来实现变异,具体过程是,在染色体中某个位置的基因 i 的 $S_0(i)$ 中随机选择两个不同的基因 i 和 j,将 i 和 j 互换,如图 4.13 所示。

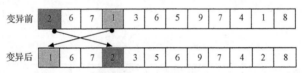

图 4.13　图为 $S_0(4) = \{1,1,2\}$ 互换变异算子的实现过程

为验证上述算法的有效性,举例如下:针对某小型企业的一条混流装配线,在一个时间窗内生产 $|W| = 5$、$|C| = 5$ 总共 17 种 20 件不同类型的产品,如图 4.14 所示。

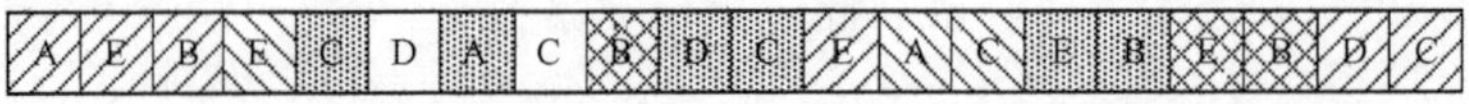

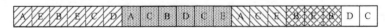

图 4.14　一个 $|W| = 5$、$C = 5$ 的实例

在初始状态下,属性切换次数为 12 次。遗传算法选择循环 100 次,终止条件为遗传 200 代终止,交叉概率 $P_c = 0.80$,变异概率 $P_m = 0.08$。得到的最好生产顺序如图 4.15所示。

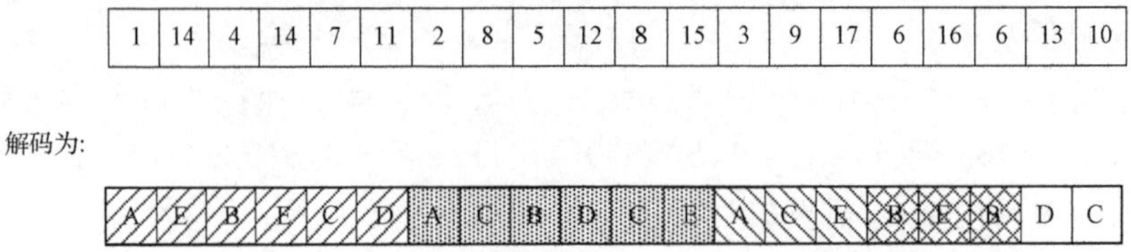

| 1 | 14 | 4 | 14 | 7 | 11 | 2 | 8 | 5 | 12 | 8 | 15 | 3 | 9 | 17 | 6 | 16 | 6 | 13 | 10 |

解码为:

图 4.15　优化后的生产序列

优化后,对应的总颜色改变的次数减少为 4 次。

上述算法在 CPU 为 PⅣ2.4GHz、内存为 768MB 的台式计算机的 Windows XP 平台上采用 Java 编程实现,平均运行时间不超过 1s。

Epping 针对本问题给出了一种动态规划算法,不过由于问题的组合爆炸特性[39],精确算法的运行时间取决于颜色重现的频率,颜色在队列、前排序列中的分布,前排序列的大小,所有颜色的种类大小。目前为止,尚未见有采用智能算法解决本节所述问题的相关文献介绍。

4.4.3　装配车间之间常用缓冲区的功能和结构

缓冲区在信息技术、生产管理等方面有着大量应用。在信息技术方面,缓冲区被用来保存一些暂时不用的信息以及平衡多线程之间的资源利用冲突,这一方面提高了软硬件的运行效率,另一方面降低了作业等待时间。在生产管理方面,尤其在 JIT 生产制造系统中,瓶颈点是影响整个流程效率的关键。缓冲区的主要作用是保证生产平顺性,即通过预先安排好一部分制造资源,来缓解生产过程中不同环节之间生产节拍不一致带来的瓶颈问题。因此,在离散制造企业常常在车间之间设置一定容量的缓冲区。以汽车装配为例,焊装与涂装车间之间设立的缓冲区称做 WBS(welded body storage),而涂装车间与总装配车间之间设立的缓冲区一般被称做 PBS(painted body storage)。

根据功能和结构,缓冲区的类型可分为以下几类:

(1)堆栈式缓冲区,主要特征是先进后出。

(2)链表式缓冲区,主要特征是先进先出,常称做 FIFO 型缓冲区。

(3)环形缓冲区,主要用于对容量要求不高情况下的缓冲。

(4)通道选择缓冲区。

(5)后移缓冲区。

(6)自由存取缓冲区。

处于使用便利及运作和投资成本方面的考虑,在机械制造行业使用较多的是五类缓冲区:FIFO 型缓冲区、通道选择缓冲区、后移缓冲区、环形缓冲区及自由存取缓冲区。下面对这几种缓冲区作简单介绍。

FIFO 缓冲区是一种先进先出单链结构,不具备排序功能。在流水生产线上经常可以看到这类缓冲区。在两个车间之间布置这种类型缓冲区的主要目的是使得生产节拍不同步或作息时间不一致的上下游车间的生产达到平衡。在极限情况下,两个车间之间直接连接而未设缓冲的情况可以考虑成这两车间之间设有一个容量为 0 的 FIFO 型缓冲区。

通道选择缓冲区[29]由多条并列的车道组成,每一个车道为一个 FIFO 类型的缓冲区。通道选择缓冲区利用车身在入站和出站时对车道的不同选择实现对车身队列排序的功能。通道选择缓冲区的基本结构如图 4.16 所示。

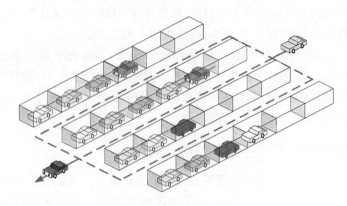

图 4.16　通道选择缓冲区

　　还有一些汽车装配企业(如福特汽车公司)采用了另一种如图 4.17 所示结构的缓冲区。它设置了一个侧移位,需要向后移动的车体可以先移出队列,等到合适的位置再插入。由于队列一直在前进,侧移出去的车体只能在其初始位置之后被插入,因此称这种缓冲结构为后移缓冲区。

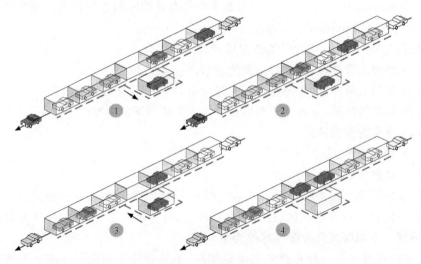

图 4.17　后移缓冲区

　　后移缓冲区排序能力较弱,但由于其结构简单、成本较低,在某些国家的制造业中使用较为普遍,目前国内外对基于这种类型缓冲区的计划排序也有较多研究。
　　自由存取缓冲区采用了类似于立体仓库的结构。自由存取缓冲区中设置了一个取车机构,通过这个机构可以在任何时间从缓冲区中取出任何需要的车身。因此,自由存取缓冲区是排序能力最强的一种缓冲区。其结构如图 4.18 所示。

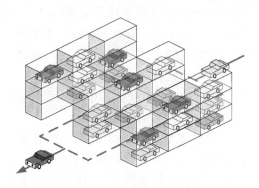

图 4.18　自由存取缓冲区

对于某些尚未在车间之间装配自动输送装置的汽车生产企业,这些企业主要通过人工方式将车身从上一道工序转移到下一道工序,同时进行排序。因此,这种方式在排序功能上也可视为是通过自由存取缓冲区存取。

环形缓冲区在某些行业(如家电、电子行业)装配线中较为常见。如果不考虑排序的成本,环形缓冲区也可以看做是一类自由存取缓冲区。

由于自由存取缓冲区设备投资巨大,控制机构和软件较为复杂,而且对管理工作的要求较高,因此仅有部分自动化程度较高的企业采用了这种类型的缓冲区。而目前大多数汽车企业在各装配车间之间采用的都是通道选择缓冲区。

其他类型缓冲区(如堆栈式缓冲区)在制造业中常用于返修产品的暂存。这些类别的缓冲区在其他制造装配线上使用较少,因此本节不作考虑。

4.4.4　基于多通道选择缓冲区的多车间计划排序问题

对产品切换进行排序的常见技术是在两个车间之间布置缓冲区。各车间可以通过缓冲区的排序功能来调整产品的顺序,使得上游车间的生产序列在进入本车间之前就得到优化,以保证与本车间生产计划所要求的序列基本吻合。

由于 FIFO 缓冲区不具备排序功能,对关联计划排序的辅助作用有限,因此在面对多车间混流装配排序问题时,国内外离散制造企业往往采用具有排序功能的缓冲区,比较典型的是如图 4.16 所示的通道选择缓冲区。本节着重探讨基于通道选择缓冲区的多车间计划排序问题。

通道选择缓冲区有两个基本属性:缓冲容量大小 V 和排序通道数 N。若以 L 表示通道的长度,则有 $V = L \times N$。基于通道选择缓冲区的排序问题可表示为一个六元组:$X = (W, P, C, \omega, \psi, \Xi)$,其中各符号的含义如下。

(1) W:上游车间产出半成品品种的集合。

(2) P:下游车间产出半成品(或成品)品种的集合。

(3) C:P 相对于 W 新增属性的种类集合。

（4）$\boldsymbol{\omega}$：由上游车间转入下游车间的半成品序列。$\boldsymbol{\omega}$ 为 n 维矢量，$\boldsymbol{\omega} = \langle w_1, \cdots,$ $w_n \rangle \to W$。显然可能有 $w_i = w_j (i \neq j)$，即 w_i 与 w_j 为相同品种的半成品。

（5）ψ：下游车间主生产计划中的半成品（或成品）集合。$\psi = \{p_1, \cdots, p_n\} \to$ P，集合的元素是可重复的，即可能存在 $p_i = p_j (i \neq j)$。

（6）Ξ：通道选择缓冲区。$\Xi = (V, N)$，其中 V 为缓冲容量大小，N 为 Ξ 中可参与排序的通道数。以上，$i, j = 1, 2, \cdots, n$。

在基于通道选择缓冲区的多车间计划排序中，车间计划员仍然需要确定集合 ψ 中所有元素的顺序 ψ。然而，与 4.4.2 节的基于部分属性序列的多车间计划排序问题不同的是，这里不需要保持 $\boldsymbol{\omega}$ 的序列不变，这就使得下游车间的生产计划可以不受 $\boldsymbol{\omega}$ 的限制因此生产计划的灵活性更强。这里记下游车间生产序列中的产品顺序为 $\boldsymbol{\omega}'$，故有 $\psi = \boldsymbol{\omega}' \times \boldsymbol{\zeta}^{\mathrm{T}}$。

本节的问题在于，通过一个通道选择缓冲区 $\Xi = (V, N)$ 排序，将上游车间产出的半成品序列 $\boldsymbol{\omega}$ 转化为一个能指导下游车间生产的产品序列 ψ，要求相应的 $\boldsymbol{\zeta}$ 中属性切换次数之和最小，即 $\sum\limits_{i=1}^{n-1} \delta(p_i, p_{i+1})$ 最小。因此，要确定 ψ，首先要确定 $\boldsymbol{\omega}'$ 和 $\boldsymbol{\zeta}$。令

$$f_{2 \cdot} = \sum_{i=1}^{n-1} \delta(p_i, p_{i+1}) \tag{4-19}$$

则基于通道选择缓冲区的多车间计划排序问题的优化目标为

$$\begin{aligned} &\min \quad f_{2 \cdot} \\ &\text{s. t.} \quad \boldsymbol{\omega}' = \mathbf{V}_\Xi(\boldsymbol{\omega}) \end{aligned} \tag{4-20}$$

式（4-20）表示 $\boldsymbol{\omega}'$ 需要由 $\boldsymbol{\omega}$ 通过通道选择缓冲区 Ξ 排序后得到。排序的方式如图 4.19 所示。

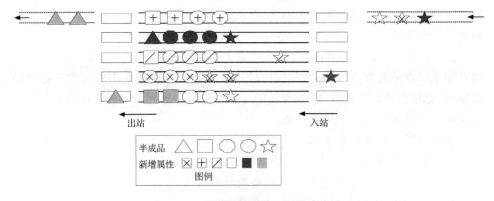

图 4.19　通道选择缓冲区的排序方式

为简化描述,下文将在制品进入缓冲区的操作称为入站,将从缓冲区移出在制品的操作称为出站,并将缓冲区的排序通道简称为通道。

考虑到不同车间的生产节拍不同,为了保证生产的连续性,一般生产实践中会维持缓冲区中不为空。在极限情况下,可以将这个生产过程看做是上游车间的生产全部完成后,所有半成品经过排序输出后,下游车间才进行生产。

很明显,对于待生产产品序列长度为 $|\omega|$、缓冲区通道数为 n 的通道选择缓冲区排序问题,其问题规模为 $(C_n^1)^{|\omega|} \times (C_n^1)^{|\omega|} = n^{2|\omega|}$。随着产品序列长度的增加,问题规模呈指数上升。显然这种问题是不可能通过解析方法求解的。在实际工作中一般采用基于经验的启发式方法,常见的入站启发式规则按照优先级由高到低的顺序包括:

(1) 如果入站的产品与某个通道中排在最后的产品新增属性一致,则选择进入这个通道。

(2) 如果找不到这样的通道,则选择一条目前空的通道。

(3) 如果仍找不到,则选择存储产品最少的通道。

常见的出站启发式规则按照优先级由高到低的顺序包括:

(1) 选择与前一个出站产品新增属性相同的产品。

(2) 如果找不到这样的产品,则选择从存储产品最多的通道取一件产品。

国内外对于通道选择缓冲区排序问题多采用仿真方法[40~42],而且通常基于一个假设[29,41]:在进入通道选择缓冲区之前,新增的属性已经与产品对应起来。而实际工作中如果采用延迟绑定策略,则在上游车间的生产过程中,并不知道下游车间将会为当前生产的产品添加何种新属性。换句话说,直到从缓冲区出站时,才确定将为产品添加的属性,而在此之前,产品与这些新增属性是没有关联的。这样做带来的好处显而易见:使得排序系统在出站选择产品时更为灵活,因此可以减少属性切换次数。

很多算法可以用于解决类似的问题,但考虑到遗传算法在排序问题中的优势,针对这个问题本节仍然采用遗传算法。

按照问题的特点,算法可分为两个部分:入站算法和出站算法。两者均可以采用启发式算法或者遗传算法,因此存在以下组合。

(1) 入站:启发式;出站:启发式。

(2) 入站:启发式;出站:遗传算法。

(3) 入站:遗传算法;出站:启发式。

(4) 入站:遗传算法;出站:遗传算法。

组合(1)其实就是目前实际操作中使用的算法。组合(4)实际上是一个两级遗传算法,由于多层遗传算法较为耗时,难以适应生产现场的要求。此外,组合(2)算法的主要约束在于主生产计划中对于产品与新增属性的匹配组合有限制,因此在出站时需要考虑产品与新增属性的匹配不能违背该约束。类似的问题在前面已经讨论过,本节不再考虑。本节着重探讨组合(3)的解决方式,即采用遗传算法控制入站,采用启发式算法选择出站的产品品种。总体的算法流程如图 4.20 所示。

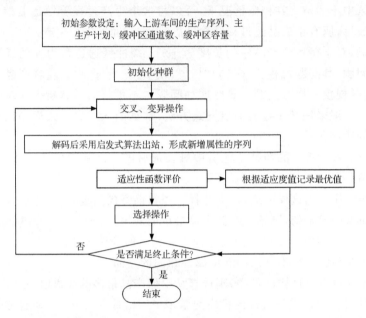

图 4.20　算法的基本流程

　　入站的遗传算法将在后面讨论,现在考虑产品出站时的启发式算法。产品出站时,调度者需要做两步操作:

　　(1) 选择合适的通道,从中取出该通道中排在最前面的产品。

　　(2) 根据主生产计划确定取出的产品的新增属性。

　　由于本节采取出站时动态绑定产品与新增属性的策略,因此上述两个工作是相互关联的。如果可以为当前取出的产品匹配与前一件产品相同的新增属性,则解决问题的顺序为(2)→(1)。而如果找不到合适的产品来匹配当前的新增属性,则要更换新增属性的值。此时就需要先取产品,再确定为该产品挑选新的新增属性,即解决问题的顺序变为(1)→(2)。

　　基于这种策略,选择出站产品的启发式算法流程如图 4.21 所示。

　　如果用小写字母表示上游车间生产的半成品品种,如"a"、"b"等,则上游车间产出的序列就构成了一个由小写字母组成的字符串。采用大写字母表示新增属性的种类,如"A"、"B"等,则下游车间生产的新增属性序列也是一个字符串。例如,上游车间生产出来的半成品序列可表示为字符串:

aaaaabbbbcccccccccccddddddddeeeeeeeeeeeeffffgggggggggg

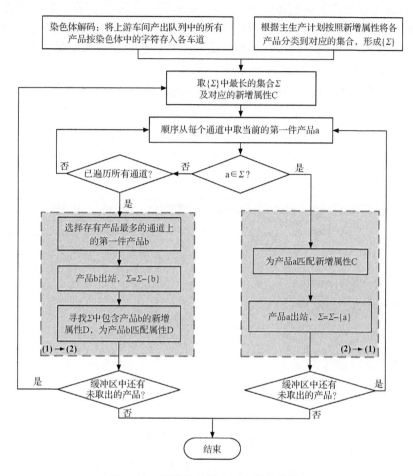

图 4.21 通道选择缓冲区出站流程图

而从缓冲区排序出来的半成品序列可能为

bcbecegdecccagaaddfgecdagdeeabefcddgefeagabecggefg

假设对应的新增属性序列为

AAAAAAAABBBBBBBBBBBBBFFFCCCDDDDDDDDAAEEEEEEFFFFFFFF

那么最终用于指导下游车间生产的就是上述的颜色序列。对于下游车间来说,可以不必考虑线上是何种类别的半成品,只需要按照序列中规定的新增属性进行匹配就能够保证完成生产计划。容易看出,上述新增属性序列中属性切换次数为7次。

基于上述讨论,遗传算法采用字符串型染色体编码方式。然而,需要指出的是,本节算法解决的是将上游车间生产的产品序列存入到合适的通道的问题,因此不能采用前面所述的半成品序列作为染色体进行运算。本节为此设计了一种表示方式:以通道编号作为染色体的基因,如 1 表示第一条通道,2 表示第二条通道,依此类推。解码时,将上游车间产出的半成品根据染色体中基因的编号存入相应的通道。例如,如果上游车间生产序列中第一件产品是 a,染色体中第一个基因为 2,则将产品 a 存入到第二条通道中。

以一个容量为 50 的 5 通道选择缓冲区为例,如果经过遗传计算得到的最终染色体序列为

124134253244552231232515314121234434455311253153 45

解码的过程如图 4.22 所示,为简化起见用小写字母表示不同的上游车间半成品。

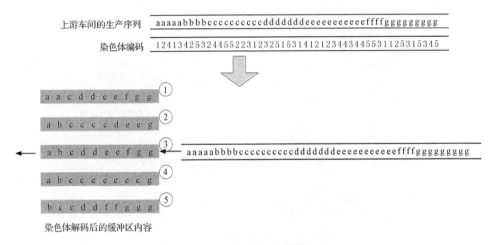

图 4.22　入站遗传算法解码示例

如前所述,适应度函数是衡量个体好坏的标准。本节要优化的目标是使下游车间生产序列中属性切换次数之和最小,这里选取适应度函数为

$$F(X) = |\boldsymbol{\omega}| - 1 - f_2. \tag{4-21}$$

其中,$|\boldsymbol{\omega}|$ 为整个序列的长度,极限状态下,可能会有 $|\boldsymbol{\omega}| - 1$ 次属性切换。f_2 的含义参见式(4-19)。

选择策略仍然采用赌盘策略。但为防止早熟,以一定的例外概率(0.05)选择一般个体。

由于在编码时采取了适当的处理,交叉采用常见的两点交叉算子,交叉概率为 0.5。变异采用互换变异算子,变异概率为 0.06。由于缓冲区容量有限,交叉之后仍然需要修补。修补策略是:如果染色体中某个通道的基因出现次数超过指定数量(通道的长度),则将该基因修补为出现次数最少的那个通道。

为了验证算法的有效性,采用以下一组数据作为输入:

$$\Xi = (180,5), |W| = 20, |C| = 10, |P| = 180$$

算法在 CPU 为 PⅣ2.4GHz、内存为 768MB 的计算机的 Windows XP 环境下采用 Java 编程实现。算法中,上游车间的生产序列采用随机产生,并完全根据其生产需要进行排序:

aaaaaaaaaaaaaabbbbbbbbbbbbbbbbbbbbbbbbbbccccccccccccddddddddddddddddddddddeeeeeeee
eeeeeeeeeeefffffffffffffffffffgggggggggggggggggggggghhhhhhhhhhhhhhhhhiiiiiiiiiiiiiiiii
iiiiiijjjjjjjjjjjjjjjjjjjjj

种群大小设为 100,算法运行 200 代终止。经过计算运行 17.6s,排序后输出上游车间半成品的序列如下:

bbbbcccbbbaabbbbcaacaaabbacddbbcaaacddccddaabbbbbbcdeeefddeeebdddffgghhhff
dddeeeeddfffggggggbdddeeeeffggiiiiijjjeehhhhiiijjfffgggeeefijjhhiiiigghhiiffgggj
jjiiiijjjghhhhhhiiiiiijjjjjjj

显然上游车间产出的半成品序列已被打乱并重新组合。生成的新增属性序列为

CCCCCCCCCCAAAAAAAABBBBBBBDDDDDDDDDEEEEEEEEEEEEEEEAAAAAAA
AAAAAABBBBBBBBBBBBBBBBBCCCCCCCCCCCCCCCCCCCCCCCCCCCCDDD
DDDDDDDDDDDDDDEEEEEEEEEEEEEEEEEEEBBBBBBBBBBBAAAAAAAAAAA
AADDDD

排序后的上游车间半成品序列与下游车间新增属性序列叠加后,即形成了下游车间实际生产的产品序列。很明显,上述新增属性序列中的属性切换次数为 12 次。

考虑到 5 种新增属性即使完全按照属性值排序也需要 5 次切换(将第 1 件产品的属性匹配视为 1 次切换)。因此,在 12 次属性切换中只有 7 次是因为计划排序造成的。为更方便比较计算结果,引入活动属性切换(active features changeover,AFC)的概念。

$$\text{AFC} = \sum_{i=1}^{n-1} \delta(p_i, p_{i+1}) - |C| \qquad (4\text{-}22)$$

如果按照前文所述的组合(1)方式(即采用全启发式算法)计算,其结果得到的属性切换次数一般为 15~30 次(相应的活动换色次数为 10~25 次)。因此,本节的算法能够减少活动换色次数 30%~70%,这一结果表明本节的算法相对于基于经验的启发式算法具有很大提高。在运行的时间效率上,对于上述规模的问题,每次运行时间 18s 左右,基本能够达到工业生产中计划排序的要求。

同时,对比本节和 4.4.2 节的计算结果容易发现,由于通道选择缓冲区具备排序能力,使得后续车间生产不再受到焊装生产序列的约束,进而能够考虑更大规模

的问题。

4.5　本章小结

本章探讨了 JIT 环境下混流装配生产中的优化排序问题,根据问题的特点进行了归纳和分类。对于其中单一车间的多个优化模型进行了讨论,提出了基于关键件相似度的混流装配优化目标,以此为基础给出了一种多目标优化模型,并采用遗传算法进行了求解,结果表明,关键件相似度目标与负荷平衡目标具有一定的相似性,而采用多目标优化能够合理保证各种目标的共同优化。

缓冲区被大量用于车间之间的在制品重排序,本章讨论了目前工业界常用的缓冲区及其特点。FIFO 缓冲区和通道选择缓冲区是其中较为常见的两类,本章深入讨论了基于这两类缓冲区的多车间关联优化问题。对于 FIFO 缓冲区,设计了一种产品属性的延迟绑定策略以提高生产效率;针对通道选择缓冲区,设计了一种遗传算法与启发式算法相结合的组合优化方法,计算结果表明通道的数量与产品及其属性的种类有关。根据企业生产情况合理设置通道数量有助于降低车间建设成本。

参 考 文 献

[1] Johnson S M. Optimal two-and three-stage production schedule with setup times included. NRL, 1954, 1:61-68.

[2] 唐国春,张峰,罗守成等. 现代排序论. 上海:上海科学普及出版社,2003.

[3] Thomopoulos N T. Line balancing-sequencing for mixed-model assembly. Management Science, 1967, 14(2):59-75.

[4] Suliman S M A, Al-Tamimi A M, Nawara G M. Computational methods for the mixed-model assembly line problem: A review. Journal of Engineering Sciences, 1985, 11(2):241.

[5] Becker C, Scholl A. A survey on problems and methods in generalized assembly line balancing. European Journal of Operational Research, 2006, 168(3):694-715.

[6] 黄刚. 混流装配生产的计划排序及其执行过程管理. 武汉:华中科技大学博士学位论文,2007.

[7] Okamura K, Yamashina H. Heuristic algorithm for the assembly line model-mix sequencing problem to minimize the risk of stopping the conveyor. International Journal of Production Research, 1979, 17(3):233-247.

[8] Miltenburg J. Level schedules for mixed-model assembly lines in just-in-time production systems. Management Science, 1989, 35:192-207.

[9] Sumichrast R T, Russell R S. Evaluating mixed-model assembly line sequencing heuristics for just-in-time production systems. Journal of Operations Management, 1990, 9(3):371-390.

[10] Miltenburg J, Sinnamon G. Algorithms for scheduling multi-level just-in-time production systems. IIE Transactions (Institute of Industrial Engineers), 1992, 24(22):121-130.

[11] Ding F Y, Sun H. Sequence alteration and restoration related to sequenced parts delivery on an auto-

mobile mixed-model assembly line with multiple departments. International Journal of Production Research, 2004, 42(8):1525-1543.

[12] Malave C O, Sanders R C, Diaz E. Operational planning and electronic assembly: Case of two machines, multiple products. International Journal of Industrial Engineering: Theory Applications and Practice, 2004, 11(1):54-65.

[13] Gopalakrishnan B. Analysis of Toyota's goal chasing sequencing method for mixed model assembly line balancing. Atlanta: ASME,1988.

[14] Yeo K K, Chul J H, Yeongho K. Sequencing in mixed model assembly lines: A genetic algorithm approach. Computers & Operations Research, 1996, 23(12):1131-1145.

[15] Jin M Z. A new heuristic method for mixed model assembly line balancing problem. Computers and Industrial Engineering, 2003, 44(1):159-169.

[16] Merengo C, Nava F, Pozzeti A. Balancing and sequencing manual mixed-model assembly lines. International Journal of Production Research, 1999, 37(12):2835-2860.

[17] 宋华明. 混合流水生产系统的多目标协同优化研究. 南京:南京理工大学博士学位论文, 2003.

[18] Mansouri S A. A multi-objective genetic algorithm for mixed-model sequencing on jit assembly lines. European Journal of Operational Research, 2005, 167(3):696-716.

[19] Drexl A, Kimms A, Mathiessen L. Algorithms for the car sequencing and the level scheduling problem. Journal of Scheduling, 2006, 9(2):153.

[20] Bard J F, Dar-El E, Shtub A. Analytic framework for sequencing mixed model assembly lines. International Journal of Production Research, 1992, 30(1):35-48.

[21] Tsai L H. Mixed-model sequencing to minimize utility work and the risk of conveyor stoppage. Management Science, 1995, 41(3):485-495.

[22] Chul J H, Yeongho K, Yeo K K. A genetic algorithm for multiple objective sequencing problems in mixed model assembly lines. Computers & Operations Research, 1998, 25(7,8):675-690.

[23] McMullen P R. JIT sequencing for mixed-model assembly lines with setups using tabu search. Production Planning and Control,1998, 9(5):504-510.

[24] McMullen P R. Multiple objective, mixed-model JIT assembly line sequencing with setups. San Diego: Decision Sciences Institute,1997: 1120-1122.

[25] McMullen P R, Tarasewich P. A beam search heuristic method for mixed-model scheduling with setups. International Journal of Production Economics, 2005, 96(2):273-283.

[26] Yu J F, Yin Y, Chen Z C. Scheduling of an assembly line with a multi-objective genetic algorithm. International Journal of Advanced Manufacturing Technology, 2006, 28:551-555.

[27] Allahverdi A, Al-Anzi F S. Evolutionary heuristics and an algorithm for the two-stage assembly scheduling problem to minimize makespan with setup times. International Journal of Production Research, 2006, 44(22):4713-4735.

[28] Bolat A. Sequencing jobs on an automobile assembly line: Objectives and procedures. International Journal of Production Research, 1994, 32(5):1219-1236.

[29] Epping T, Hochstatler W. Sorting with line storage systems. Operations Research Proceedings, 2002: 235-440.

[30] Epping T. Color sequencing. PhD thesis. Cotbus: Brandenburgische Technische Universität,2004.

[31] Gagne C, Gravel M, Price W L. Solving real car sequencing problems with ant colony optimization.

European Journal of Operational Research, 2006, 174(3):1427.

[32] Zufferey N S, Martin S, Edward A. Tabu search for a car sequencing problem, NY 10036-5701. Melbourne Beach: Association for Computing Machinery, 2006.

[33] Law S S, Baxter R J, Massara G M. Analysis of in-process buffers for multi-input manufacturing systems. American Society of Mechanical Engineers, 1974, (74-WA/Prd-6):8.

[34] Wortmann D, Spieckermann S. Manufacturing line simulation of automotive industry to enhance productivity and profitability. Fourth European Cars/Trucks Simulation Symposium, 1995:91-106.

[35] Richey M B. Level scheduling to minimize schedule length on lots of unit-time jobs. European Journal of Operational Research, 1991, 53(1):119-121.

[36] Eklund J A E. Relationships between ergonomics and quality in assembly work. Applied Ergonomics, 1995, 26(1):15.

[37] 贾大龙. 混合型装配线上不同制品之间的相似度. 机械工程学报, 1991, 27(6):66-73.

[38] Epping T, Hochstatler W, Oertel P. A paint shop problem for words, Technical Report No. 00. 395. Cologne: University of Cologne, 2000.

[39] Bonsma P, Epping T, Hochstatler W. Complexity results on restricted instances of a paint shop problem for words. Discrete Applied Mathematics, 2006, 154(9):1335.

[40] Jayaraman A, Narayanaswamy R, Gunal A K. A sortation system model. Proceedings of the 1997 Winter Simulation Conference, Atlanta, 1997:866-871.

[41] Spieckermann S, Gutenschwager K, Voss S. A sequential ordering problem in automotive paint shops. International Journal of Production Research, 2004, 42(9):1865-1878.

[42] Zhu J, Ding F Y. A transformed two-stage method for reducing the part-usage variation and a comparison of the product-level and part-level solutions in sequencing mixed-model assembly lines. European Journal of Operational Research, 2000, 127(1):203-216.

第5章 混流生产系统运行优化与控制

5.1 混流生产系统的特点及其运行控制需求

5.1.1 混流生产系统的特点

市场竞争的日益激烈,消费者对于产品个性化和多样化需求的日益增加,造成产品更新的速度不断加快,产品的生命周期不断缩短。这些新的市场特征使得生产制造商承受着前所未有的压力,决定了他们仅仅依靠传统的降低成本和提高产品质量的手段是无法确保其在市场竞争中立于不败之地的。成功的企业必须既能快速生产满足消费者当前所需要的产品,又不会由于生产过剩造成积压浪费;既能保证产品的质量和较低生产成本,又能迅速响应市场多样化和不确定的需求。因此,能够准确无误地生产客户所需并迅速交付产品的能力成为企业竞争力的新定义。制造领域的这些新特点和生产企业因此而面临的新挑战,正迫使制造模式从传统的大批量生产转向客户化定制时代的多品种小批量的混流制造(high-mix and low-volume flow manufacturing)[1]。

精益生产(lean production,LP)能有效地帮助企业降低库存、缩短交货周期、提高产量,从而提升客户满意度。大批量重复性生产环境下应用精益生产的技术已较为成熟,现在国内外许多软件解决方案供应商开发的生产管理软件都融入了精益生产的思想。然而,很多的实例证明精益生产在不少类型的企业实施中遭遇了困难。一般来说,大多数的制造企业可以划分为图5.1中的五种类别。而就目前精益生产相关的技术和手段在图5.1所示右侧的两类生产模式中能得到较成功的应用;而在左侧的三类生产环境中,即在多品种、小批量的生产环境中,当前的精益生产所使用的技术和手段不能有效地发挥其应有的作用。在多品种、小批量生产环境中主要有以下几个明显的特点:

(1)需求的不稳定,同一种产品在不同的时期,以及不同的产品在同一个时期的市场需求变化很大。

(2)品种多但是产品的工艺相似性高,在一定时期内要生产的品种间的跨度不大,即不会在短时间内生产完全不同的产品。

(3)生产品种的混合度比较高,可能同时生产两种以上的产品。

(4)设备的利用率高,同一台设备可能会生产不同的产品,同一条生产线的瓶颈位置在生产不同产品时会发生漂移。

　　（5）生产切换频繁，由于需求的不稳定造成生产品种的变换，这使得机器设备和生产线需要根据品种进行必要调整的次数明显增加。

图 5.1　生产制造组织类型概览

　　通过以上所述的多品种、小批量的生产特点，可以看出这两种生产环境存在着相当大的差异（见表 5.1），使得像"丰田"模式这样比较成熟的模式是无法直接应用到新的生产环境中去。虽然传统的精益生产技术不能简单地应用在新的生产环境中，盲目地套用会带来适得其反的效果，但是精益生产的基本原理，如增加价值消除浪费、确定价值流、需求拉动生产和持续改进等，始终是企业不断取得进步的指导思想。采用混流制造技术在中小企业的生产改造中实施精益生产，并对原有的精益生产进行适应性扩展，以便适合多品种小批量的生产环境，这是本章研究的主要目的。

表 5.1　两种生产环境的差异

制造特性	大批量、重复性生产	多品种、小批量生产
需求	稳定	经常变动
产量	稳定	经常变动
产品混合度	低	高
利用率	低	高
转变	短、不频繁	长、频繁
质量	固定	不固定
产品结构更换	长（大于两年）	短

5.1.2　国内外相关研究概况

　　20 世纪 70 年代以来，精益生产被提高到理论高度来进行研究，并逐步发展了很多相关的支持技术。许多制造商也都在不断地寻求精益生产——主要是"丰田生产方式"所能带来的利益，但是后来许多生产商发现传统的"丰田生产方式"在多品种、小批量的生产环境中实施的结果与预期相差甚远。简要比较而言，在多品种、小批量的生产环境中，有数以千计的产品种类、更多的加工单元、更复杂的加工工序管理和更大的需求变动。

随着生产和市场的发展,目前国内外不少专家学者致力于研究多品种、小批量的生产环境中的生产制造系统及其运作控制机制,以期提高相应企业的生产制造能力。综观当前的研究结论,围绕多品种、小批量生产需求的满足,大量早期研究集中在柔性化制造系统的理论与技术等方面,所追求的主要是适应多品种生产制造的加工设备、过程及系统的自动化、集成化与柔性化、智能化。相应的生产运作控制研究主要限于车间和单元层次、数学规划和人工智能等手段的运作优化。在现场生产组织方式的研究方面较多地涉及运用成组技术(GT)的单元化制造(cellular manufacturing)[2,3]和生产流程重组(BPR)。虚拟制造单元提出根据需求的变化动态地变化其子系统的层次结构,而这种变化不是通过机床设备的物理分组,而是通过在控制器中对数据文件和过程分组来实现[4]。虚拟制造单元技术将是在多品种、小批量生产中实现制造系统及时准确地响应生产需求的有效工具。而敏捷制造和快速响应制造则分别从组织协调和过程保障等不同方面,强调针对市场和顾客的需求,以最快的速度进行资源整合和运作实施,力求以最短的时间将产品投入市场。其相应的现场生产组织过程涉及不同层次、形式和不同程度、意义上的可重组制造(re-configurable manufacturing)[5~7]。

混流制造(flow manufacturing)模式[8]在一定程度上可以说是对于上述先进制造理论与技术在某些方面的继承、发展与深化。但从其相应的现场生产组织形式和运作控制机制与方法来看,早期的混流制造技术更多地得益于 JIT/Kaban、PULL/CONWIP[9],以及精益生产[10~12]等方法与理念。这使得目前一般意义上的混流制造模式很大程度上带有近似于上述模式的运作控制手法,并追求与上述模式相近的目标与理念。可是,传统的精益生产和 JIT 以及建立在此基础上的一般的混流制造生产方式更适合图 5.1 所示的五个生产运作类型[13]中右侧的两种,而对于图 5.1 中左侧的三种生产类型,即多品种混合的中小批量生产类型则很难适应,或是存在很大的不足[1,14]。因此,需要为后者寻求新型的生产运作控制方法与机制,并对现有的精益生产技术或工具进行扩展性地改进。

本章所提到的多品种、小批量的混流制造模式[1]在制造车间与单元层次上很大程度上吸纳了聚焦工厂(focused factory)[15]的概念和手法,并在动态单元划分或混流路径规划方面借鉴了价值流分析(value stream mapping,VSM)[16]及零件-工艺矩阵分析[17,18]等技术方法,用以进行有关系统单元的动态规划设计。与此密切相关的研究涉及虚拟单元的概念与设计,它通过对设备进行动态逻辑分组(而非物理布局调整)以实现系统的快速重组[19]。目前国际上对其进行了深入的研究[20,21];国内的有关研究则涉及制造系统单元重构的方法[22,23]、控制结构[24]和评价机制[25]等方面。这些研究对于本章提到的多品种混流制造路径的动态规划都极具参考价值和指导意义。

　　除上述混流制造单元的规划外,混流制造系统的建立所涉及的另一重要方面则是其有效的运作控制机制,尤其在多品种、小批量这样一个生产环境的前提下。针对这一方面,本章将通过相关的理论与应用研究显示基于约束理论(TOC)和"鼓-缓冲器-绳子"(DBR)模型的运作控制机制的有效性。

　　约束理论由以色列物理学家 Goldratt 博士在最优生产技术(OPT)的基础上逐步发展建立,并在 20 世纪 90 年代提出了以约束理论为核心的 DBR 排产机制("鼓-缓冲器-绳子"排产机制)。国外学者通过大量模拟仿真和实际应用实验,验证了 DBR 机制比传统的 JIT 以及物料需求计划(material requirement planning,MRP)具有更多的优势[14,26]。更有学者认为,TOC/DBR 是美国制造企业在全球化竞争中取胜的"秘密武器"[27]。

　　目前国际上对于有关理论与技术的研究集中在面向约束管理的瓶颈分析管理[28,29]、缓冲设置管理[30]、加工批量设置[31]和关键资源管理[32]等方面。但同时也有学者指出约束理论在订单审视和投放等阶段上作为不大,并提出用工作负荷控制理论来提升约束理论的力量。在国内,有关约束理论与约束管理技术也日益受到重视,相关研究涉及相关理论概念的描述[33,34]、算法研究[35]、缓冲大小的设置[36]、负载率的分析[37],以及一些基本的理论模型的建立[38,39]等。

　　此外,国内外有关研究还逐步关注运用 TOC/DBR 理论与技术的系统性研究与应用,如与 MRPⅡ 系统融合的系统框架[40,41]。国内也有学者逐步从整体应用框架来研究 TOC/DBR 机制,如江苏科技大学的韩文民和叶涛锋等在比较深入地研究分析了瓶颈资源的确定、缓冲大小的设置[42]后运用 DBR 的思想构建了约束条件下生产控制的"漏斗模型"[43],并对在同样条件下进行生产作业计划制定的思路和进展进行了一定的探讨[44]。

　　而在与混流制造模式运作控制相关的问题研究方面,上述国内外部分研究也在一定程度上有所涉及[45],但总体而言目前尚未形成可具体实施的系统全面的解决方案。

　　综上所述,基于约束管理的生产运作控制与优化应用于协同混流制造可望在很大程度上克服传统混流制造在不现实地追求瓶颈消除、生产线能力平衡和"单件流"效应等方面的不足。通过有效的约束管理,可实现以系统的物流平衡取代生产能力平衡,做到在生产、周转等环节批次规模上的灵活性,并最终取得系统运作在出产率、制品库存水平和生产运作成本等方面的综合优势。尽管如此,基于 TOC/DBR 的运作机制本身在瓶颈动态漂移控制,以及与现行生产运作控制框架的融合等方面仍有待进一步研究。

5.2　多品种、小批量混流生产运行控制相关理论基础

　　围绕多品种、小批量生产模式下的生产管理理论,国内外已经开展了不少相关

研究,发展了一些理论和技术,且部分得到了应用实践的检验。基于约束理论的多品种、小批量生产运作模式将在很大程度上以这些现存理论方法为基础,通过对其进行继承性补充与扩展,以适应新的生产环境中的运作控制需要。

5.2.1　精益生产与准时化生产方式

1. 精益生产

精益生产[10]是美国麻省理工学院根据其在"国际汽车项目"研究中,基于对日本"丰田生产方式"的研究和总结,于 1990 年提出的一种生产管理方法,也有人认为这是一种制造模式[46]。其核心是追求消灭包括库存在内的一切"浪费",并围绕此目标发展了一系列具体方法,逐渐形成了一套独具特色的生产经营管理体系。

第二次世界大战之后,日本丰田公司通过对原有大批量生产模式的研究,总结出了工厂所存在的各种浪费(如表 5.2 所示)[10],并从这些浪费中看到了改进的可能。以丰田的大野耐一等为代表的"精益生产"的创始者,在分析大批量生产方式后,得出以下结论:采用大批量生产方式以大规模降低成本,仍有进一步改进的余地,应考虑一种更能适应市场需求的生产组织策略。于是他们根据自身的特点,逐步创立了一种独特的"多品种小批量"、高质量和低消耗的生产方式。根据

表 5.2　精益思想定义的七种浪费

次品
过量的生产
无用的库存
不必要的工序
人员的不必要调动
在制品的不必要运输
各种等待

日本的国情,他们提出了一系列改进生产的方法:准时化生产、全面质量管理、并行工程等。后来丹尼尔·琼斯(Daniel T. Jones)等 50 多位专家,用了 5 年的时间,对 50 个国家的 90 多家汽车制造企业进行了比较分析,总结了"丰田生产方式",指出它的重大历史意义,对于过于臃肿的大多数美国企业,提出了"精简、消肿"的对策,把日本取得成功的生产方式称为精益生产。

精益生产的基本目的是在一个企业里同时获得极高的生产率、极佳的产品质量和很大的生产柔性;在生产组织上,它与泰勒方式不同,不是强调过细的分工,而是强调企业各部门相互密切合作的综合集成。综合集成并不局限于生产过程本身,还包括重视产品开发、生产准备和生产之间的合作和集成。精益生产不仅要求在技术上实现制造过程和信息流的自动化,更重要的是从系统工程的角度对企业的活动及其社会影响进行全面的、整体的优化。

精益思想是精益生产的核心思想,它包括精益生产、精益管理、精益设计和精益供应等一系列思想,其核心是以较少的人力、较少的设备、在较短的时间和较小的场

地内创造出尽可能多的价值;同时也越来越接近客户,提供给他们确实需要的东西。精益思想要求企业找到最佳的方法确立提供给顾客的价值,明确每一项产品的价值流,使产品在从最初的概念直至到达顾客的过程中流动顺畅,让顾客成为生产的拉动者,在生产管理中精益求精、尽善尽美。在精益生产的实施中有以下五条原则:

(1) 价值观(value)。精益思想认为企业产品(服务)的价值只能由最终用户来确定,价值也只有满足特定用户需求才有存在的意义。精益思想重新定义了价值观与现代企业原则,它同传统的制造思想,即主观高效率地大量制造既定产品向用户推销,是完全对立的。

(2) 价值流(value stream)。价值流是指从原材料到成品赋予价值的全部活动。识别价值流是实行精益思想的起步点,并按照最终用户的立场寻求全过程的整体最佳。精益思想的企业价值创造过程包括从概念到投产的设计过程,从订货到送货的信息过程,从原材料到产品的转换过程,全生命周期的支持和服务过程。

(3) 流动(flow)。精益思想要求创造价值的各个活动(步骤)流动起来,强调的是"动"。传统观念是"分工和大量才能高效率",但是精益思想却认为成批、大批量生产经常意味着等待和停滞。精益将所有的停滞作为企业的浪费。

精益思想号召"所有的人都必须和部门化的、批量生产的思想作斗争,因为如果产品按照从原材料到成品的过程连续生产,我们的工作几乎总能完成得更为精确有效"。

(4) 拉动(pull)式生产。"拉动"的本质含义是让用户按需要拉动生产,而不是把用户不太想要的产品强行推给用户。拉动生产通过正确的价值观念和压缩提前期,保证用户在要求的时间得到需要的产品。

实现了拉动生产的企业具备当用户需要时就能立即设计、计划和制造出用户真正需要的产品的能力;最终实现抛开预测,直接按用户的实际需要进行生产。

实现拉动的方法是实行 JIT 生产和单件流(one-piece flow)。JIT 生产和单件流的实现必须对原有的制造流程做彻底地改造。流动和拉动将使产品开发周期、订货周期、生产周期降低 50%~90%。

(5) 尽善尽美(perfection)。精益思想定义企业的基本目标是:用尽善尽美的价值创造过程为用户提供尽善尽美的价值。精益制造的"尽善尽美"有 3 个含义:用户满意、无差错生产和企业自身的持续改进。

2. 准时化生产方式

准时化生产方式又称为 JIT 生产方式,其含义是,在需要的时间和地点生产必要数量的合格零部件或是产品,以杜绝过量生产,消除无效劳动和浪费,达到用最少的投入实现产出的最大化。从图 5.2 可以看出,JIT 生产方式是精益生产结构体系中的重要组成部分。

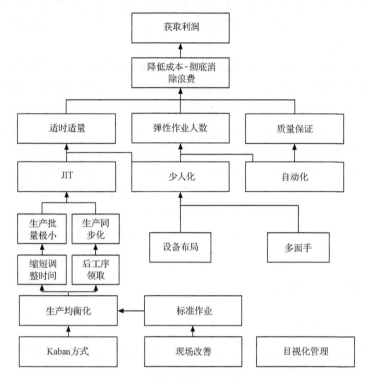

图 5.2　精益生产的构造体系

准时化生产方式实现的具体手法有以下几种：

（1）生产同步化。为了实现适时适量生产,首先需要致力于生产的同步化,即工序间不设置缓冲,前一工序的加工结束后,使其立即转到下一工序,装配线与机加工几乎平行运行,产品被一件一件、连续地生产出来。在铸造、锻造、冲压等必须成批生产的工序,则通过尽量缩短作业调整时间来缩小生产批量。生产同步化通过"后工序领取"的方法来实现,即"后工序只在需要的时候到前工序领取所需的加工品;前工序只按照被领取走的数量和品种进行生产"。这样,制造工序的最后一道,即总装配线成为生产的出发点,生产计划只下达给总装配线,以装配为起点,在需要的时候,向前工序领取必要的工件,而前工序提供该工件后,为了补充生产被领取走的量,必然会向更前一道工序去领取所需的零部件。这样一层一层向前工序领取,直至粗加工以及原材料部门,把各个工序都连接起来。

（2）生产均衡化。生产均衡化是实现适时适量生产的前提条件。所谓生产均衡化,是指总装配线在向前工序领取零部件时,应均衡地使用各种零部件,混合生产各种产品。为此在制订生产计划时就必须加以考虑,然后将其体现于产品投产顺序计划之中。在制造阶段,生产均衡化通过专用设备通用化和制定标准作业来实现。专用设备通用化是指通过在专用设备上增加一些工夹具等方法,使之能够加工多种不同的产品。标准作业是指将作业节拍内一个作业人员所应担当的一系列作业内容标准化。

　　(3)实现适时适量生产的管理工具。在实现适时适量生产中极为重要的是作为其管理工具的 Kaban。Kaban 管理也可以说是 JIT 生产方式中最独特的部分,因此也有人将 JIT 生产方式称为"Kaban 方式"。但是严格地讲,这种概念是不正确的。因为如前所述,JIT 生产方式的本质是一种生产管理技术,而 Kaban 只不过是一种管理工具。Kaban 的主要功能是传递生产和运送的指令。在 JIT 生产方式中,生产的月度计划是集中制订的,同时传达到各个工厂以及协作企业。而与此相对应的日生产指令只下达到最后一道工序或总装配线,对其他工序的生产指令均通过 Kaban 来实现,即后工序"在需要的时候"用 Kaban 向前工序去领取"所需的量"时,同时就向前工序发出了生产指令。由于生产量是不可能完全按照计划进行的,日生产量及日生产计划的修改都通过 Kaban 来进行微调。

5.2.2　约束理论与 DBR

　1. 约束理论相关介绍

　　约束理论是以色列物理学家、企业管理顾问 Goldratt 博士在他开创的优化生产技术基础上发展起来的管理理论。1984 年,Goldratt 出版了第一本 TOC 著作《目标》,引起了读者的强烈反响,在书中描述了一位厂长应用 TOC 使工厂在短时间内转亏为盈的故事。书中描述的问题在现实企业中大量存在,因此 TOC 最初被用在对制造业进行管理、解决瓶颈问题。之后发展出了以"产销率、库存、运行费"为基础的指标体系,逐渐形成一种面向增加产销率而非传统的面向减少成本的管理理论和工具。TOC 的简要形成过程如图 5.3 所示[47]。

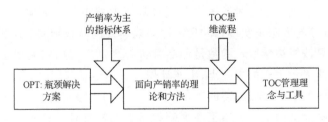

图 5.3　TOC 的形成过程

　　TOC 认为,系统的最大产出取决于其最薄弱环节(即瓶颈)的最大可用能力。一般而言,企业的瓶颈来源于两方面:内部约束和外部限制。限制不同行业企业发展的外部瓶颈是相似的,即政策或市场需求,而内部瓶颈则有较大的差别。制造企

业的内部瓶颈一般是某个环节设备的负荷、工人的工作效率等;而物流企业则可能
来源于管理、运载能力或仓库的容量和自动化程度等。TOC 就是围绕系统中的瓶
颈进行识别和消除,使企业的目标和战略明确化,从而使企业以最小的代价明显地
提高整体的效益产出的一套管理理念与管理工具的集合。

　　TOC 包含了对企业目标的定义、衡量企业运营状况的指标体系和独特的企业
管理原则,此外还提供了一系列识别和消除瓶颈的技术工具,目前以 TOC 为管理
思想内涵的管理软件也已经在西方国家得到广泛应用。迄今为止,TOC 已经成功
帮助许多不同类型的企业走出困境。

　　TOC 是在 OPT 基础上发展起来的,OPT 的九条基本原则也就成为 TOC 的
组成部分,这九条基本原则如下:

　　(1) 重要的是平衡物流,而不是平衡生产能力。

　　(2) 瓶颈资源的利用率不是由自身来决定,而是取决于系统的瓶颈或约束;非
瓶颈资源的利用程度只需要保证物流能够连续均衡地通过瓶颈即可。

　　(3) 使一项资源充分开动运转与该资源带来的效益不是一码事。资源的满负
荷状态并不意味着有效产出最大。

　　(4) 瓶颈损失 1h 相当于系统整体损失 1h。

　　(5) 非瓶颈节约 1h 可以忽略。非瓶颈资源利用率的提高,可能会造成系统物
流的不均衡或库存的增加,并不能提高系统的整体效率。

　　(6) 系统的产出和库存是由瓶颈资源决定的。

　　(7) 转运批量可以不等于甚至多数情况
下不等于加工批量。

　　(8) 加工批量不是固定的,应该根据实
际情况动态变化。

　　(9) 只有同时考虑到系统的所有约束条
件后,才能决定生产优先权。提前期是一个
生产计划的结果。

　　TOC 实施改进的五步改善法如图 5.4
所示。

　　(1) 找出系统中的约束。找出约束条件
是实施 TOC 的前提,因为约束条件是贡献
利润的决定性因素,也是实现企业目标的决
定性因素。

　　(2) 寻找突破约束的办法是彻底利用约
束条件的阶段,从而挖掘企业的潜力。
Goldratt 从处理"有限负荷作业计划"这一问

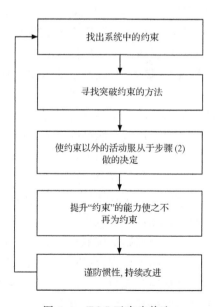

图 5.4　TOC 五步改善法

题中，产生了注意约束条件的构思。在美国采用 TOC 的很多企业里，进行这一活动可挖掘 30% 以上的潜在能力，但是，这一活动都应以不增加总经费和投资而增加贡献利润为目的。

（3）使约束以外的活动服从于步骤（2）做的决定，这一活动是要求在制品的限度最小。在确定瓶颈工序生产能力之后，在瓶颈工序前除安全缓冲（库存）外，要控制过多的在制品的材料投入。这个安全缓冲是为前面工序和约束条件工序之间产生的波动而设置的，防止发生停工待料的问题。这一步骤是传统的成本观念与 TOC 的贡献利润观念冲突的地方，约束条件以外的开动率过高并不一定能提高系统效率。

（4）提升"约束"的能力使之不再为约束。这一步骤确定是否以增加设备投资来提高约束条件的能力。要尽可能彻底利用约束条件，只有不能再提高能力时，才以投资来提高能力。

（5）谨防惯性，持续改进。当突破一个约束以后，一定要重新回到步骤（1），开始新的循环。注意约束条件是否变化，随时进行返回。当约束条件的能力不断提高时，别的工序就成为约束条件。在各种不同情况下，改善活动的内容会发生很大的变化。所以注意惯性是很重要的。

DBR 就是为了实现 TOC 思想而设计的一种调度系统。国外学者通过大量模拟仿真和实际应用实验，证明应用 DBR 技术能够在提高系统有效产出，降低在制品库存和缩短生产提前期方面能取得显著成效，验证了 DBR 机制比传统的 JIT 以及 MRP 具有更多的优势[14,26]。

"鼓"（drum），即 DBR 中的"D"，是企业同步生产的节拍，这个节拍是由系统的瓶颈所控制的。企业根据瓶颈资源的可用能力来确定物流量，并以此作为约束整个系统的"鼓点"来控制在制品库存量和交货提前期。

"缓冲器"（buffer），即 DBR 中的"B"，设置在瓶颈资源和装配工序之前以降低约束资源的消极作用，使其得到充分的利用。"缓冲"分为时间缓冲和库存缓冲两种。时间缓冲是将瓶颈环节所需的物料比计划提前一段时间提交，以消除随机波动可能造成的消极影响；库存缓冲也叫安全库存，它起到协调市场需求与库存的作用，一般通过计算来确定。

"绳子"（rope），即 DBR 中的"R"，控制着原材料向能力约束缓冲器的释放，从而使库存保持在最低水平，约束资源的生产能力也可以得到最大利用。整个系统在"绳子"的控制下按照最合适的节奏进行生产，以保证系统产出最大化。

在实际生产中，约束可以来自多个方面，可以是原材料供给，可以是市场需求，也可以是生产能力。一般情况下，生产能力的约束是主要考虑的方面。在下文中出现的约束都是指生产制造过程中的约束。

DBR 排序法是与传统的推进式排序和 JIT 的拉动式排序方法不同的综合排

序方法,如图 5.5 所示。TOC 认为拉动式生产方式与推进式生产方式间无所谓谁比谁更好,而是各有各的优点与缺点,关键在于如何利用它们。DBR 排序法把两种排序法的优点结合起来,在约束瓶颈前的各工序执行拉动式生产方式,以保证它们按瓶颈工序的需求进行准时地生产;在约束瓶颈工序后的所有工序执行推进式生产方式,保证按瓶颈工序的产出推进系统的产出。

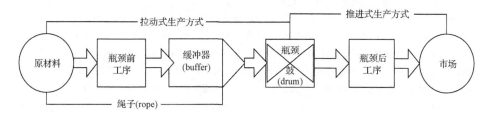

图 5.5　DBR 排序方式简单示意图

2. JIT 和 TOC 的比较

JIT 与 TOC 是在不同时代、不同经济社会环境下产生的不同的企业管理方式。其中 JIT 进入中国较早,得到了企业的普遍接受,它对企业的管理水平的提高起到过一定的作用,但它的局限性在多品种、小批量的生产环境中也是非常明显的。TOC 直到 20 世纪 90 年代才逐渐形成与完善,由于各种原因其传入中国的时间比较晚,人们了解尚浅。如何综合利用各种生产方式的优点,在中国目前的市场环境中发挥更大的作用,还需要进一步探索。为了更为清晰地了解两种生产方式的特点,表 5.3 详细比较了 JIT 和 TOC 的管理手段。

表 5.3　JIT 和 TOC 的管理手段比较

项目	TOC	JIT
计划展开方式	首先安排约束环节上关键件的生产进度计划,以约束环节为基准,把约束环节之前、之间、之后的工序分别按拉动、工艺顺序、推进的方式排定,并进行一定优化;然后编制非关键件的作业计划	采用 Kaban 管理方式,按照有限能力计划,逐道工序地倒序传递生产中的取料指令和生产指令,各级生产单元依据所需满足的上级需求组织生产
能力平衡方式	首先按照能力负荷比把资源分为约束资源和非约束资源,通过五步改善法与思维流程(TP)来消除"约束",改善企业链条上最薄弱的一环。同时注意到"约束"是动态转移的,通过 TOC 管理手段的反复应用以实现企业的持续改进	计划展开时基本不对设备能力的平衡作太多考虑,企业以密切协作的方式保持需求的适当稳定,并以高柔性的生产设备来保证生产线上能力的相对平衡。总体能力的平衡一般作为一个长期的规划问题来处理

项目	TOC	JIT
库存控制方式	合理设置"时间缓冲"和"库存缓冲",以防止随机波动,使约束环节不至于出现等待任务的情况。缓冲的大小由观察、实验或仿真等方法确定,再通过实践进行必要的调整	生产过程中一般不设在制品库存,只有当需求期到达时才供应物料,追求库存的极小化,所以库存基本没有或只有少量
质量管理方式	一方面,在约束环节前设置质检,以避免前道工序的波动对约束环节的影响;另一方面,当"质量管理"因素成为一个无形约束时,通过五步改善法与TP的一系列工具来找到突破点	在每道生产工序中控制质量,进入下一道工序时要确保上一道送来的零件没有质量问题,这样逐级地控制直至最后成品。对于发现的质量问题,一方面立即组织质量小组解决,另一方面可以停止生产,确保不会生产出更多的废品
物料采购与供应的方式	软件的具体运行和制造资源规划(MRPII)一样需要大量的数据支持,如产品结构文件、加工工艺文件以及加工时间、调整准备时间、最小批量、最大库存、替代设备等。物料采购提前期不事先固定,由上述数据共同决定的函数、物料的供应与投放则按照一个详细作业计划来实现,即通过"绳子"来同步	将采购与物料供应视为生产链的延伸部分,即Kaban管理向企业外传递需求的部分。实际生产中,由于企业多已建立密切的合作关系,所以供应商一般会根据提出的需求组织生产,保证生产链的紧密衔接。此种情况,采购供应部门更像协作管理部门
人员调配方式	把人员数目与人员质量视为资源,它们都有可能成为约束环节。通过培训,要求员工能够在不同生产岗位上及时发现问题和跟踪问题,并由置身于变革的员工来推动改进	以小组内协调工作的方式调配生产中出现的人力变动需求,由于普遍要求具有一专多能,所以在适当的调配下,可以保证具有较高的工作效率[48]

5.2.3 混流制造与聚焦工厂

1. 混流制造与聚焦工厂的理论概述

混流制造[8]要求改变过去一贯采取的按设备类型进行车间布局、固定工艺路线、推进式发料、固定批次规模生产/检验和运输转移,以及大量设置工序间在制品库存和工人技艺高度专门化等传统的做法,取而代之以按产品布局、柔性工艺路线、订单拉动发料投产、灵活处理生产/检验及工序间转移的批次规模、低在制品库存甚至零库存,以及操作人员多技能化等原则。早期的混流制造模式一般基于精益生产原理和JIT生产技术,其要点在于设计柔性生产线,满足多品种(或多零件族)混流生产;同时,对整体生产线的生产能力作中长期的规划,实现生产线能力平衡,满足平滑生产需求;并追求加工批量为1,即"单件流",以及在生产线上实施全面的质量管理。从实质来看,当前混流制造模式的是对传统丰田模式(TPS)的改进,使其适用于重复性的多个产品品种的混合装配或流水作业。

聚焦工厂(focused factory)是由美国的斯金纳(Skinner)于 1974 年提出的,他认为:聚焦工厂努力为小范围内的产品、顾客服务,这样工厂就会变得更小、更简单,完全聚焦在一两个关键的生产任务上[15]。比起复杂的工厂,聚焦工厂将能力集中在某一领域,它的工人和管理者都会很快变得高效而富有经验。这种工厂出现的问题都限制在了一定范围内,所以它是可控的、易于管理的。聚焦工厂潜台词是,企业竞争的不仅仅是低成本;一个工厂不可能在所有考核目标上都表现完美;简单的重复能够带来竞争力。所以如果一个工厂为了获取看似更多的效益或想尽可能地想完成更多的任务,由此而设计得非常复杂,这样会使优化问题成为了重任,那么对于实际产生的效果来说,这个设计是失败的。聚焦工厂通常也使用"厂中厂"(plant within plant)概念描述。如图 5.6 所示,一个工厂生产的两种主要产品在设备资源上存在着竞争关系,而两种产品的生产工艺过程又是毫不相干的,因而此工厂被划分为 3 个聚焦工厂。

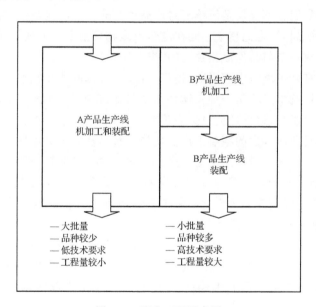

图 5.6　聚焦工厂示意图

2. 混流路径

传统的大批量精益项目开始是先要把产品分为少量的产品族,然后为每个产品族建立相应的价值流。这种方法包括设计用于生产某一产品族的生产单元,并使单一的产品流通过该单元。

在大批量重复性生产环境中,如汽车制造,产品种类不多,生产多采用专用设备或生产单元,这样的方法是非常高效的。然而,在多品种的生产环境下,大量零件要以不同的路径通过生产单元。这样就需要用一种更加通用的方法定义价值流,以适应大量的零件族,并尽可能使设备或是生产单元能够被这些零件族所共享。多品种生产环境需要更加通用的零件分类来支持建立混流的目标,但同时要保证设备和生产单元能够被这些产品族所共享。

在多品种条件下,产品的价值流呈现为混流,有相互交叉,有相互重合。这是因为在众多的产品中,必然有一些产品的生产过程是相似甚至是相同的,这种相似或相同包括产品的加工工序、通过的加工单元等。与传统的精益生产相同,在多品种生产中将这些类似的产品(零件)划分为一个族,族中可以包含一种或多种产品,而混流路径则定义为产品(零件)族的价值流。混流路径是使多品种生产和精益思想结合的基础概念。通过产品(零件)分族,混流路径提供了管理复杂多品种产品流的方法,使得在同一个生产系统或设施中可以不经大的调整就能进行多品种产品的混合生产。

混流路径的划分不仅仅是简单地对产品进行分组。混流路径在把生产过程相似的产品分开的同时,也把整个车间在逻辑上或物理上划分为多条"流",而每一条"流"都可以看成一个与其他流相独立的"聚焦工厂"。

精益生产带来了缩短生产周期、提高产出率、降低库存和成本及提高质量等一系列的好处。精益生产不是一种具体特指的技术或方法,而是一种聚焦于消除生产中浪费的理论思想,这种理论思想不论是在大批量还是多种小量生产中都需要去实践的。但目前所开发的精益生产实现技术都是从大批量重复型生产中发展而来,因此在多品种、小批量生产中需要进行改进。混流制造是一种非常有效率的柔性生产方式,但实施的前提是需要专业化程度较高的生产单元或生产线,在多品种、小批量生产中随着产品的变化不断地重新排列组合新的生产单元和生产线是非常不实际,而且经过能力平衡以 Kaban 拉动的生产线很容易因干扰而不稳定。经过多年的实践,TOC 被普遍地认为,在波动频繁复杂的生产环境中,其表现要普遍优于现行的 JIT 生产方式。Skinner 在 20 世纪 70 年代提出"聚焦工厂"后鲜有人注意,但随着生产的发展其理论在 1990 年又被重新提起而日益受到研究应用关注。

5.3　基于约束管理的混流生产运行控制模式研究

在多品种、小批量的生产环境中实现精益生产,采用现行的方法和技术很难取得有效的成果。然而随着生产和市场的发展,中小企业又不得不面临着改革。本章综合考虑了第 4 章所提到的各种生产运作控制理论和技术的优缺点,针对多品种、小批量的生产环境的品种多、需求不稳定等特点,提出了基于约束理论的混流生产控制新模式。这种新模式综合运用有关生产运作控制理论与技术,使其在不同层次有效地加以结合,实现了多品种小批量的精益生产。本章将从多品种小批量混流生产模型、基于约束理论的生产和运作控制总体框架等方面进行阐述。

5.3.1　多品种、小批量生产环境下的混流生产模型

在面向订单的多品种、小批量生产环境中,产品品种繁多、批量组合复杂和需求变动频繁的特点很大程度上限制了现行混流生产技术的推广实施。其主要原因在于现行的混流制造技术一般以传统的 JIT 技术为基础实施 Kaban 拉动式生产,需要对应于特定产品(零件)族的专门化生产单元或生产线,以及需求相对稳定和产品重复的生产环境[19,38],因此主要适用于以大批量的重复型生产为主的生产类型。而多品种、小批量生产环境下很难为所有产品(零件)族设置完全专用的生产单元或生产线,也难以保证生产线各环节生产能力的长期平衡,因此相应地需要研究应用新型的混流制造技术。基于混流路径的混流生产运作控制方式由此被提出。

在多品种、小批量生产模式下的混流制造模式仍然以产品族(如果是装配型生产)或零件族(如果是零部件加工)为生产对象。如同在一般混流制造模式下,依据聚焦工厂的思想[15]设计基于零件族加工工艺和工序的生产单元或生产线,这样能够有效地减少加工生产过程中设备的调整次数和调整时间,并可帮助提高生产物流效率,方便对于产品的及时跟踪、检测与信息反馈,与此同时提高了设备的专注性,降低了生产线对于设备柔性的要求;并且大大简化了生产优化问题的难度,增强了生产过程的可控性和易管理性。多品种、小批量生产模式下混流制造技术的最大特点在于设备资源最大程度的共享利用和相应的混流路径管理技术的运用,而基于产品(零件)族的生产单元是上述功能实现的物质基础。

如图 5.7 所示,零件加工过程中的每一条物流路径 $X(X \in C, D, \cdots, H, I)$ 代表相应零件族在车间中的加工路径,即混流路径。不同混流路径依据其所对应的零件族的情况而可能具有不同的特点。根据帕拉图原理(Pareto principle)中的"20-80现象",即便是在多品种生产模式下也可能存在大量的通用型零部件,体现产品差异性的主要是另外的较小量的零部件。对于由大量通用型零件所构成的相似零件族的存在,可类似于一般的混流制造模式为其设计专业化程度较高的混流生产路径,如图 5.7 中 C、D 零件族所对应的生产路径。它们可能在相当长的一段时期内都不会发生组成方式上的改变,因此也可称为静态混流路径。而对于其他差异较大、需求量相对较少的零件族,则可根据其不同时期的需求量和品种比例变化为其设计相应生产能力的动态混流路径,如图 5.7 中 E～I 零件族所对应的生产路径。

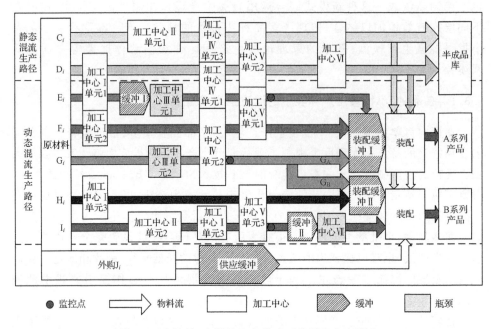

图 5.7　多品种、小批量生产模式下的混流生产模式

　　鉴于动态混流路径的生命周期比较短,而工厂车间中的生产设备不可能频繁地进行物理位置布局的调整,因此对于动态混流路径主要采取虚拟生产单元的方式,即从逻辑上而非物理上对生产设备进行顺序组织和调整。这样也相应地降低了新型的混流生产模式的实施对于车间设备布局现状的要求,使得这种模式在各种车间布局现状条件下均可得到一定程度的实施,并能动态适应车间内外部环境的各种变化。图 5.7 所描述的是对机群式布局的车间实施混流路径管理的示意图,名称相同的工作中心处在车间的同一块物理区域;对于静态和动态混流生产路径的划分都是逻辑上的。

　　在不同的混流路径间允许存在不同程度的设备共享利用,尤其是对于动态混流路径,因其加工对象品种多、单品数量少,不同零件族间的加工资源局部共享显得更为普遍和重要。同时,为实现更为有效的混流路径管理,对于上述混流制造模式下每一条混流生产路径都可以实施适应其自身生产特点的运作控制方式。对于静态混流路径可以实施已被实践证明是相对成熟的 Kaban 或 CONWIP 等拉动式生产方式。对于动态混流路径,由于其中的产品品种差异大且存在需求数量比例的波动性,往往会出现生产能力的不平衡,采取传统的拉动式生产反而会出现频繁的"断流"而延长生产周期,或造成整个车间在制品库存量的上升,为此提出以下基于约束管理的生产运作控制机制。

5.3.2 基于约束理论的混流生产运行控制机制

本章在深入研究 TOC/DBR 技术的基础上,针对多品种小批量模式下的混流生产,提出基于约束管理的混流制造运行控制机制,其主要框架如图 5.8 所示。其中的核心要素将在下面逐一论述。

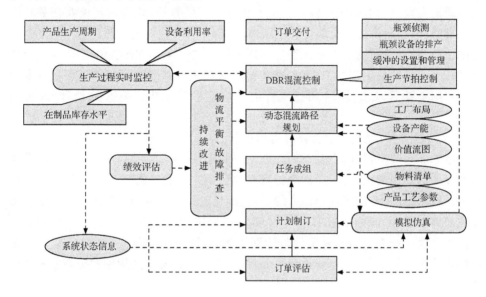

图 5.8 基于约束管理的混流制造运行控制机制

(1) 订单评估与计划制订。

订单评估是根据当前剩余生产能力对订单完成的需求与可能进行评估,以确定是否接受某个具体订单。在此过程中首先涉及供需双方对于订单交货期的合理确定与沟通协调,具体评估过程则需要充分考虑利用生产系统当前的状态信息(如设备负荷与工作状态)及前期订单完成情况(如平均周期时间)等。计划人员甚至可以通过系统模拟仿真,根据订单虚拟生产的结果来帮助作出接受与否的决定。

在计划制订中任务投放是其主要的部分,任务投放是对所接受的订单进行合理安排,根据订单交期需求和车间现场负荷与产能现状,准确及时地对订单任务进行有节奏地投放。其目的在于避免车间现场在制品量过高,保证生产过程的物流通畅性和现场管理的透明性。

众多学者的研究表明输入控制是缩短生产周期的关键所在。在基于约束理论的混流制造模式中将采用工作负荷控制的方法实现订单评估和计划制订。

(2) 任务成组与混流路径规划。

任务成组主要是对照下一个生产时期内产品的物料清单(BOM),通过成组技术(GT)将底层的零件按照产品工艺的相似性划分为一定数量的零件族。此过程是下一步混流路径规划的基础,可利用帕拉图和产品矩阵图等进行手工地或计算机辅助地划分,需要大量的基础数据准备,如产品工艺数据库的建立、产品零部件的快速分解处理和零件族归类的评价标准等。

混流路径规划是指借助尽量少而简单的物理移动,将生产设备在逻辑上动态地组织成高效率的虚拟生产线。它主要依据工厂的布局、设备的产能及任务状况等基础条件,利用价值流分析进行混流路径方案设计,并可通过仿真来检验规划结果的生产能力,考察物流效率是否达到评价的标准。在此方面价值流图(VSM)最初被用做实施精益生产的工具,后逐步被用来辅助生产线的设计[49],而在本章的方案中则发挥其双重功能,用以支持混流制造中对于生产路径的设计、改进和重用。

(3) 基于约束理论的混流路径运作控制。

在5.3.1节中提到,在基于约束理论的混流生产中,将根据产品的工艺特点和生产设备的使用情况,将工厂划分为静态混流生产线和动态混流生产线。对于静态生产线,设计时考虑了生产能力的平衡,再加上不论是生产对象还是生产数量都是比较固定的,所以将采用Kaban或是CONWIP来实施生产控制。考虑到动态混流生产线生产需求的不确定性与计划波动性,则利用TOC思想采取基于DBR的同步化生产控制机制,可望达到降低在制品库存、缩短生产周期和提高有效产出率的目的。

如图5.8所示,该控制机制下DBR混流控制主要包括以下四个方面:①瓶颈侦测。不同产品生产时对设备生产能力的要求是不一样的,当生产条件发生变化时瓶颈的位置会发生变动,而TOC的核心问题是瓶颈,这是实施DBR的前提条件。②瓶颈设备的排产。根据约束理论可知系统的产出是由瓶颈决定的,瓶颈处的损失是无法弥补的,如何安排瓶颈设备的排产使瓶颈资源得到最大化的利用是至关重要的。③缓冲的设置和管理。缓冲的存在主要是为了消除系统的波动对瓶颈的不利影响,缓冲过小则起不到保护的作用,如果过大则造成在制品的积压。④生产节拍控制。当整个生产系统以一种较为和谐的频率进行生产时,才能确保系统是可靠的、可控的。围绕其实施的关键,在本书的后续部分将有更深入的探讨。

(4) 模拟仿真与实时监控。

模拟仿真技术是指借助计算机,用系统的模型对真实系统或设计中的系统进行实验,以达到分析、研究与设计该系统的目的。利用仿真技术不但可以预演或再现系统的运动规律和运动过程,而且可以对无法直接进行实验的系统进行仿真实验研究。

在此,模拟仿真可被运用于混流制造运作控制的诸多方面。在订单评估与任

务投放中,可以通过对生产系统的仿真,对订单进行当前状况下的模拟生产,得到
生产的相关数据,作为安排实际生产或与客户商定交货期的依据。而在混流路径
规划过程中,生产线路上设备产能的分配和设备的负荷是否合理,路线调度安排是
否较优化等,都可以采用模拟仿真的方法。

实时监控在一个快速响应的生产环境中是必需的,系统的扰动能否及时地反
映到决策层,将影响系统的整体绩效。实时监控致力于混流生产过程的跟踪反馈,
为系统各个环节的控制与总体的绩效评估提供基础。

(5) 绩效评估。

混流生产的绩效评估指标参数主要包括在制品库存水平、订单完成的情况、待
加工产品的等待时间、设备的负荷、设备的利用率及产品的生产周期等,它连同上
述 DBR 运作控制及相应的实时监控,构成有效的物流平衡和持续改进机制。需要
强调的是,与以往通行的考核方式不同,同时也是为了适应以整个产品价值流为中
心而组织成的路径生产模式,绩效评估时不能以局部的产出为核算单位,而是应该
从混流生产线的整体来评价。这也是符合约束理论的。

随着生产模式的改变,工作人员的组织结构也应随之发生变化。与传统的大
批量生产将员工与设备"捆绑"来分配任务不同,在混流生产中,要求员工有更大的
弹性和适应性,能根据生产需要加工不同的产品,尤其是操作瓶颈资源的工作
人员。

5.3.3　基于约束理论的混流生产运行控制总体框架

基于约束理论的混流制造的主要目标是在企业的整个生产过程中实现两个层
次的闭环控制(见图 5.9):一是生产层面的,其主要内容有车间设备、生产线的布
局,实行基于零件族的虚拟生产线的生产和管理,实现基于约束理论的物料投放和
控制机制,实时的生产系统监控,使车间的物流更为顺畅和有序的流动;二是计划
层面的,其主要内容有实施企业效能管理等,从而取得降低在制品库存、缩短生产
周期和提高关键资源利用率的效果,实现对生产订单的评估,实现基于约束资源安
排的生产计划制订,实现车间内的供应链管理和关键工序链多项目管理技术等,达
到提高企业交付水平,维护企业生产平衡的目的。

这两个层次的闭环控制是相互关联、相辅相成的。生产层面的控制与信息反
馈能更好地执行上层的计划,系统的状态能为生产计划的制订提供决策的依据。
而有效的计划调度和任务投放能让系统有条不紊地生产,各个环节协调运作,得到
更大的有效产出。因此,两个控制环节的和谐运作必然会提高企业的盈利水平及
其在市场中的竞争力。

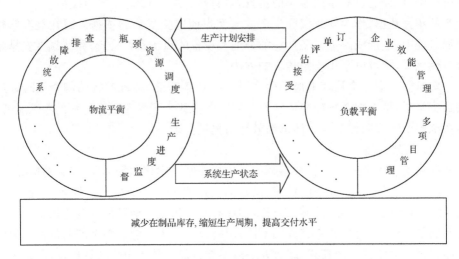

图 5.9　基于约束理论混流生产的总架构

5.4　基于约束管理的混流生产运行控制关键技术

本节在 5.3 节的基础上,进一步研究其具体实现的若干关键技术,包括混流路径规划、瓶颈识别、缓冲大小设置和管理。综合运用现有的相关理论与技术成果,建立基于约束管理的多种少量生产运作控制技术体系。

5.4.1　混流路径规划

1. 零件族的划分

所谓的混流路径,对于生产加工型企业来说就是基于零件加工工艺的零件生产线,而对于装配型生产企业来说就是产品组装流水线。混流路径是实现基于约束理论的多品种、小批量生产的平台。在多品种、小批量的生产环境中,品种繁多,不可能在物理上为每一种零件设计一条专门的生产线,而是尽可能要找到共同点进行简化。因此无论是静态的混流路径还是动态的混流路径,其划分的前提是要将生产的产品进行零件族的划分,再基于零件族来设计混流路径。

划分的流程如图 5.10 所示:从订单分解出待加工产品的零部件;查看工艺数据库此产品是否为以前加工过的产品或是有可适用的零件族。如果有则将根据其物料清单和生产的工艺流程进行零件归类;如果没有则进行工艺工序的分析,将所得结果保存到工艺数据库中,然后进行新的零件族归类。

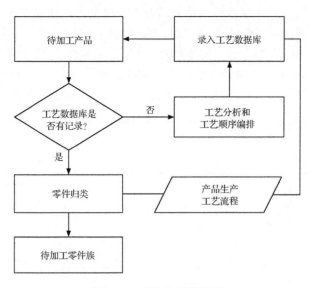

图 5.10 产品族划分流程

零件族的归类采用的方法是成组技术,最常用的有帕拉图和零件矩阵图等方法。零件矩阵图法先是绘制零件矩阵图,将零件名或代号列在矩阵图的左边纵队里面,在顶部则排列工艺的步骤。但通常情况下是没有必要列出零件所有的工艺步骤,因为零件在"上游"的加工中工序相似性比较大,只有到"下游"靠近成品的时候工艺步骤的差异才能明显地区分出零件族。如图 5.11 所示,矩阵左侧排列所生产的零件 A~G,上端排列工艺步骤代号 1~8。然后,在零件和工艺步骤对应的地

工 序 零 件	1	2	3	4	5	6	7	8
A	×	×	×		×	×		
B	×	×	×	×				
C	×	×	×		×		×	
D		×	×	×			×	×
E		×	×	×			×	×
F	×		×		×	×	×	
G	×		×		×	×	×	

图 5.11 零件矩阵

方做上记号,寻找工艺步骤相似或是共同加工步骤多的零件规并成族。在图 5.11
零件矩阵中,A、B、C 三种产品生产工序相似,则将它们划入同一个零件族。同理,
D 和 E、F 和 G 也可以划入相应的零件族,划分结果如图 5.12 所示。在生产过程
中就可以依据划分好的零件族的生产工艺和需求量分配合理种类和数量的生产设
备、操作人员、运输工具以及合适的调度、生产方式等组成聚焦工厂。

工序 零件	1	2	3	4	5	6	7	8
A	×	×	×		×	×		
B	×	×	×	×	×	×		
C	×	×	×		×	×	×	
D		×	×	×			×	×
E		×	×	×			×	×
F	×		×		×	×	×	
G		×			×		×	×

图 5.12　零件族矩阵划分

2. 混流路径与虚拟单元

本节提到的混流路径规划与当前国内外研究的虚拟制造单元和基于成组技术
的制造单元的思想一样,北京航空航天大学的学者提出了开发此计算机辅助系统
的框架,如图 5.13 所示[19]。混流路径的划分更加强调基于零件族的价值流,这不
仅仅涉及某一个生产单元,更关系到整个产品的生产周期内的所有设备单元。

混流路径规划是混流制造实施的关键,因为具体的生产方式的选择都是以混
流路径的特点为依据的。虚拟生产单元的划分[2]等技术能为混流路径规划提供不
少借鉴。混流生产线中强调物流的动态平衡与通畅,具体的动态混流生产路径不
仅在生产不同的产品品种组合时是不同的,甚至在不同时期生产同一种产品品种
组合时也因其需求量比例的变化而不尽相同,设备故障、瓶颈漂移或是紧急订单投
产时,也可能需要对其进行调整。因此,对于混流路径划分的原则、更新的频率、评
判的标准等都需要深入的研究。

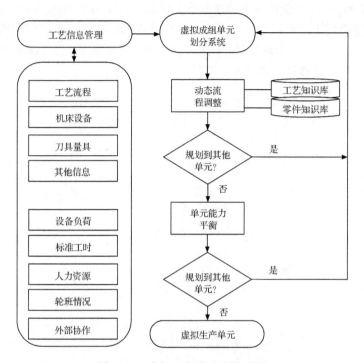

图 5.13　虚拟生产单元分类系统

5.4.2　瓶颈识别与瓶颈排产

1. 瓶颈的识别

瓶颈资源的确定是实施 DBR 的重要环节,生产计划的制订和订单的生产排程都需要围绕瓶颈资源展开,其他资源的运作控制均需紧随瓶颈资源的运作节拍进行。目前,国内外相关研究主要集中于位置相对固定的静态瓶颈[41]。但在动态生产过程中,当系统受到干扰或是计划执行有偏差时,在很大程度上会造成瓶颈位置的变化,出现瓶颈漂移现象[50]。为此,瓶颈的侦测需要研究两方面的内容:一是在生产进行之前如何根据历史数据或是通过建立生产模型进行模拟仿真得到静态的瓶颈位置;二是在生产进行过程中如何实时监测瓶颈漂移的趋势和发现生产过程中形成的新的瓶颈。当前所研究的瓶颈识别方法主要有以下几种:

(1) 依据产品生产的类型(见图 5.14)来辨识瓶颈资源[33]。对于“A”型企业,如造船厂等,由于部分零部件的延迟,月末的赶工与加班是常有的现象。辨识约束的方法是检查延迟物料单。找到经常延迟的物料后,将其加工工艺程序与不拖期的物料工艺程序进行比较,由此可以确认约束资源。对于“T”型企业,如制锁厂、汽车制造厂等,通常在零部件加工工序与装配工序之间有大量的零部件库存。与

"A"型企业相似,这类企业也普遍存在赶工现象。由于有多种类型的产成品,通过考察延迟订单与非延迟订单的生产工艺程序并进行比较即可确认约束资源。对于"V"型企业,如炼油厂、钢铁厂等,库存一般在约束资源前堆积,因此通过审查各工序前的在制品可以确认约束资源。

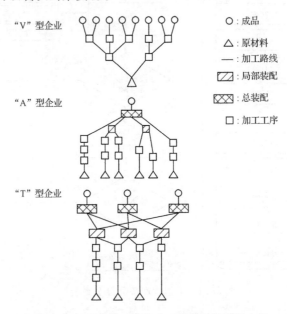

图 5.14 "V"、"A"和"T"三种物流类型的企业

(2) 利用线性规划理论。利用线性规划方法,对一个小型生产系统进行模拟分析[51],计算出给定时期内系统中各资源的任务量,与它们的能力进行比较后得出短缺资源和非短缺资源,分别对应于约束理论中的约束资源和非约束资源。

(3) 根据 TOC 理论,建立以下数学模型[52]: 当 $Ci = \min\{MR_i, \min\{PC_j, j \in S\}\}$, $S = \{j/j \neq i \wedge \exists R(X_i, X_j)\}$时,资源 X_i 为瓶颈($i = 1, 2, \cdots, n$)。其中,X_i 为系统中的资源;C_i 为资源 X_i 的实际产出能力;R 为资源之间互为输入和输出的关联关系;S 为与资源 X_i 相关联的资源的标号组成的集合。

但是上面三种方法各自都有不足的地方:第一种属于"事后诸葛亮",虽然能非常直观地观测出瓶颈的位置,但是在生产过程出现了堆积后才能反映出来,如果在多品种、小批量生产中,随着瓶颈的漂移可能会造成现场的混乱不堪;第二种和第三种都是采用计算的方法,在多品种、小批量生产环境中数据量将非常大,这是一种非常枯燥和繁重的任务。因此,文献[53]提出通过仿真技术来确定瓶颈资源。通过对生产系统模型输入,包括订单投放时间、所订产品类型、生产过程中的统计波动(如设备调整时间、标准作业时间等)、设备故障率,以及设备故障修复率等主要变量来模拟确定瓶颈位置。

混流制造所追求的是生产系统的有效产出率,通过与瓶颈节拍一致的同步化生产尽量减少在制品库存。但在一个生产系统中往往存在不同层次的瓶颈,如在总装配层次存在瓶颈的同时,在某些零部件生产虚拟线上也会存在瓶颈,因此混流制造运行控制需要从整个生产系统的层面来考虑节拍之间的协调和瓶颈之间的耦合。

2. 瓶颈的排产

根据约束理论可知,系统的产出是由瓶颈决定的,瓶颈处的损失是无法弥补的,如何安排瓶颈处的排产也是至关重要的。如前文所提到的,在多品种、小量生产环境中往往会出现多个瓶颈。目前,对单瓶颈和多瓶颈的排产的研究主要是采用运筹学的方法,进行算法数学的研究。

(1) 单瓶颈排产数学模型。

由于生产企业面临的目标有多种,包括:准时交货率、最小化在制品数量、缩短生产提前期和资源利用率最大。因此,在建立数学模型时选取何种目标作为目标函数是非常重要的。

这里介绍国内的学者徐学军[38]研究提出的"生产同步计划法",在这个数学模型中他认为系统的主要目标是提高瓶颈设备的利用率,因此数学模型的目标函数是最小化设备空闲时间。他还认为约束资源生产进度计划的关键问题是批量选择和工作的时间安排,即如何决定加工批量、搬运批量和生产订单的时间顺序,使得约束资源得到充分的利用。

由于 TOC 的一个原则是要求在瓶颈资源上尽量减少设备调整时间,可以尽可能多地利用瓶颈设备,所以调整时间是个非常重要的因素。若约束资源不要求设备调整,则其可用能力完全由加工时间构成。这种情况下,约束资源可根据每项订单的数量和交货时间次序安排生产,此时生产进度计划十分简单,加工批量可等于每项订单或多项订单的生产数量之和,搬运批量则为 1。约束资源在订单转换时要求调整,则其可用能力包括加工时间和调整时间。此时应考虑如何选择加工批量使约束资源的能力得到有效利用以满足交货要求。

在实际的生产环境中,加工批量的确定是在约束资源的能力约束下产品订单的交货日期与交货量权衡的结果。保证订单的交货日期要求设备作多次调整,从而导致约束资源产出率降低;相反,为保证交货量,需增大加工批量,这又可能推迟交货时间。基于这种情况,本章提出一种确定约束资源加工批量的方法。

不失一般性,假设生产车间有 M 台设备 $M_i(i=1,2,3,\cdots,k,\cdots,m)$,在 T 区间 n 种产品的订货数量分别为 $R_j(j=1,2,\cdots,k,\cdots,n)$,并假设 T 区间所有设备的可用能力为 AC,各产品在各台设备上的单位产品加工时间为 T_{ij},每台设备加工 n 种产品时的调整时间为 SP_{ij}。

首先确定瓶颈设备,假设按各个订单的数量组织生产,T 区间各机器生产所有

产品的负荷为

$$\operatorname*{Load}_{M_i}\Big[\sum_{j=1}^{n}(R_j T_{ij}+\mathrm{SP}_{ij})\Big] \quad (i=1,2,\cdots,m)$$

根据

$$\max_i\left\{\frac{\operatorname*{Load}_{M_i}\Big[\sum_{j=1}^{n}(R_j T_{ij}+\mathrm{SP}_{ij})\Big]}{\mathrm{AC}}\right\} \quad (i=1,2,\cdots,m)$$

可确定瓶颈机器,设为 M_K。

令各产品的加工批量为 $Q_1,Q_2,\cdots,Q_n$,则有 $Q_j=r\cdot R_j$,其中 r 为订单组合系数。

若

$$\max_i\left\{\frac{\operatorname*{Load}_{M_i}\Big[\sum_{j=1}^{n}(R_j T_{ij}+\mathrm{SP}_{ij})\Big]}{\mathrm{AC}}\right\}\leqslant 1 \quad (i=1,2,\cdots,m)$$

则 $Q_j=R_j$,即批量等于订货数量,此时 T 区间瓶颈机器调整 n 次。

若

$$\max_i\left\{\frac{\operatorname*{Load}_{M_i}\Big[\sum_{j=1}^{n}(R_j T_{ij}+\mathrm{SP}_{ij})\Big]}{\mathrm{AC}}\right\}>1 \quad (i=1,2,\cdots,m)$$

则必须增加产品的加工批量以减少调整时间。

当 $Q_j=r\cdot R_j$ 时,以 Q_j 组织生产,仅在 T 区间不可能完成各个订单的数量,设在 $p\cdot T$ 时间区间内完成,为此应提前 $(p-1)T$ 期投料,在 $p\cdot T$ 时间内瓶颈机器也调整 n 次;设在 $p\cdot T$ 时间内完成各个 Q_j 生产后的设备空闲时间为 z,则有

$$\min \quad \{z\}=p\cdot AC-\sum_{j=1}^{n}(R_j T_{ij}+\mathrm{SP}_{ij})$$

$$\mathrm{s.t.} \quad -\sum_{j=1}^{n}(R_j T_{ij}+\mathrm{SP}_{ij})+p\cdot AC$$

$$r>1$$

$$p>1$$

求解上述模型,可求得一组 r、p,分别取其最小值,则相应的加工批量 $Q_j=r\cdot R_j$ 可以保证满足订单需求量;而且只要提前 $(p-1)T$ 期投料,可保证按期交货。在实际应用中,可根据相关时间区间的订单需求,调整 r、p 的取值,一般应调整为整数值。

(2)多瓶颈资源排产数学模型。

事实上,在企业中由于生产的复杂性,往往会存在多道瓶颈,如何对存在多道

瓶颈的系统进行排产也是必须关注的问题,在这方面,国内的学者研究的较少,国外有学者提出了相应的数学模型[28],并进行了相关的实验验证。

当多于一个瓶颈存在时,并不是简单的瓶颈的累加,瓶颈之间的相互作用也会影响它们的排程。所以,在进行多瓶颈排产时不能彼此孤立的排程。Goldratt 博士在处理多道瓶颈及它们之间相互关系时,引进了"棒"(rod)的概念(见图 5.15),"棒"要求在瓶颈工序之间存在时间延迟。将不同瓶颈上的工序间延迟称为时间棒(time rod),将同一瓶颈上的不同工序的时间延迟成为批量棒(batch rod)。"棒"的大小一般设置成正常缓冲大小的一半。"棒"在瓶颈资源中的放置和两个因素有关:运输批量的大小,以及在不同瓶颈上的加工时间大小。

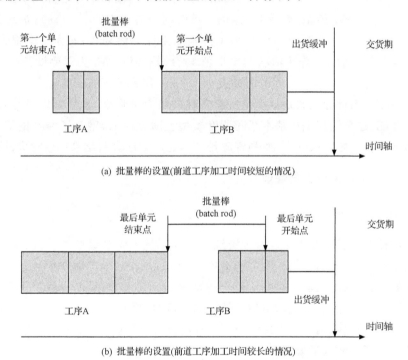

(a) 批量棒的设置(前道工序加工时间较短的情况)

(b) 批量棒的设置(前道工序加工时间较长的情况)

图 5.15　多瓶颈问题中批量棒的设置

如果在前面瓶颈上的单位加工时间比较小,那么"棒"就设置在前面瓶颈中第一个加工单元结束点和后面瓶颈中第一个加工单元的开始点。如果在前面瓶颈上的单元加工时间比较大,那么"棒"就设置在前面瓶颈中最后一个加工单元结束点和后面瓶颈中最后一个加工单元的开始点。具体的设置如图 5.15 所示。

数学模型的提出如下:

$$\min\{\max_{i \in C}\{(f_i - h_i)\}, 0\}$$

满足

$$
\begin{cases}
f_i + \mathrm{FS}'_{ij} \leqslant f_j - d_j, & \forall (i,j) \in H' \\
f_1 = 0 \\
f_j - f_i + \theta(1 - y_{ij}) \geqslant d_j, & \forall (i,j) \in M_k, \ k = 1,2,3,\cdots,K \\
f_j - f_i + \theta y_{ij} \geqslant d_i, & \forall (i,j) \in M_k, \ k = 1,2,3,\cdots,K
\end{cases}
$$

同时

$$
\mathrm{FS}'_{ij} = \max\{-s_j - (n_j - 1)p_j - 0.5b_{ij}, \ -s_j - (n-1)p_i + 0.5b_{ij}\}
$$

其中，s_i 为活动 i 的和工序无关的设备调整时间 $(i = 1,2,3,\cdots,n)$；n_j 为活动 j 的批量大小 $(j = 1,2,3,\cdots,n)$；p_i、p_j 为活动 i、j 的单位加工时间 $(i,j = 1,2,3,\cdots, n)$；H' 为用时间延迟 FS'_{ij} 来反应开始结束关系的活动集；f_i 为活动 i 的结束时间 $(i = 1,2,3,\cdots,n)$；d_i、d_j 为活动 i、j 的持续时间 $(i,j = 1,2,3,\cdots,n)$；h_i 为活动 i 的交货时间 $(i = 1,2,3,\cdots,n)$；C 为工件最后工序的活动集；θ 为一个很大的数值；y_{ij} 表示如果活动 i 先于活动 j，则取值 1，否则取值 0；M_k 为需要设备 k 的所有活动集；b_{ij} 为活动 i 和 j 之间的缓冲大小（$0.5b_{ij}$ 代表了棒的长度）。

上述模型的目标函数是最小化所有工件的最大延迟率，这样可以满足较好的交货期性能，这个模型是从基本车间调度模型上演化而来，融合了"棒"的概念，而且也验证了在多瓶颈条件下，瓶颈资源排产的先后顺序会对结果产生很大的影响。

5.4.3　缓冲大小的设置与管理

1. 缓冲大小的设置

缓冲设置的目的在于保证瓶颈资源的生产不受上游波动的干扰，从而保持较高的利用率。缓冲设置过大，则可能造成在制品的积压、生产周期的延长，尤其是在零件族成员比较多、加工时间比较长的情况下。反之，若缓冲设置过小，则系统抗干扰能力就会降低，系统的不稳定性增加。目前，缓冲大小的设置还主要是依靠经验，先根据历史数据得出缓冲大小，再根据实际情况进行调整优化。现在已有学者陆续提出了一些数学模型[36]。

（1）基本模型。

缓冲时间的设置长度与瓶颈前各道工序故障出现的概率和排除故障的时间有关。该模型只考虑瓶颈工序前的设备发生故障的概率及企业排除故障恢复正常生产的能力，如图 5.16 所示。设计划期长度为 L，计划期内瓶颈的上游设备 A 至少发生一次故障，A 发生故障后在本计划期内能够修复并恢复生产。

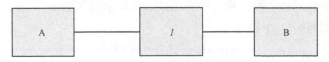

图 5.16　简化的生产系统

设 A 发生故障的概率为 $F(t) = 1 - e^{-ft}$（f 为故障率），A 的维护度为 $M(t) = 1 - e^{-mt}$（m 为修复率），求最小的瓶颈缓冲 $\mathrm{BS}_{\min}$（见图 5.16）。假设 I 为 A 与 B 之间的库存（以实物形式表示以便于计算），$m(t)$ 为设备 A 的维修时间分布函数，w 为 B 闲置时的平均有效产出损失，i 为存量占用成本（单位成本），P_A 为 A 的单位生产能力，P_B 为 B 的单位生产能力，$P_A > P_B$。则有

A 发生故障后的平均维修时间 $t(t \leqslant L)$ 为

$$t = \int_0^L t\mathrm{d}M(t) = \int_0^L t\mathrm{d}(1 - e^{-mt}) = \frac{1}{m}(1 - e^{-mL}) - Le^{-mL}$$

A 连续发生两次故障的平均间隔时间 $u(u \leqslant L)$ 为

$$u = \int_0^L t\mathrm{d}F(t) = \int_0^L t\mathrm{d}(1 - e^{-ft}) = \frac{1}{f}(1 - e^{-fL}) - Le^{-fL}$$

A 发生故障恢复生产前，B 的闲置时间为

$$T = \begin{cases} 0, & tP_B < I \leqslant LP_B \\ t - \dfrac{1}{P_B}, & I \leqslant tP_B \end{cases}$$

A 每次发生故障时，有效产出损失的期望值为

$$W(t) = w\int_{\frac{I}{P_B}}^L \left(t - \frac{I}{P_B}\right)m(t)\mathrm{d}t$$

单位时间库存占用与有效损失之和为

$$C = iI + \frac{w}{u}\int_{\frac{I}{P_B}}^L \left(t - \frac{I}{P_B}\right)m(t)\mathrm{d}t$$

令 $\dfrac{\partial C}{\partial I} = 0$，得

$$M\left(\frac{I}{P_B}\right) = M(L) - \frac{P_B ui}{w}$$

上式中，如果 $P_B ui \geqslant wM(L)$，即 $M(t) \leqslant 0$，说明 A 不发生故障，这与假设相矛盾，因此肯定有 $P_B ui < wM(L)$。

$$1 - e^{-m\frac{I}{P_B}} = 1 - e^{-mL} - \frac{P_B ui}{w}$$

即

$$e^{-m\frac{I}{P_B}} - e^{-mL} = \frac{P_B ui}{w}$$

得

$$e^{-m\frac{I}{P_B}} = e^{-mL} + \frac{P_B ui}{w}$$

得

$$\frac{I}{P_B} = -\frac{1}{m}\ln\left(e^{-mL} + \frac{P_B ui}{w}\right)$$

代入

$$u = \int_0^L t\,\mathrm{d}F(t) = \int_0^L t\,\mathrm{d}(1 - \mathrm{e}^{-ft}) = \frac{1}{f}(1 - \mathrm{e}^{-fL}) - L\mathrm{e}^{-fL}$$

得

$$\mathrm{BS}_1 = \frac{I}{P} = -\frac{1}{m}\ln\left\{\left(\mathrm{e}^{-mL} + \frac{P_\mathrm{B}[1 - (1 + fL)\mathrm{e}^{-(fL)}]}{wf}\right)\right\}$$

又设 A 与 B 间库存恢复到平均水平所需最短时间为 s，BS_2 为 A 第二次发生故障时的时间缓冲大小，则必须有

$$sP_\mathrm{A} = P_\mathrm{B}(s + \mathrm{BS}_2)$$

则有

$$s = \frac{P_\mathrm{B}\mathrm{BS}_2}{P_\mathrm{A} - P_\mathrm{B}}$$

如果 $s < u$，即在下次发生故障之前库存水平没有恢复，则 B 将同样会受到影响，所以必须有 $s \geqslant u$，即

$$\frac{P_\mathrm{B}\mathrm{BS}_2}{P_\mathrm{A} - P_\mathrm{B}} \geqslant u$$

得

$$\mathrm{BS}_2 \geqslant \frac{u(P_\mathrm{A} - P_\mathrm{B})}{P_\mathrm{B}}$$

$$\min\{\mathrm{BS}_2\} = \frac{u(P_\mathrm{A} - P_\mathrm{B})}{P_\mathrm{B}} = \frac{(P_\mathrm{A} - P_\mathrm{B})}{P_\mathrm{B}}\left[\frac{1}{f}(1 - \mathrm{e}^{-fL}) - L\mathrm{e}^{-fL}\right]$$

根据上述两式，最小的瓶颈缓冲应该为

$$\mathrm{BS}_{\min} = \max\{\mathrm{BS}_1, \min\{\mathrm{BS}_2\}\}$$

(2) 更一般性模型。

如图 5.17 所示，假如瓶颈设备的上游有 n 台设备，其中至少有一台发生故障。设各台设备的故障发生概率分别为 $F_1(t)$，$F_2(t)$，$F_3(t)$，…，各台设备的单位生产能力分别为 P_1，P_2，P_3，…，由实际管理经验可以得出，不管瓶颈上游的哪台设备或哪几台设备发生故障，都有可能对瓶颈产生影响且作用是相互独立的，所以它们组成的系统可以看成串联系统。设该串联系统的故障发生概率为 $F(t)$，系统的可靠度为 $R(t) = 1 - F(t)$。那么

$$F(t) = 1 - [1 - F_1(t)][1 - F_2(t)][1 - F_3(t)]\cdots[1 - F_n(t)] = 1 - \mathrm{e}^{-(f_1 + f_2 + f_3 + \cdots + f_n)t}$$

图 5.17　更一般生产系统简化模型

整个系统连续两次发生故障的平均间隔时间为

$$T = \int_0^L tF(t)\,\mathrm{d}t = \frac{1}{\sum\limits_{j=1}^{n} f_j}\Big[1 - \Big(1 + L\sum_{j=1}^{n} f_j\Big)\mathrm{e}^{-L\sum\limits_{j=1}^{n} f_j}\Big] \quad (j = 1,2,\cdots,n)$$

系统的平均维修率为

$$M(t) = 1 - \mathrm{e}^{-mt}$$

系统的平均生产能力为

$$c = \min\{c_1, c_2, c_3, \cdots, c_n\}$$

$$\mathrm{BS}_1 = -\frac{1}{m}\ln\left\{\mathrm{e}^{-mL} + \frac{P_\mathrm{B} i\Big[1 - \Big(1 + L\sum\limits_{j=1}^{n} f_j\Big)\mathrm{e}^{-L\sum\limits_{j=1}^{n} f_j}\Big]}{w\sum\limits_{j=1}^{n} f_j}\right\}$$

$$\min\{\mathrm{BS}_2\} = \frac{T(P - P_\mathrm{B})}{P_\mathrm{B}} = \frac{(P - P_\mathrm{B})\Big[1 - \Big(1 + L\sum\limits_{j=1}^{n} f_j\Big)\mathrm{e}^{-L\sum\limits_{j=1}^{n} f_j}\Big]}{P_\mathrm{B}\sum\limits_{j=1}^{n} f_j}$$

根据上面两式,可得最小的缓冲保护为

$$\mathrm{BS}_{\min} = \max\{\mathrm{BS}_1, \min\{\mathrm{BS}_2\}\}$$

此外,瓶颈设备缓冲的大小除了与瓶颈上游设备发生故障的概率和排除故障的时间有关,还与其上游非瓶颈工序的波动幅度、加工不同产品所需要的准备时间和加工时间有关,根据概率统计中的原理可以取缓冲保护的大小为

$$\mathrm{BS} = 3\mathrm{BS}_{\min}$$

如果生产系统出产多种产品,那么对于不同产品所需要零部件的加工速度是不一样的,因此对不同的产品而言,BS 的大小也是不一样的。

2. 缓冲大小的管理

监控生产线订单的运行过程可以通过简单地监控出货缓冲和约束缓冲来实现。这既可以通过计算也可以通过对于车间的视觉监控来完成。当物料到达缓冲的时间明显地延迟时,会发出可能出现故障的警报。如果 1/3 的缓冲时间已经过去了,但是物料还没有到达,就要找出物料以及有可能阻碍它进程的因素。如果 2/3 的缓冲时间过去了,物料还没有到达,那么需要加快速度以防止原有生产计划遭到破坏。

通过掌握缓冲的大小就可以有效地控制产品的生产提前期,90％的生产部件不需要通过加速就可以完成。频繁地加速意味着需要一个更大的缓冲。如果很少需要加速,那么缓冲的大小应该被减小。缓冲管理为生产系统的不断改进提供了

指导信息。随着系统性能的改善,缓冲变得越来越小,也导致了在制品库存和提前期的减少。

下面通过一个简单的例子来说明如何通过监控缓冲实现时间缓冲大小的调整。

缓冲大小的设置是根据一些变量来决定的,如平均加工批量、运输批量的速率和容量大小,以及瓶颈前加工工序的可靠性等。

如图 5.18 所示,将一个缓冲分成三个区域,这三个区域的大小也不一定相等。例如,将一个缓冲大小定义成 9h 大小,物流由左向右流向瓶颈资源。区域(1)的时间框架是希望订单在瓶颈前排队的范围。区域(1)一切运行良好,不需要对订单进行过多的管理。当发现实际运作和生产计划的缓冲不相符合时,就认为存在了漏洞。如果没有在规定的时间内看到物料的流过,则沿着时间找出订单,并且找出问题出在了哪里。如果总是处在区域(1),说明缓冲太大了;如果总是处在区域(3),说明缓冲太小。

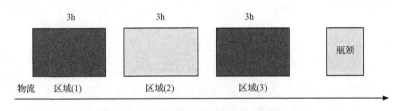

图 5.18　缓冲管理

5.5　基于约束管理的混流生产系统仿真

为了进一步研究基于约束管理的混流制造模式,本节运用 Flexsim 系统仿真软件建立了一个示例模型,并通过对模型实施新、旧两种生产方式的仿真得到在制品库存、平均生产时间和系统产出率等考核指标,验证基于约束管理的混流制造模式的优越性。

5.5.1　车间模型描述

此模型为功能性布局的单件作业型车间,共有 17 台设备,分为 8 个加工中心,其布局结构如图 5.19 所示。▆表示缓冲或在制品仓库,➤表示加工设备,◢表示装配机器。类型相同的加工设备为等效平行机器,并属于同一加工中心和物理区域。具体参数如表 5.4 所示。车间根据生产计划在一个月内生产 X、Y、Z 三种产品分别为 100 件、80 件和 20 件,它们的零件结构如图

5.20 所示,零件的加工作业、加工所用设备和相应设备上的加工时间如表 5.5 所示。

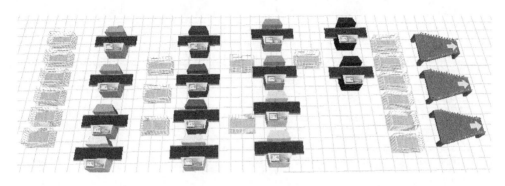

图 5.19　模型车间布局

表 5.4　设备数量和运作时间

加工中心	I	II	III	IV	V	VI	VII	装配 I
设备数量	3	2	2	1	2	2	2	3
运作时间/(min/d)	480	480	480	480	480	480	480	480
平均每月工作日/d	30	30	30	30	30	30	30	30

根据下面两个公式[54]可分别得到各个加工中心的需求产能和供给产能,其结果如表 5.5 所示。

$$需求产能 = \sum(零件加工数量 \times 零件加工时间)$$

$$供给产能 = 设备运作时间 \times 设备数量$$

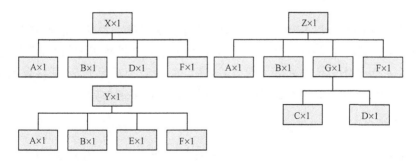

图 5.20　各产品零件结构图

表 5.5　零件加工时间和加工中心生产能力

零件(数量) ＼ 加工工序	加工时间/min						
	1	2	3	4	5	6	7
A(200)	25	18	30	—	5	15	—
B(200)	20	25	35	—	5	10	15
C(20)	25	18	30	—	10	10	—
D(120)	20	25	10	35	—	—	15
E(100)	15	20	10	40	—	—	15
F(180)	20	—	25	30	15	—	—
需求产能	17000	13960	20300	13600	4900	5200	6300
每天运作时间	1440	960	960	480	960	960	960
供给产能	43200	28800	28800	14400	28800	28800	28800

除以上基本的数据外,并对此模型作如下假设:

(1) 不考虑初期在制品库存的存在,原材料充足。

(2) 各个加工中心的机器功能和产能相同。

(3) 不考虑设备的调整时间,不考虑返工情况,不考虑运输时间。

(4) 不考虑工件回流情况的发生。

(5) 对于加工中心 V 之前的设备,由于使用频率高和时间比较长,假设其出现坏机、停机的时间间隔服从均值为 4800min 的泊松分布;对于加工中心 V 以后的设备,则服从均值为 9600min 的泊松分布,第一次发生坏机的时刻服从均值为 9600min 的指数分布。

(6) 机器的修复时间服从均值为 240min、方差为 60min 的正态分布。

5.5.2　生产模式的实现

针对上述的车间模型和生产任务,除了实现基于约束管理的混流制造本身的模拟仿真外,还要实现基于传统功能型布局的推进式制造模式的仿真,后者是目前中小型生产企业中最为普遍的生产方式,并以此为参考的标准,分别从在制品量、首个产品的产出时间、平均流程时间等指标来比较两者的性能。

1. 基于约束管理的混流制造模式

(1) 划分零件族。如图 5.21 所示,零件矩阵图的横坐标为各零件加工依次所经过的工序,而纵坐标表示零件的种类或名称,根据矩阵图可以看到 A、B、C 三种零件加工的工艺路径基本相似,所以将此三者归为一个零件族 λ,同理 D、E 零件完全相同因此归为第二个零件族 β,而 F 单一列出。

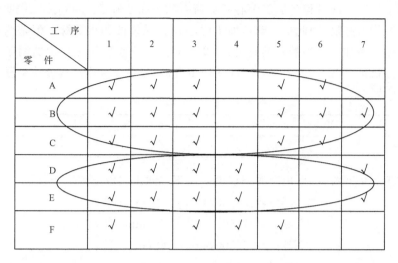

图 5.21　零件矩阵图

（2）划分混流路径。由于模型中的同类设备的数量大多为两台，因此无法为每一个零件族组织一条虚拟生产线。通过分析零件需求数目并为保证生产线生产能力均衡而将 F 和 D、E 合并加工。初步划分混流路径为：针对 λ 零件族分配加工中心 Ⅰ 的设备两台，加工中心 Ⅵ 的设备两台，其他加工中心的设备各 1 台；将剩下的设备划分给 β 和 F 加工使用。所有生产线均由设备逻辑上组织而成，设备不发生物理位置变化。划分结果如图 5.22 所示，其中由线框起来的设备按工序组织成 λ 混流生产路径，剩下的组成 β 混流生产路径。

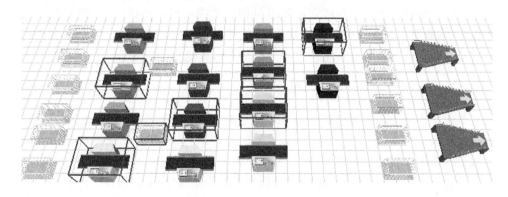

图 5.22　混流生产路径示意图

（3）确定瓶颈资源。机器设备负荷率和 Takt 的计算分别按照以下公式[55]：

$$机器设备负荷率 = 需求产能 / 供给产能$$

$$Takt 时间 = 供给产能 / 客户总需求$$

由上述第一式可得各加工中心的负荷率如表 5.6 所示。负荷率高说明此加工中心生产能力有限,因此初步确定加工中心 Ⅳ 为系统的约束资源。但是约束资源的位置还与被加工产品的种类有关,因此针对上一个步骤所设计出的两条混流路径同理分析可得:设备 3 为 λ 生产线的约束资源,设备 4 为生产线 β 约束资源。

表 5.6　加工中心的负荷率

加工中心	Ⅰ	Ⅱ	Ⅲ	Ⅳ	Ⅴ	Ⅵ	Ⅶ
负荷率/%	39.4	48.5	70.6	94.4	17.1	18.1	21.9

对于 λ 生产线,根据生产的需求由上述第二式得出设备的生产节拍:

$$Takt_1 = 28800/420 = 68(min/件)$$
$$Takt_3 = 14400/420 = 34(min/件)$$
$$Takt_6 = 28800/420 = 68(min/件)$$

其中,下标为加工中心的序号。

由约束理论可知,整条生产线的节拍由瓶颈资源确定,所以根据以上 Takt 时间可以确定 1 台加工中心 Ⅰ 和 1 台加工中心 Ⅵ 的设备就能保证生产能力的平衡。因此,λ 混流路径规划中所剩余的设备将不投入生产。

(4) 设置缓冲大小。缓冲的位置设置在瓶颈资源前面,与前一个生产模式相比,所有非瓶颈资源处均不设置缓冲。缓冲大小设置公式[54]为

$$时间缓冲 = \gamma \sum_{瓶颈前所有工序} (设备调整时间 + 设备加工时间)$$

其中,γ 为保护系数,目前相关资料均采用经验方法设置 γ=3～5。这种方法计算出来的时间缓冲就等于在瓶颈资源开工时刻需要提前投料的时间,但为了便于实际操作,本章将其量化为在制品的个数,即缓冲大小。在此取 γ=5,可以得出在此时间缓冲内在瓶颈资源前可生产出 8 个零件,所以将缓冲大小设置为 8。

2. 基于功能型布局的推进式制造模式

基于功能型布局的推进式制造模式是一种比较简单的生产方式,它对生产路径没有严格的要求,其主要流程如下:接受生产订单,将生产订单按照产品结构分解成最基本的物料需求表(BOM),对照 BOM 根据确定好的加工批量和加工顺序依次将物料投入生产系统中;在生产过程中采取简单的"先来先服务"(FCFS)排程方法,为了提高设备的利用率,在仿真中采取只要设备空闲就能加工的原则,并且在每个加工中心都设立在制品库以保证其能连续不断地加工,同时转移批量设为 1。

零件的加工批量和加工顺序对于生产系统来说是非常重要的参数,其不同的组合设置会对系统性能产生不同的影响。由于这两项并非本章研究的重点,所以

在仿真过程中将采取"等批量不等批次"、"等批次不等批量"两种方式,而对于加工顺序则按照加工处理时间长的、需求量多的和用到设备多的零件优先加工的原则,其他系统参数设置如表 5.7 所示。

表 5.7　不同模式的运行策略

模式	零件加工顺序	等批量	等批次	缓冲大小	排序原则	生产方式
一	路径 λ:B→A→C 路径 β:F→D→E	10	5	8	先来先服务	DBR
二	B→D→E→A→C→F	10	5	无限制	先来先服务	推进式

5.5.3　仿真的数据统计与结论

依据表 5.7 中的策略分别对两个模型进行多次仿真。为了取得较为稳定的数据,每个模式每次都运行 4 个月的仿真时间,并假定每个月所执行的生产计划的内容和开工时间都相同。仿真过程中对在制品库存量、平均流程时间和系统的有效产出进行了统计。其中,在制品库存量的采样周期为 480min。并且,考虑到系统仿真运作前期的"预热"(warm-up)效应,所有统计在系统运行半个月仿真时间后开始。详细数据结果分别如图 5.23、图 5.24 和表 5.8 和表 5.9 所示。

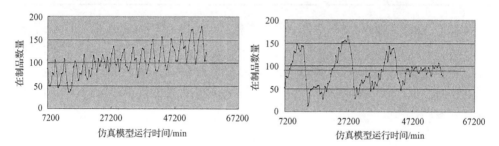

图 5.23　推式生产中在制品库存量变化曲线(左为等批次,右为等批量)

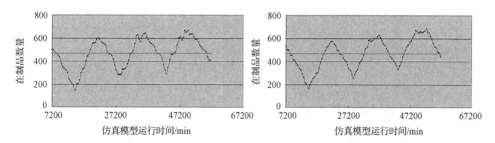

图 5.24　混流生产中在制品库存量变化曲线(左为等批次,右为等批量)

表 5.8　模式一性能指标统计

模式一	产品	首个产品下线时间/min	平均流程时间/min	有效产出
等批量 生产	X	455	13635	165 个
	Y	1435	14113	89 个
	Z	3168	6019	6.4 个
等批次 生产	X	1505	12802	178 个
	Y	2255	13566	104 个
	Z	4051	13506	6.4 个

表 5.9　模式二性能指标统计

模式二	产品	首个产品下线时间/min	平均流程时间/min	有效产出
等批量 生产	X	1150	15986	685 个
	Y	1165	15770	466 个
	Z	995	11242	5.8 个
等批次 生产	X	2590	14793	667 个
	Y	3280	14612	464 个
	Z	2955	14909	6.0 个

　　基于约束管理的混流制造模式实现了精益生产、约束理论和混流生产的结合,涉及对于价值流图、虚拟柔性生产单元、DBR 等技术和理念的综合运用。它打破先前有关领域各自为政的格局,深化了它们之间的联系,扩展了它们的研究应用范围,使之成为一个紧密的整体,为企业适应多品种小批量的生产环境提供了有效的改造方案。

5.6　本 章 小 结

　　随着市场的发展和科技的进步,市场赋予消费者越来越大的选择权力,客户化生产的趋势使得传统大批量重复生产环境转变成为品种高度混合的生产环境。如何在新的竞争环境中取得胜利——提高生产力和生存力,已成为国内外研究的热点,且当前的研究主要集中在对现行的一些生产管理技术作适应性的扩展,以便在多品种、小批量的生产中实现精益生产。

　　基于上述问题,本章主要分析研究了准时化生产技术、混流制造、聚焦工厂等方法理论,针对多品种、小批量的生产特点,提出了基于约束理论的多品种、小批量混流生产模式。此模式综合了上述理论方法的优点,强调它们之间的互补性和具体环境下的适应性。其主要特点如下:以零件族为生产对象,减少了系统优化和组织生产的难度,易于生产过程的控制和管理;采取动态混流路径和静态混流路径相结合的布局方式,为生产的快速响应提供了基础;不是统一生产方式,而是根据混流路径自身的特点采用合适的生产控制,但所有的生产控制都在混流制造控制机制框架之内实现相互之间信息互通有无。本章还对实现此模式中的关键性技术进行了归纳、总结和研究。

　　基于约束理论的多品种、小批量混流生产模式以提高生产率、缩短生产周期、减小在制品库存、提高交付水平为目标,充分体现了精益生产思想,为中小企业如何适应多品种小批量生产的环境提供了解决的思路。

参 考 文 献

[1] Invistics Corp. Adapting lean manufacturing for a high mix environment. White Paper, 2004.

[2] Selim H, Askin R, Vakharia A. Cell formation in group technology: Review, evaluation and directions for future research. Computers and Industrial Engineering, 1998, 34(1):3-20.

[3] Singh N. Design of cellular manufacturing systems: An invited review. European Journal of Operational Research, 1993, 69:284-291.

[4] 刘美珍, 刘剑雄, 刘伟达. 虚拟制造技术及其应用综述. 机电产品开发与创新, 2006, 19(1):88-90.

[5] Koren Y, Heisel U, Jovane F. Reconfigurable manufacturing systems. Annals of the CIRP, 1999, 48(2):527-540.

[6] 罗振璧, 盛伯浩. 快速重组制造系统. 中国机械工程, 2000, 11(3):300-303.

[7] 梁福军, 宁汝新. 可重构制造系统理论研究. 机械工程学报, 2003, 39(6):36-42.

[8] Nauta R. Flow Manufacturing. 1999. http://www.ncoaug.org.

[9] Hopp W J, Spearman M L. Throughput of a constant work in process manufacturing line subject to failures. International Journal of Production Research, 1991, 29(3): 635-655.

[10] Infor. Lean manufacturing in a make-to-order environment. White Paper, 2005.

[11] Pelion System Inc. The evolution from MRP/ERP to lean manufacturing & demand driven supply chain management. White Paper, 2005.

[12] 刘丽文. 生产运作管理(第二版). 北京:清华大学出版社, 2002.

[13] Hayes R H, Wheelwright S C. Restoring Our Competitive Edge: Competing Through Manufacturing. New York: John Wiley and Sons, 1984.

[14] Huff P. Using drum-buffer-rope scheduling rather than just-in-time production. Management Accounting Quarterly, 2001: 36-40.

[15] Skinner W. Manufacturing strategy on the "S" curve. Production and Operations Management, 1996, 5(1): 3-14.

[16] Duggan K J. Creating Mixed Model Value Streams: Practical Lean Techniques for Building to Demand. New York: Productivity Press, 2002.

[17] Womack J. The product family matrix: Homework before value stream mapping. 2003. http://www. lean. org/Community/Registered/Article. cfm? Article Id = 46.

[18] 蔡建国. 成组技术. 上海:上海交通大学出版社, 1996.

[19] 梁永建, 杨光薰, 胡波. 精益生产与虚拟成组生产组织. 制造技术与机床, 2004, (9): 121-125.

[20] Ko K C, Egbelu P J. Virtual cell formation. International Journal of Production Research, 2003,

41(11):2365-2389.

[21] Slomp J, Chowdary B V, Suersh N C. Design of virtual manufacturing cells: A mathematical programming approach. Robotics and Computer-Intergrated Manufacturing, 2005, 21:273-288.

[22] 王志亮,张友良,汪惠芬. 敏捷制造模式下制造单元重构技术研究. 计算机集成制造系统,2004, 10(7):727-731.

[23] 石柯,李培根,阳福民. 敏捷制造单元动态重构算法的研究. 计算机集成制造系统,2001,7(11):16-21.

[24] 毛宁,伍乃骐. 敏捷制造模式下的单元化制造. 中国机械工程,1998, 9(6):25-28.

[25] 马玉敏,张为民,陈炳森. 制造单元构建评价体系的研究. 现代生产与管理技术,2001,18(3):38-41.

[26] Fogarty J H, Blackstone J, Hoffman T R. Production and Inventory Management (2nd edition). Cincinnati:South-Western Publishing,1991.

[27] 曹德弼,汪建,孙林岩. 制约理论——美国制造业的秘密武器. 工业工程与管理, 2001, (1):22-26.

[28] Kim S, Davis K R, Cox J F. An investigation of output flow control, bottleneck flow control and dynamic flow control mechanisms in various simple lines scenarios. Production Planning & Control, 2003,14(1):15-32.

[29] Yucesan E, Chen C H, Snowdon J L, et al. Productivity improvement: Shifting bottleneck detection. Proceedings of the 2002 Winter Simulation Conference,2002: 1079-1086.

[30] Yuan K J, Chang S H, Li R K. Enhancement of theory of constraints replenishment using a novel generic buffer management procedure. International Journal of Production Research, 2003,41(4): 725-740.

[31] Uzsoy R, Wang C S. Performance of decomposition procedures for job shop scheduling problems with bottleneck machines. International Journal of Production Research, 2000,38(6):1271-1286.

[32] Trietsch D. From management by constraints (MBC) to management by criticalities (MBC II). Human Systems Management,2005,24: 105-115.

[33] 王玉荣. 瓶颈管理. 北京:机械工业出版社,2002.

[34] 戚晓曜. 基于约束理论的管理方法及其应用. 工业工程,2005, 8(1):19-23.

[35] 刘勇,谷寒雨,席裕庚. 基于约束理论的混合复杂流水线规划调度算法. 计算机集成制造系统,2005, 11(1):97-103.

[36] 李爱华,尹柳营. DBR 技术中确定缓冲大小的模型. 中国管理科学, 1998,6(1): 16-20.

[37] 任广杰,刘大成,丁迎薪等. 基于约束理论的设备综合效率方法研究. 制造技术与机床,2004,(4): 20-23.

[38] 徐学军. 同步生产控制及与 MRP(II)、JIT 的模拟比较. 系统工程理论方法应用, 2001,10(1):13-17.

[39] 唐国兰,吴云忠,钟少贞等. 约束理论在企业生产计划建模中的应用. CAD/CAM 与制造业信息化, 2004,(3):32-34.

[40] Miltenburg J. Comparing JIT, MRP and TOC, and embedding TOC into MRP. International Journal of Production Research, 1997, 35(4):1147-1169.

[41] 曹振兴,张士杰. 基于约束理论的制造单元瓶颈分析及对策. 机械设计及制造,2004,(4):109-112.

[42] 叶涛锋,韩文民. 多产品模式下确定瓶颈前缓冲大小的模型研究. 中国管理科学,第六届中国管理科学学术会议, 福州, 2004:1-11.

[43] 韩文民,叶涛锋. 约束条件下"漏斗模型"在生产控制中的应用. 工业工程与管理,2005,(2):131-133.

[44] 韩文民,叶涛锋. 混流条件下基于 TOC 制订生产作业计划的关键问题:研究现状及发展探讨. 江苏科技大学学报, 2005, 19(6): 92-96.

［45］Turbide D A. Flow manufacturing—A strategy White Paper. 2005. http：//www. verticent. com.

［46］王玉荣，孔祥云 . 精益生产(LP)初阶. 上海：AMT 企业资源管理研究中心，2002.

［47］王玉荣，孔祥云. TOC 简介. 上海：AMT 企业资源管理研究中心，2003.

［48］王玉荣，孔祥云 . JIT、MRPII、TOC 的比较分析 . 上海：AMT 企业资源管理研究中心，2003.

［49］Pelion System Inc. Designing a lean flow factory. 2005. http：//www. pelionsystems. com.

［50］Adams J，Balas E，Zawack D. The shifting bottleneck procedure for job shop scheduling. Management Science, 1988, 34(3)：391-401.

［51］Ronen B，Starr M K. Synchronized manufacturing as in OPT：From practice to theory. Computers Industrial Engineering，1990,18(4)：585-600.

［52］吴昊宁，杨冬超，孙宗禹等 . MRPII 系统 TOC 的应用与研究 . 工业工程,2003,3(1)：43-46.

［53］叶涛锋，韩文民 . 确定瓶颈资源的仿真方法研究 . 华东船舶工业学院学报(自然科学版),2003,17(4)：83-87.

［54］张乔龄 . TOC 式扣件生产系统之模拟实例研究 . 台湾：国立成功大学学位论文,2004.

［55］Ghazanfari M,Golmohammadi D. Material planning for a multi-products system under TOC. Proceeding of the First National Industrial Engineering Conference,Jehran, 2001：1-15.

第6章　制造系统运行过程中的预测与决策方法

车间是一个复杂的制造系统,其综合性能表现为系统配置的可适应性、运行效率和运行的稳定性等几个方面,这些又受到装备、工艺规程、物流和作业计划、执行控制策略等多因素交互作用的影响。为了提高制造执行的综合性能,能对未知事件作出较为准确的预测并能针对多种方案快速作出正确的决策是非常关键的。信息是预测和决策的基础,在多品种小批量或者大批量混流制造模式下,制造信息的交互关系异常复杂,并且处于动态演变之中。一方面,制造车间的组成单元多且对系统性能的影响机理各不相同,使得制造信息本身具有多源、多维、异构、耦合性强等特点;另一方面,真实车间中存在着大量模糊的、随机的、不完整的、不精确的、非对称的信息,这些不确定信息甚至是矛盾、冗余和病态的,在如此复杂的信息环境下,制造系统和制造过程中的预测、决策和控制问题将更加困难。

本章从以下三个方面对制造系统运作过程中的预测和决策方法进行探讨:

(1) 神经网络集成预测方法及其在制造系统性能预测中的应用。

(2) 不确定信息条件下的生产计划和作业计划决策方法。

(3) 设备维修决策方法。

6.1　神经网络集成预测方法及其应用

对制造系统进行数学建模是对其执行性能进行定量预测的前提,虽然在少数简单情况下(如串、并联生产线),通过系统结构分析也能较容易地获得数学模型,但是,现实的制造系统和制造过程一般是非常复杂的,直接建立分析模型相当困难,因此对制造系统和过程进行有限次观察和实验,然后通过统计分析和数据挖掘等手段来建立经验预测模型就显得更加切实可行。神经网络作为一种广泛使用的经验建模方法,具有函数逼近能力强、抵御噪声和数据缺失能力强等优点。为了将神经网络方法更好地应用于制造执行过程预测,有以下三个难题问题需要研究解决:①如何在保证预测精度的前提下优化模型的设计,使得结构尽量简单,所需训练样本尽量少,训练时间尽量短;②如何从训练好的有效模型集中选择最好的模型用于预测,即模型的验证与选择问题;③如何评价预测结果的可信度。

6.1.1　基于粗糙集的样本预处理方法

制造系统性能预测模型是一个非常复杂的非线性模型,其输出是制造系统的一些可以量化的性能指标,如不同类型工件的平均通过时间、设备利用率、工件准时交货率等;其输入是那些影响这些性能指标且可以量化的动态因素,如工件的类型数量、不同类型工件的工艺路线、工序操作时间、同一设备先后加工不同类型工件的切换时间(执行换刀、换夹具等操作)、设备的种类和数量、故障间隔时间和故障修复时间(都是随机变量)、调度规则、工作中心的实际运行设备数量、工件进入车间的平均间隔时间等。通常情况下,制造系统预测模型的输入属性非常多,如将其直接用于神经网络建模,过多的输入会降低神经网络的训练速度并增大预测误差,因此有必要通过条件属性约简的手段来尽量减少输入属性的个数,其目的是在保证可靠的分类质量前提下,求得与原始信息表具有相同或相似知识含量的约简信息表,从而降低神经网络训练的复杂性,并提高预测模型的泛化能力。本章采用粗糙集理论进行神经网络样本的预处理。应用粗糙集的属性约简和知识划分方法进行样本预处理主要有两个优点:①可以保证预处理后样本信息量基本无损失;②通过设置聚类相似度阈值、待预测属性与决策属性之间的包含度阈值,可以获得丰富典型的样本集,为后续网络训练提供更精练的候选样本集。

1. 最小击中集

由粗糙集理论可知,信息系统的属性约简集不唯一,人们期望能找到具有最少属性的约简,即最小约简,但研究人员已经证明求一个决策表的最小约简是 NP 难问题,因此一般采用启发式方法或遗传算法进行求解。目前基于遗传算法的属性约简一般都是在先求得属性核的基础上,结合属性核进行 0、1 编码。一个很自然的编码方案就是用长度为 N 的二进制串来表示一个个体,每位对应一个条件属性,"1"表示所选子集含有对应属性,"0"则表示不含对应属性。然而在大多数工程应用中,尤其是当属性数目非常多时,确定属性核相当困难,而且由于噪声数据和不协调数据的干扰,像经典粗糙集中所提到的绝对意义上的属性约简是不可能的。正因为如此,文献[1]提出了"最小击中集"(minimal hitting set)和"相似约简"(approximate reduction)的概念,即在一定的程度(给定一个阈值)上能够满足原有知识的分类能力。本章引入了相关概念进行了扩充,并证明了一个重要的定理。

给定一个属性项多重集(multiset,集合中可以存在相同的元素): $\Omega = \{S_i \mid i \in I \subseteq \mathbf{N}\}$, $S_i \in 2^U$ (U 表示属性项的全域)。如果存在集合 $X \in 2^U$,满足 $\forall i \in I$, $X \cap S_i \neq \varnothing$,则 X 称为 Ω 的击中集。用 $HS(\Omega)$ 表示 Ω 所有的击中集,对于 $X \in HS(\Omega)$,如果减少集合 X 中元素个数,X 不再是击中集,那么称 X 为 Ω 的最小击中集。例如,对于 $U = \{a, b, c, d\}$, $\Omega = \{\{a, c\}, \{a, d\}, \{c, d\}, \{a, d\}\}$,显然 $\{c, d\}$ 为 Ω 的最小击中集,而 $\{a, c, d\}$ 虽然为 Ω 的击中集,但不是最小击中集。最小击中集和最小约简之间存在如下关系。

定理 6.1　决策表的可辨识矩阵中非空元素所构成的属性项集的击中集是决

策表相对于决策属性的约简,最小击中集就是决策表的最小属性约简。

证明　设决策信息表为 $T = \langle U, A \bigcup \{d\}, V, f \rangle$,其中,$A = \{a_1, \cdots, a_m\}$ 为条件属性集,d 为决策属性,可辨识矩阵 $\boldsymbol{C}_A^d$ 中非空元素构成的属性项多重集为 $\Omega = \{C_A^d(i,j) \mid C_A^d(i,j) \neq \varnothing\}$,$S$ 为 Ω 的击中集,根据击中集的定义,有 $S \in 2^A$ 且 $S \bigcap S_i \neq \varnothing \mid \forall S_i \in \Omega$,因此,$\forall x_i, x_j \in U \wedge f(x_i, d) \neq f(x_j, d)$,有

$$C_S^d(i,j) = C_A^d(i,j) - C_A^d(i,j) \bigcap (A - S) = C_A^d(i,j) \bigcap S \neq \varnothing$$

可见,决策信息表 $T' = \langle U, S \bigcup \{d\}, V, f \rangle$ 的分类情况和 T 相同,因此 S 是 A 相对于决策属性的约简。

假设 S 是 Ω 的最小击中集,但不是 A 相对于决策属性的最小约简,设 S' 为最小约简,由于 $T'' = \langle U, S' \bigcup \{d\}, V, f \rangle$ 和 $T = \langle U, A \bigcup \{d\}, V, f \rangle$ 具有相同的分类能力,因此 $\forall x_i, x_j \in U \wedge f(x_i, d) \neq f(x_j, d)$,有 $C_{S'}^d(i,j) \neq \varnothing \wedge C_{S'}^d(i,j) \subset C_A^d(i,j)$,考虑到 $S' \bigcap C_{S'}^d(i,j) \neq \varnothing$,故有 $S' \bigcap C_A^d(i,j) \neq \varnothing$,即 S' 也是 Ω 的击中集,由于 $\mid S' \mid < \mid S \mid$,因此 S 不是 Ω 的最小击中集,和假设矛盾。定理得证。

定义函数

$$h_X(S_i) = \begin{cases} 1, & S_i \bigcap X \neq \varnothing \\ 0, & \text{其他} \end{cases}$$

表示当 S_i 与 X 相交时,$h_X(S_i) = 1$,这样对于任意的属性集 $X \in 2^U$,计算其击中测度为 $\alpha(X) = \dfrac{\sum h_X(S_i)}{\mid \Omega \mid}$,分子表示 Ω 中与 X 相交的子集的个数,分母为 Ω 中所有子集的个数。显然,当且仅当 X 是 Ω 的击中集时,$\alpha(X) = 1$。文献[1]考虑相似约简的基本思想,给出阈值 $r (0 < r \leqslant 1)$ 或称命中率来度量约简质量,如果 $X \in 2^U$,满足 $\alpha(X) \geqslant r$,则 X 是属性项集 Ω 的 r -相似击中集。用 $HS_r(\Omega)$ 表示 Ω 所有的 r -相似击中集。对于 $X \in HS_r(\Omega)$,如果去掉 X 中任一元素,$\alpha(X) \geqslant r$ 不再成立,则 X 称为最小 r -相似击中集。在研究中发现,在属性约简时,即使阈值 r 接近于 1(如 0.99),属性约简结果也仍然存在较大的误差,因此采用基于混淆矩阵的约简质量度量方法。

2. 基于混淆矩阵的约简质量分析

针对决策信息表,对决策属性进行离散化处理后,其值域空间 $V_d = \{v_1, \cdots, v_{r(d)}\}$,原始分类函数 $f(x, d)$ 满足:$f(x, d) = v_i \mid x \in U \wedge v_i \in V_d$,该决策信息表经过属性约简后得到新的决策信息表,分类函数 $\hat{f}(x, d)$ 满足:$\hat{f}(x, d) = v_j \mid x \in U \wedge v_j \in V_d$。

混淆矩阵定义为一个 $r(d) \times r(d)$ 的矩阵 $\boldsymbol{C}$,矩阵元素 $C(i, j)$ 的取值等于原来用分类 $f(x, d)$ 划分到第 i 类,而被新的分类 $\hat{f}(x, d)$ 划分到第 j 类的样本个数,即

$$C(i,j) = | \{x \in U \mid f(x,d) = v_i \wedge \hat{f}(x,d) = v_j\} |$$

如果 $\forall C(i,j) = 0 \mid i \neq j$,则约简后的分类和约简前的分类相同,此约简为完全约简;否则为近似约简,即存在一定的分类误差。对于近似约简,显然,矩阵 C 对角线上的元素越多,其约简质量越高。因此约简质量定义为

$$\beta = \sum_{i=1}^{r(d)} C(i,i) / \sum_{i=1}^{r(d)} \sum_{j=1}^{r(d)} C(i,j)$$

β 的取值范围是 $(0,1]$,β 越接近于 1,则约简效果越好,当 $\beta = 1$ 时为完全约简,因此可将 β 作为属性约简质量的量化指标。

3. 基于遗传算法的粗糙集条件属性约简

对于样本实例集合 $U = \{x_1, x_2, \cdots, x_n\}$,构建它的决策信息表,获得相对于决策属性 d 的可辨识矩阵 C_A^d,根据定理 6.1,信息表的约简问题可转化为求 C_A^d 中非空元素所构成集合 $\Omega = \{S_1, \cdots, S_{|\Omega|}\}$ 的最小击中集 S 问题。采取遗传算法求解 S,步骤如下:

(1) 构建决策信息表的可辨识矩阵。C_R^d 表示相对于决策属性 d 的可辨识矩阵(R 为条件属性集)。设样本实例的集合 $U = \{x_1, x_2, \cdots, x_n\}$,$C_R^d(i,j)$ 表示可辨识矩阵的第 i 行第 j 列($i, j = 1, \cdots, n$)的元素,则

$$C_R^d(i,j) = \begin{cases} \varnothing, & f'(x_i, d) = f'(x_j, d) \\ \{a \mid a \in \bigcup_{i=1}^N s_i \wedge f'(x_i, a) \neq f'(x_j, a)\}, & f'(x_i, d) \neq f'(x_j, d) \end{cases}$$

(2) 编码。多重集 Ω 中的每一个元素 S_i 都是一个集合,并且 $S_i \subseteq 2^U$,采用一个长度为 N 的二进制编码串表示多重集中的一个集合元素,对应 N 个条件属性,取值为 1 说明该条件属性在集合中存在,为 0 则不存在。在产生种群个体时,每一个染色体 p 代表决策信息表一种潜在的约简结果,染色体的编码位通过如下方式生成:随机生成一个介于 $[0, N]$ 的随机整数 k 和 N 个介于 $[0,1]$ 的随机数 b_j,对于染色体的第 $j(0 \leqslant j \leqslant N)$ 位,如果 $b_j < k/N$,则该位取值为 1,否则取值为 0。

(3) 种群初始化。随机生成 60~100 个个体,每个个体采用步骤(2)中的编码方式,构成初始种群,重复进行交叉、变异和选择操作,直到到达给定的迭代次数为止。

(4) 适应度计算与选择。对于染色体 p,参照前面给出的约简质量定义,设计个体适应度计算公式:

$$\text{fitness}(p) = (1-\rho)\frac{\text{CP} - |p|}{\text{CP}} + \rho\min\{\alpha, \beta(p)\}$$

其中,CP 为染色体长度(即条件属性总数);$|p|$ 表示染色体编码为 1 的位数(即约简后的条件属性个数);α 是给定的约简质量阈值;$\beta(p)$ 是约简质量;ρ 是权重参数。适应度计算公式分为两部分,前一部分强调约简后属性集空间越小越好;后一

部分强调属性集的约简质量尽可能超过阈值,ρ用于两者之间的权衡。

求得个体适应度后,采用轮盘赌方法进行遗传选择,并采取最优保存策略,即始终将最优个体复制到下一代群体中。

(5) 交叉与变异。如前所述,染色体长为N,采用多点交叉算子进行交叉操作,子代个体的每个染色体段依次来自于两个父代个体;变异的过程为,随机选择染色体的一位,随机将取值为 0 的某位变为 1,并将原来为 1 的那位变为 0。

4. 实例

某新型数字冰箱由八大功能模块构成,其中冷冻模块(m_1)、箱体模块(m_2)和门体模块(m_3)构成了冰箱产品族的基本模块;电气控制模块(m_4)、压缩机保护模块(m_5)和核心搁物模块(m_6)构成了辅助模块;除霜模块(m_7)、高级控制模块(m_8)为可选模块。配置性能指标包括冷冻室容积(p_1)、冷藏室容积(p_2)、耗电量(p_3)、额定功率(p_4)、保鲜能力(p_5)、噪声(p_6)、制冷剂(p_7)和寿命(p_8)。通过收集样本,得到了 5 类产品型号的 30 个基本配置组成及对应的产品性能参数值,如表6.1 所示,其中条件属性为产品功能模块 $m_1,\cdots,m_8$,决策属性为配置性能指标 $p_1,\cdots,p_8$,s_{ik} 代表功能模块 m_i 的第 k 个实例。基本配置性能决策信息表直观地反映了产品的配置关系,它的主要缺点在于,条件属性值是一种索引值,无法直接用它们来训练神经网络并进行回归预测,因此需要对它进行规范化处理,即转化为布尔配置性能决策信息表,此时,条件属性变为模块实例,条件属性的取值集合变为$\{0,1\}$。转化后的布尔配置性能决策信息表如表 6.2 所示,配置条件属性为 24。

表 6.1　冰箱配置原始样本集

序号	条件属性								决策属性							
	基本模块			辅助模块			可选模块		p_1 /L	p_2 /L	p_3 /(kW·h)	p_4 /W	p_5 /级	p_6 /dB	p_7	p_8 /年
	m_1	m_2	m_3	m_4	m_5	m_6	m_7	m_8								
1	s_{12}	s_{21}	s_{31}	s_{41}	s_{51}	s_{62}	—	—	50	112	0.761	130	3	27	42	8
2	s_{12}	s_{22}	s_{31}	s_{42}	s_{51}	s_{62}			72	116	0.735	130	3.75	28	45	9
3	s_{12}	s_{21}	s_{31}	s_{42}	s_{51}	s_{62}	s_{71}		72	133	0.762	130	3.75	27	36	9
4	s_{12}	s_{21}	s_{31}	s_{43}	s_{51}	s_{62}	s_{71}		72	146	0.749	130	3.75	29	39	10
5	s_{12}	s_{21}	s_{31}	s_{43}	s_{51}	s_{62}	s_{71}	s_{82}	93	150	0.804	135	4.5	31	52	11
6	s_{12}	s_{21}	s_{31}	s_{43}	s_{52}	s_{62}	s_{71}	s_{81}	50	116	0.685	130	4	27	45	11
7	s_{11}	s_{21}	s_{31}	s_{41}	s_{51}	s_{61}			72	133	0.712	125	4	28	46	10
8	s_{11}	s_{21}	s_{31}	s_{42}	s_{52}	s_{62}			72	133	0.726	130	4.5	28	48	9
9	s_{11}	s_{21}	s_{31}	s_{42}	s_{52}	s_{61}			72	139	0.784	135	3.5	29	45	9
10	s_{11}	s_{21}	s_{31}	s_{43}	s_{51}	s_{62}	s_{71}		93	146	0.755	120	4	31	40	11
11	s_{12}	s_{21}	s_{31}	s_{43}	s_{52}	s_{62}	s_{71}	s_{81}	50	145	0.804	130	3	27	47	12
12	s_{13}	s_{21}	s_{31}	s_{42}	s_{52}	s_{61}	s_{71}	s_{81}	72	116	0.777	120	3.75	29	44	8

续表

序号	条件属性								决策属性							
	基本模块			辅助模块			可选模块		p_1	p_2	p_3	p_4	p_5	p_6	p_7	p_8
	m_1	m_2	m_3	m_4	m_5	m_6	m_7	m_8	/L	/L	/(kW·h)	/W	/级	/dB		/年
13	s_{15}	s_{22}	s_{34}	s_{42}	s_{52}	s_{63}	—	—	72	133	0.77	135	3.75	31	44	9
14	s_{13}	s_{23}	s_{34}	s_{43}	s_{52}	s_{63}	—	—	72	133	0.834	140	4.5	27	43	10
15	s_{13}	s_{23}	s_{31}	s_{43}	s_{52}	s_{63}	s_{71}	—	93	150	0.852	140	5	32	52	10
16	s_{15}	s_{22}	s_{32}	s_{42}	s_{52}	s_{63}	s_{71}	—	50	116	0.769	125	4	27	41	11
17	s_{15}	s_{23}	s_{33}	s_{43}	s_{51}	s_{62}	s_{71}	s_{82}	72	120	0.81	125	4	28	39	8
18	s_{15}	s_{22}	s_{33}	s_{43}	s_{52}	s_{64}	s_{71}	s_{81}	72	146	0.729	135	4.5	27	42	9
19	s_{14}	s_{22}	s_{31}	s_{42}	s_{51}	s_{64}	—	—	72	150	0.736	140	3.5	29	45	9
20	s_{14}	s_{23}	s_{34}	s_{43}	s_{51}	s_{64}	—	—	93	145	0.852	135	4	32	42	10
21	s_{14}	s_{22}	s_{32}	s_{42}	s_{52}	s_{63}	s_{71}	—	50	133	0.775	125	3	27	39	11
22	s_{14}	s_{22}	s_{34}	s_{43}	s_{52}	s_{64}	s_{71}	—	72	135	0.789	145	4	29	48	12
23	s_{14}	s_{23}	s_{34}	s_{42}	s_{52}	s_{63}	s_{71}	s_{82}	72	146	0.822	150	4	31	45	10
24	s_{15}	s_{21}	s_{33}	s_{43}	s_{51}	s_{62}	s_{71}	s_{82}	72	147	0.874	145	3.75	27	46	9
25	s_{15}	s_{22}	s_{34}	s_{43}	s_{52}	s_{64}	s_{71}	s_{81}	93	125	0.73	125	5	28	38	9
26	s_{14}	s_{22}	s_{31}	s_{41}	s_{51}	s_{64}	—	—	50	112	0.846	125	4	27	50	12
27	s_{15}	s_{23}	s_{34}	s_{43}	s_{52}	s_{64}	—	—	72	133	0.848	135	4	28	40	12
28	s_{13}	s_{23}	s_{32}	s_{42}	s_{52}	s_{63}	s_{71}	—	72	125	0.763	140	4.5	27	47	10
29	s_{12}	s_{23}	s_{34}	s_{41}	s_{51}	s_{61}	s_{71}	—	72	140	0.822	135	3.5	29	51	9
30	s_{11}	s_{23}	s_{34}	s_{41}	s_{52}	s_{61}	—	s_{81}	92	125	0.835	125	4	31	47	10

表 6.2　布尔配置性能决策信息表

序号	条件属性																								决策属性
	m_1					m_2			m_3				m_4			m_5		m_6				m_7	m_8		
	s_{11}	s_{12}	s_{13}	s_{14}	s_{15}	s_{21}	s_{22}	s_{23}	s_{31}	s_{32}	s_{33}	s_{34}	s_{41}	s_{42}	s_{43}	s_{51}	s_{52}	s_{61}	s_{62}	s_{63}	s_{64}	s_{71}	s_{81}	s_{82}	…
1	0	1	0	0	0	1	0	0	1	0	0	0	1	0	0	1	0	0	1	0	0	0	0	0	…
2	0	1	0	0	0	1	0	0	1	0	0	0	0	1	0	1	0	0	1	0	0	0	0	0	…
3	0	1	0	0	0	1	0	0	1	0	0	0	0	1	0	1	0	0	1	0	0	1	0	0	…
4	0	1	0	0	0	1	0	0	0	0	1	0	0	1	0	1	0	0	0	1	0	1	0	0	…
5	0	1	0	0	0	1	0	0	1	0	0	0	0	0	1	1	0	0	1	0	0	1	0	1	…
6	0	1	0	0	0	1	0	0	0	0	0	1	0	1	0	1	0	0	0	1	0	1	1	0	…
7	1	0	0	0	0	1	0	0	1	0	0	0	0	1	0	0	1	1	0	0	0	0	0	0	…
8	1	0	0	0	0	1	0	0	1	0	0	0	0	1	0	0	1	1	0	0	0	0	0	0	…

采用遗传算法对布尔配置决策属性表进行约简,具体参数如下:

(1)种群规模为 60,迭代次数为 20,交叉概率为 0.5,变异概率为 0.1。

(2)约简质量阈值 $\alpha = 0.9$,权重参数 $\rho = 0.8$。

决策属性的个数为 8,每次只考虑一个属性,所以要进行 8 次约简,每次约简的结果各不相同,约简结果如表 6.3 所示。可以看出,约简后的剩余属性个数只有 7、8 个,是全部属性个数(24 个)的 1/3,且每次约简质量均超过了 90%。

表 6.3　布尔配置性能决策信息表的最优约简集及其性能

性能参数	基于遗传算法的最优约简集	性能参数离散化(数值或区间)	约简质量/%	减少属性/%
冷冻室容积(p_1)	$\{s_{12},s_{14},s_{23},s_{33},s_{42},s_{71},s_{81}\}$	50,72,93	95	71
冷藏室容积(p_2)	$\{s_{14},s_{22},s_{31},s_{42},s_{62},s_{71},s_{81}\}$	[110, 120),[120, 130), [130,140),[140,155]	91	71
耗电量(p_3)	$\{s_{12},s_{14},s_{23},s_{42},s_{51},s_{61},s_{71},s_{82}\}$	[0.685,0.749),[0.749,0.77), [0.77,0.804),[0.804,0.834), [0.834,0.874]	100	67
额定功率(p_4)	$\{s_{12},s_{21},s_{23},s_{34},s_{41},s_{63},s_{71},s_{82}\}$	120,125,130,135,140,145,150	96	67
保鲜能力(p_5)	$\{s_{12},s_{14},s_{23},s_{42},s_{51},s_{61},s_{71},s_{82}\}$	3,3.5,3.75,4,4.5,5	94	67
噪声(p_6)	$\{s_{11},s_{14},s_{15},s_{21},s_{34},s_{43},s_{51},s_{82}\}$	27,28,29,31,32	95	67
制冷剂(p_7)	$\{s_{15},s_{23},s_{33},s_{42},s_{52},s_{62},s_{71},s_{81}\}$	[36, 40),[40, 45),[45, 50), [50,55)	95	67
寿命(p_8)	$\{s_{14},s_{15},s_{23},s_{42},s_{52},s_{62},s_{71}\}$	8,9,10,11,12	95	71

利用约简后得到的 8 张决策属性表分别训练神经网络模型。随机选择 6 个个体作为测试集,针对剩下的 24 个个体,采用 4-fold 交叉验证方法来训练集成神经网络,即将 24 个样本等分为 4 块,每次取其中 3 块(即 18 个个体)作为训练集,取剩余 1 块(即 6 个个体)作为验证集来训练个体 BP(前馈)神经网络,最后进行集成。表 6.4 列出了耗电量、冷藏室容积和寿命的预测结果及测试误差,以耗电量的预测为例,设计个体 BP 神经网络的结构为 8-8-1,即 8 个输入,1 个输出和 8 个隐层神经元,训练过程在 Matlab 平台上完成,训练的终止条件是验证误差不再减小。利用 6 个测试个体进行测试,其相对误差均在 7% 以下。

表 6.4　神经网络结构及其预测性能测试分析

耗 电 量			冷藏室容积			寿 命		
8-8-1 结构			7-7-1 结构			7-7-1 结构		
实际值	预测值	测试误差	实际值	预测值	测试误差	实际值	预测值	测试误差
0.730	0.722	1%	147	136	7%	9	10.1	12%
0.846	0.790	7%	145	146	0.7%	11	11	0%
0.848	0.805	5%	112	121	8%	12	10.4	13%
0.763	0.808	6%	133	128	4%	12	11.2	7%
0.822	0.808	2%	125	127	2%	10	9.9	1%
0.835	0.799	4%	140	141	0.7%	8	7.8	3%

6.1.2　聚类 Bagging 预测方法

　　神经网络是一种应用非常广泛的经验建模方法。Hornik 等[2]证明,仅有一个非线性隐层的前馈网络(BP 网络)就能以任意精度逼近任意复杂度的函数。1990年,Hansen 和 Salamon[3]开创性地提出了神经网络集成(neural network ensemble, NNE)方法。他们证明,可以简单地通过训练多个神经网络并将其结果进行合成,显著地提高神经网络系统的泛化能力。单个神经网络的泛化能力较弱,而通过训练多个差异度较大的神经网络,并将结果进行合并的方法则能显著提高模型的泛化能力。Bagging 是一种应用广泛的神经网络集成方法,基本 Bagging 方法[4]的步骤是,首先通过有放回随机取样技术(Bootstrap 取样)生成若干个体神经网络,然后将所有这些个体网络集成,预测值是每一个体网络输出的简单平均。基本 Bagging 方法的缺点之一是在集成前没有进行网络选择,因此一些质量比较差的神经网络可能削弱整个集成模型的质量。

　　一些学者对神经网络选择问题进行了研究,李凯等[5]利用差异度指标来选择构建集成模型的个体网络,该方法比较适用于分类器;Fu 等[6]则利用聚类方法来选择个体网络,聚类的标准是样本数据的拟合误差矢量。本章提出了一种基于聚类的 Bagging 方法,聚类分析的依据是样本数据的 0.632 预测误差。0.632 预测误差由 Efron[7]提出,他认为通过将 Bootstrap 测试误差和训练误差进行加权求和(权重分别为 0.632 和 0.368)后,能矫正 Bootstrap 测试误差的上偏特性。在实验中将基于 0.632 误差聚类的 Bagging 方法和其他两种方法做了比较,结果显示该方法具有更高的预测精度。

　　基于 0.632 误差聚类的 Bagging 方法的基本过程如图 6.1 所示。在建模阶段,首先通过 Bootstrap 取样训练出若干个神经网络,计算每一个网络的 0.632 预测误差;然后依据误差对个体网络进行聚类,取其中误差最小的一簇来构建集成网络。详细步骤如图 6.1 所示。

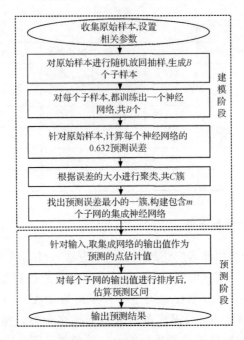

图 6.1　基于 0.632 预测误差聚类的 Bagging 方法的预测过程

（1）Bootstrap 取样。设原始样本为 $X = \{x_1, x_2, \cdots, x_n\}$，样本容量为 n，任意一个个体 $x_i = (t_i, y_i)$，其中 t_i 表示自变量矢量，y_i 表示因变量矢量。通过 $B(B$ 越大越好)次 Bootstrap 取样后得到 B 个新的样本 $X^{(b)}(b = 1, \cdots, B)$ 对于每一个样本，取训练集为 $\text{train}^{(b)} = X^{(b)}$，取验证集为 $\text{validation}^{(b)} = \{x_i | x_i \in X \wedge x_i \notin X^{(b)}\}$。

（2）训练个体 BP 网络。首先设定神经网络的结构参数，包含一个隐含层，并根据文献，取隐含层神经元数 $h = （输入数\ i + 输出数\ o)/2$，然后利用训练集 $\text{train}^{(b)}$ 来训练权重，每训练一次就用验证集 $\text{validation}^{(b)}$ 中的数据进行验证，当验证集中数据的拟合精度不再提高时就停止训练（避免过拟合），最终得到 B 个 BP 神经网络 $\text{net}^{(b)}(b = 1, \cdots, B)$。

（3）计算个体网络的 0.632 预测误差。个体网络的预测误差是进行聚类选择的指标，预测误差是未知的，因此只能根据训练误差和验证误差进行估算。按照 0.632 预测误差的定义，取 $\text{error}^{(b)} = 0.368 \times \text{MSE}(\text{train}^{(b)}) + 0.632 \times \text{MSE}(\text{validation}^{(b)})$，其中，$\text{MSE}(\text{train}^{(b)})$ 表示训练集拟合均方误差（mean square error），$\text{MSE}(\text{validation}^{(b)})$ 表示验证集拟合均方误差。

（4）聚类。在求得 B 个神经网络的预测误差 $\text{error}^{(b)}(b = 1, \cdots, B)$ 后，以此为依据，采用 k-means 算法对神经网络集进行聚类，共得到 C 簇，找到误差值最小的一簇神经网络,记为 CN,它包含 m 个元素。这里 C 的取值很关键,如果 $C=1$,则 $m=B$,本方法退化为基本的 Bagging 方法;如果 $C=B$,$m=1$,则为单个神经网络。为了确定最佳的聚类数目,采用基于 0.632 预测误差聚类的 Bagging 方法进行 T 次实验,在每次实验中,依次取不同的 C,针对样本中的测试集,计算不同 C 下的预测误差,从而找出该次实验中预测误差最小的 C。图 6.2 是 50 次实验后得到的最佳 C 排列图。

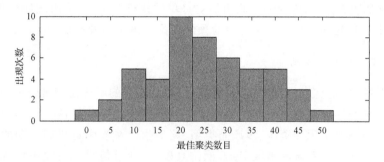

图 6.2　最佳聚类数目排列图

从图中可以看出,在 50 次实验中,最佳聚类数目 C 出现在 20～30 区间内的数量最多。

(5) 神经网络集成。将 CN 中的 m 个神经网络进行集成。取相同的输入,集成输出则取单个网络输出的加权和(权值均为 $1/m$),这样就形成了最终的预测模型。

(6) 进行预测。设预测输入矢量为 t_0,则输出矢量 $\boldsymbol{y}_0$ 的点估计值就是上述集成神经网络的输出 $\hat{\boldsymbol{y}}_0 = \dfrac{1}{m}\sum_{i=1}^{m}\mathrm{pred}^{(i)}(t_0)$,其中 $\mathrm{pred}^{(i)}(t_0)$ 是第 i 个网络的输出值;给定置信水平 $1-\alpha$,可估算出置信区间 $[y_1,y_2]$,满足若 $\mathrm{pred}^{(i)}(t_0)(i=1,\cdots,m)$ 取值落在 $[y_1,y_2]$ 中的数目为 k,则 $k/m\approx 1-\alpha$。

6.1.3　订单完工期及拖延期预测

多品种、小批量的制造企业一般以客户需求为中心,按照订单来安排生产。在进行订单投标时,对交货期要求能否满足的判断必须尽量准确,否则若交货期估计太长,对客户没有吸引力,若交货期估计太短,超过企业的生产能力,难以按时交货。订单的交货期由产品的最终完工期决定,产品完工期的预测是企业在生产和销售过程中所关心的重要问题。

国内外学者对产品完工期的预测建模做了很多研究工作,Song 等[8]研究了制造和装配时间不确定情况下复杂装配件交货期的确定方法,将复杂产品的多级装配件结构分解成两级子系统,对此两级装配件给出了精确和近似的完工时间分布,再通过递归计算得到整个装配件的完工时间的近似分布。van Ooijen 等[9]研究了与提前期和最迟交货期相关的最小成本交货期，通过确定期望订单在车间内部流动的时间概率密度函数来确定产品外部完工期，同时考虑了车间的工作量。Gordon 等[10]研究了确定情况下的公共交货期和调度问题的统一框架。

以上研究的基础是建立起产品完工期预测问题的分析（机械）模型，这些模型往往极其复杂，需要支持的数据量很大，因此应用效果并不好。真实车间是一个充满了大量不确定信息的环境，这些不确定因素对产品完工期的影响虽然难以显式表达，但都隐含在历史数据中，因此通过收集历史订单的执行数据，并采用统计分析和数据挖掘等手段来建立产品完工期的经验预测模型应该是一种更加切实可行的途径。

1. 订单完工期预测

在某些制造企业，如汽车、电子制造等，生产活动的不确定因素较少，车间状态和订单构成是影响订单完工时间的两个主要因素。针对此类情况，本章提出一种回归预测方法来实现多资源、多产品类型、离散生产系统中订单完工期的预测，该方法首先构建生产系统的高级 Petri 网仿真模型，通过仿真运行收集样本数据，然后采用基于 Bagging 的神经网络集成方法训练回归预测模型。

订单的完工期定义为最后一个通过生产系统的订单产品的完工时间 F，它受到两个定性因素的影响：其一是当前车间的实时状态 S，其二是订单的构成 O。其中，车间的实时状态 S 可以用每台设备前有多少产品正在或等待加工表示；订单的构成 O 则用不同类型产品的数量来表示。设制造车间可生产 N 种类型的产品，共有 M 台制造设备，任一台设备 i 可以加工 $n_i(i=1,\cdots,M,n_i\leqslant N)$ 种类型产品的某道工序；订单包括 K 个产品（最多属于 N 种类型），其中每种产品类型 j 的数量为 $k_j(k_j\geqslant 0$ 且 $\sum\limits_{j=1}^{N}k_j=K)$；每台制造设备 i 前正在或等待加工的产品数量为 P_i $(i=1,\cdots,M,0\leqslant P_i<+\infty)$，其中产品类型 j 的数量为 $p_{ij}(p_{ij}\geqslant 0$ 且 $\sum\limits_{j=1}^{n_i}p_{ij}=P_i)$。由此可见，影响订单完工期的量化因素共有 $N+\sum\limits_{i=1}^{M}n_i$ 个，分别为 $\{k_1,\cdots,k_N,p_{11},\cdots,p_{1n_1},\cdots,p_{Mn_M}\}$，订单完工期 F 是它们的函数，记做 $F=f(k_1,\cdots,k_N,p_{11},\cdots,p_{1n_1},\cdots,p_{Mn_M})$，由于函数 f 的形式未知，只能通过经验回归分析的方式来估计 $\hat{f}$，多元线性回归分析方法最简单但预测结果并不理想，因此采用神经网络集成方法来建立回归模型并实施预测。它包括以下三个基本步骤：

（1）训练样本的收集。构建生产系统仿真模型，通过 Monte Carlo 方法随机生成若干组数据，每组数据包括 $N+\sum\limits_{i=1}^{M}n_i$ 个自变量和一个因变量——运行仿真获得的订单完工期 F，它们构成一个样本集。

（2）预测建模。利用步骤（1）的样本集，采用基于聚类的 Bagging 方法训练得到集成神经网络模型。

（3）执行预测并评估预测结果。利用神经网络进行预测建模的基础是先要有一定容量的样本，样本的收集可以采取历史数据统计、仿真实验等途径。由于仿真实验方法成本较低且可避免"脏"数据的影响，因此下面采取这种方法来获取样本数据。仿真平台采用ExSpect，它是荷兰 Eindhoven 大学开发的一个对过程进行建模、监控和分析的仿真工具。自 1980 年诞生以来，经过 30 年的发展和完善，ExSpect 已成为一个功能强大、性能稳定、在学术界有广泛影响的仿真软件。ExSpect 的建模思想来源于高级 Petri 网理论，有坚实的数学基础支撑，其基本构成元素包括库所（place）、变迁（transition）、托肯（token）、有向联结弧等，用户可以定义托肯的结构类型，在变迁的脚本里可以定义变迁的激活延时，仿真模型可以定义为层次结构，因此通过ExSpect构建的仿真模型属于层次、着色、时间的高级 Petri 网模型。

在 ExSpect 平台上构建如图 6.3 所示的仿真模型，并随机给定订单的构成和设备的状态，通过仿真运行得到一组样本数据，样本容量为 60，样本如表 6.5 所

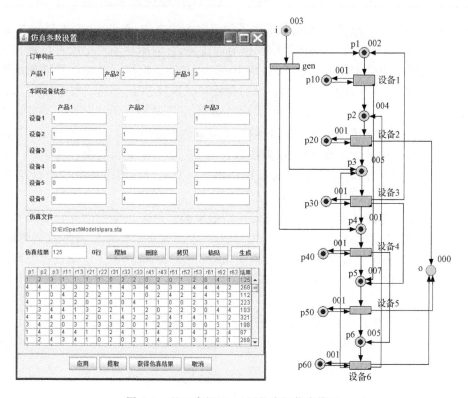

图 6.3　基于高级 Petri 网的车间仿真模型

示(只列出前 5 个样本数据)。以第一个样本个体为例,表示有一个包含 7 个产品的订单(A 产品的数量为 3、B 产品的数量为 4),在实时状态 S(设备 1 前有 4 个 A 产品和 1 个 C 产品等待加工,设备 2 前有 3 个 A 产品和 1 个 B 产品,设备 3 前有 4 个 A 产品和 1 个 C 产品,设备 4 前有 3 个 C 产品,设备 5 前有 3 个 A 产品,设备 6 前有 3 个 A 产品、1 个 B 产品和 3 个 C 产品)条件下,该订单的完工周期为 308。

表 6.5　订单完工时间样本数据集

序号	订单构成			R_1		R_2		R_3			R_4		R_5			R_6			完工时间
	A	B	C	A	C	A	B	A	B	C	A	C	A	B	C	A	B	C	(仿真)/min
1	3	4	0	4	1	3	1	4	0	1	0	3	3	0	0	3	1	3	308
2	2	3	2	2	4	2	2	2	0	4	1	4	2	1	4	1	3	1	248
3	0	0	4	0	2	3	2	4	1	3	2	2	4	2	1	4	0	0	197
4	4	4	0	4	2	4	2	0	1	3	3	2	1	2	0	2	3	1	266
5	2	2	4	4	2	2	0	1	1	1	4	2	3	0	1	0	3	2	233

在 Matlab 2006b 平台上实现了改进的 Bagging 方法:对 60 个样本进行 2000 次 Bootstrap 采样,每次都将采样结果作为训练集,将原始样本集中没有出现在训练集之内的其余样本作为验证集,训练出一个 BP 神经网络。该神经网络的结构参数如下:输入节点数为 18,对应订单的构成和设备状态属性,输出节点数为 1,代表订单完工时间,中间节点数为 10;最终得到 2000 个神经网络,利用 60 个原始样本,求取每一个神经网络的预测值和样本实际值的均方误差值,采用 k-means 算法对该均方误差值进行聚类分析,设聚类数目为 20,结果得到预测误差最小的一簇共有 30 个子神经网络,利用这些神经网络构建出集成神经网络预测模型,预测输出值为 30 个子神经网络输出值的均值。

任意取 5 个测试样本,将集成神经网络的预测值和仿真结果值(可认为是真实值)进行比较,结果如表 6.6 所示。"预测值 1"表示采用单个神经网络的预测值,"相对误差 1"表示"预测值 1"和实际值的相对误差,"预测值 2"表示集成神经网络的预测值,"相对误差 2"表示"预测值 2"和实际值的相对误差,由此可以得出如下结论:

(1)"预测值 1"的误差很大,这证实了单个神经网络模型的泛化能力差。

(2)集成神经网络的"预测值 2"比较理想,和真实值的误差为 3%~10%,这是完全可以接受的。

表 6.6　集成神经网络的预测值和结果值及比较

序号	样本个体（18 个输入属性）	实际值	预测值 1	相对误差 1/%	预测值 2	相对误差 2/%
1	2,0,0,3,1,4,0,0,2, 0,1,1,0,1,0,2,0,0	173	134	23	162	6
2	1,4,1,1,5,2,3,1,2, 0,0,2,1,1,1,1,0,0	159	148	7	147	8
3	0,2,0,2,1,1,2,0,2, 1,1,2,0,1,1,1,0,1	96	134	40	105	9
4	3,2,0,1,3,2,2,2,2, 1,2,2,3,1,1,1,0,2	182	272	49	201	10
5	1,1,1,0,2,3,1,1,3, 2,1,0,3,4,0,2,2,1	221	258	17	229	3

2. 不确定信息环境下订单的拖延期预测

对于按订单生产的中小型制造企业而言，很多不确定性因素都有可能造成订单完工拖延。可以根据订单的类型特点及相应生产各个环节所需时间对交货期作一个粗略的估计，这个时间称为基准交货期。在实际生产中这一过程受各种生产与非生产因素的影响，实际的交货期与估计的基准交货期之间总会存在着些许偏差，这个交货期的差值称为交货拖延期，订单的交货期等于基准交货期和交货拖延期的时间之和。一般情况下，产品的基准完工期在计划制订过程中可以根据提前期计算得到或者根据历史经验估算得到，完工拖期时间则与所受的各种不确定影响因素相关。以某特种车辆厂为例，它是一个典型的多品种小批量类型的制造企业。通过调研分析，总结出了它的装配车间内影响产品交货拖延期的 9 类不确定性因素，它们经量化后分别用 $a\sim i$ 表示，含义如下：

（1）a 为待料时间，单位为 d（天），如果仓库中有现成的物料，则 a 等于 0。

（2）b 为超计划订单数，表示当天在正常生产计划之外的订单数量，一般为紧急订单。

（3）c 为设备故障，表示设备故障修复的时间，单位为 d，1 表示当天可以修复。

（4）d 为物流不畅，表示其影响生产的时间，单位为 d，1 表示当天能解决。

（5）e 为配件出现质量问题，表示解决配件质量问题的时间，单位为 d，1 表示当天能解决。

（6）f 为技术不完善，表示解决技术问题所需的时间，单位为 d，1 表示当天能解决。

（7）g 为生产能力不够，表示需加班的时间，单位为 h。

(8) h 为新换品种,1 表示是,0 表示不是。

(9) i 为人员缺勤,表示缺勤人数,单位为个。

用 j 表示产品的完工拖期时间,j 的取值表示拖期天数。为了预测完工拖期时间,首先需要收集并利用历史数据来建立起 j 和因素 $a \sim i$ 之间的关系,即预测模型。在建模和预测过程中,有两个难点问题需要重点关注:

(1) 提高预测结果的准确性。准确预测的前提是模型有好的泛化能力,通常情况下,神经网络的泛化能力比较差,即它对样本数据的拟合程度较好,但对样本集以外数据的预测准确度不高。泛化能力弱的模型是没有意义的。

(2) 合理描述预测的精度。即不但要给出预测的点估计值,还要给出区间估计值,这也是一般神经网络模型所不能给出的。

通过对一定历史时期内产品完工的拖期时间与不确定性因素 $a \sim i$ 之间关系的观察和数据收集,获得如表 6.7 所示的数据记录表(样本容量为 129)。现在的任务是利用这些样本数据来建立集成神经网络预测模型,它的输入是 9 个不确定性因素,输出是拖期时间 j 的预测值。

表 6.7　历史数据记录表(部分)

序号	a	b	c	d	e	f	g	h	i	j
1	2	12	0	1	0	1	2	1	0	12.5
2	0	4	0	0	1	1	0	0	0	2.5
3	0	6	1	1	0	2	1	1	0	6.25
4	0	12	2	0	0	0	2	0	1	11.25
5	0	26	0	0	2	0	3	0	2	38.75
6	1	16	0	0	0	0	2	0	0	15
⋮					...					
127	4	0	3	0	0	1	0	0	0	1.25
128	0	0	0	0	0	0	0	0	0	4
129	1	5	0	3	0	0	1	0	0	1.25

首先尝试用单个神经网络来建立预测模型并评估该模型的应用效果:利用交叉验证(cross validation)方法,任意取 60% 的样本个体作为训练集,另取 20% 的样本个体作为验证集,训练出一个 9-5-1(9 个输入,1 个输出,5 个隐含层神经元)类型的 BP 神经网络,其中隐含层神经元数 $5 = (9+1)/2$,并利用余下 20% 的个体构成的测试集来估算预测均方误差。在 Matlab 平台上做 20 次实验,得到的均方误差如表 6.8 所示。可以看出,单个神经网络模型的预测效果非常不理想,存在较为突出的"过拟合"现象。

表 6.8　单个神经网络的预测误差

实验序号	1	2	3	4	5	6	7	8	9	10	均值
均方误差/%	11.25	4.1	20.25	4.1	18.65	6.35	8.1	9.4	17.3	8.15	10.75

下面利用本章提出的方法(简称为方法一)来建立集成神经网络预测模型,并和基本 Bagging 方法(简称为方法二)及文献[6]中的聚类方法(简称为方法三)进行比较。实验步骤如下:

(1) 设置实验次数为 T(足够大的 T 可避免偶然情况,从而确保结果可信),每次 Bootstrap 采样 B 次,聚类簇数为 C。

(2) 任意取 80% 的样本作为原始训练集,余下 20% 的样本构成测试集(测试预测的效果)。

(3) 对于原始训练集进行 B 次 Bootstrap 采样,每次得到一个新的训练集,未出现在新训练集中的样本构成验证集,利用新的训练集和验证集来训练 BP 神经网络。

(4) 针对测试集,分别利用方法一、方法二和方法三进行预测,并和真实结果进行比较,计算预测的均方误差。

(5) 如果未达到实验次数,重复步骤(2)。

(6) 在统计意义上比较三种方法得到的结果,并进行假设检验。

在 Matlab 2006b 平台上进行上述实验,取 $T=50$、$B=1000$、$C=10$,针对测试集的预测均方误差如图 6.4 所示,可以直观地得出结论:方法一的预测效果明显较好。

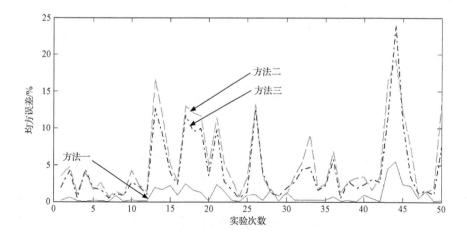

图 6.4　对比实验结果图

进一步采用假设检验方法来证实该结论,假设预测误差服从正态分布,采用配对 t 检验方法。首先比较方法一和方法三,规定:零假设代表预测误差相等,备择假设代表方法三的预测误差比方法一大。利用 Matlab 的 ttest 函数进行配对 t 检验,取显著性水平 $\alpha=0.001$,得到 $p\text{-value}=8.88\times10^{-5}\ll\alpha$,因此拒绝零假设而接受备择假设,即方法三的预测误差比方法一大。同理,可检验出方法二的预测误差比方法一大,因此方法一的预测精度是最高的。

构建集成神经网络,取 $B=1000$、$C=20$,结果 CN 的大小 $m=45$。集成模型建立后,就可以用它来进行产品完工拖期时间的预测,进而求得产品的完工时间。下面取样本集以外的 4 个真实数据进行测试,求取预测的点估计值(均值)和标准差,并根据 45 个子网络的输出值,求得预测值的 80% 置信区间,结果如表 6.9 所示。

表 6.9　预测结果

序号	测试样本(用属性 $a\sim i$ 的值表示)	本章方法的预测值 $\hat{j}$			单个神经网络的预测值	基本 Bagging 方法预测值	实际值 j
		均值	标准差	80% 置信区间			
1	1,10,0,1,0,1,2,1,0	8.75	0.65	[7.90,9.25]	-0.70	11.05	8.85
2	1,0,8,0,2,0,3,0,0	9.60	3.90	[6.65,13.05]	10.60	9.15	9.95
3	3,1,1,1,0,1,1,1,0	8.10	1.05	[6.75,9.00]	9.55	8.85	8.05
4	8,1,4,2,1,2,1,1,1	40.30	8.30	[31.65,49.45]	54.00	27.80	40.10

表 6.9 中也列出了这 4 个测试样本的真实值(最后一列)及利用其他两种方法得到的预测值(倒数第二列和倒数第三列),可以清楚地看出,本章方法的预测结果明显更为准确。

6.1.4　基于集成径向基神经网络的制造系统性能指标预测

对于按订单生产的制造企业而言,由于订单的大小、到达时间和构成内容等具有一定的不确定性,这类企业经常需要对产品交货期、任务调度规则和运行机器数量等进行动态决策,从而更科学而经济地开展生产活动。在进行定量决策之前,对车间未来执行过程中表现出来的某些性能指标(如设备利用率、产品准时交货率、产品平均完工时间、车间在制品数量等)进行定量预测是必需的。目前主要有两类预测方法,第一类是纯计算方法,如 Cohen 等[11]认为一些离散事件系统在某种程度上可视为线性系统,进而利用线性系统理论来研究制造系统的性能预测方法;Huang 等[12]应用队列着色 Petri 网(QCPN)来预测产品的交货期,并设计遗传算法来寻求最优的调度规则。由于纯计算方法存在状态空间爆炸问题,并且很难处理各类不确定性因素,因此更多的研究者青睐于另一类方法,即仿真方法,如 Sridharan 等[13]应用仿真方法来分析不同的调度规则对柔性制造系统性能的影响,熊禾根等[14]应用仿真方法来验证调度算法的合理性等。但仿真方法缺乏一个固定的预测模型,因此当制造系统的结构(如机器数量)和输入参数(如订单到达速率)发生变化时,必须修改仿真参数并重新运行仿真才能得到输出结果,这往往很费时间。

将仿真方法和经验回归建模方法结合起来进行预测和优化问题求解是目前的一种研究趋势。神经网络具有能逼近各类复杂函数并且泛化能力较强(特别是采用神经网络集成方法时)的特点,已被广泛用于各类预测问题中。

1. 问题描述

制造系统性能预测的基本目标是构建可靠的回归预测模型,因此给定输入就能获得预测期望值及预测精度的一个大致估计。该预测模型本质上是一个非常复杂的非线性模型,其输出是制造系统的一些可以量化的性能指标,如工件平均通过时间、设备利用率、准时交货率、平均在制品数量等;其输入是那些影响这些性能指标且可以量化的动态变化因素,预测模型的内部结构取决于一些确定性的因素(如产品构成、工艺路线、设备数量等)以及很多不确定因素(如随机的工序操作时间和故障发生时间等)。因此,很难用一个明确的函数关系式来表达,是一个黑箱,这和神经网络的特点非常吻合。

文献[15]定义了制造系统的 15 个性能指标,其中有些指标在系统规划阶段就基本确定下来,如生产能力、可靠性、柔性等,可不予考虑,下面仅对一些动态指标进行阐述。

(1) 不同类型工件的平均通过时间。制造车间中存在着许多随机因素,因此某类型工件的通过时间是一个非常复杂的随机变量,一般只关心其平均通过时间 $\overline{T}_i$($1 \leqslant i \leqslant K$,$K$ 为工件类型数量)。

(2) 设备利用率。设备存在三种基本状态:工作中、故障和空闲,设备的利用率定义为其处在"工作中"状态的时间占总时间的比率,记为 η_i($1 \leqslant i \leqslant M$,$M$ 为设备类型的数量)。

(3) 工件的准时交货率。工件的实际通过时间和工件的规定交货期两个因素共同决定了工件的准时交货率。工件的实际通过时间 t_i 是一个随机量,工件的规定交货期则由人为指定,指定的依据是 TWK(total work-content)方法,即工件的交货期 d_i 表示为 $d_i = c \sum \overline{p}_{ij}$,其中 $\sum \overline{p}_{ij}$ 为工件类型 i 的所有工序平均操作时间的总和,c 为宽裕度系数,取值为 2~8,取值越小则交货期越紧。这样,工件的准时交货率 γ_i 可定义为:$\gamma_i = P\{t_i \leqslant d_i\}$,其中 $P\{\}$ 为事件发生的概率。

(4) 平均在制品数量。过多的在制品数量不利于企业资金流转,也增加了保管费用,因此需要尽量压缩。在制品有两种状态,一是正在加工,二是等待加工,因此工件类型 i 的平均在制品数量 $\overline{\text{WIP}}_i$ 表示为:$\overline{\text{WIP}}_i = \sum \overline{\text{WORK}}_i + \sum \overline{\text{QUEUE}}_i$,一般只关心车间总在制品数量 $\sum \overline{\text{WIP}}_i$。

　　影响制造系统性能指标的因素大致可分为两类:一类是相对静态的因素;另一类是相对动态的因素,下面分别阐述。

　　相对静态的因素主要包括以下几个方面:

　　(1) 工件的类型数量、不同类型工件的工艺路线、工序操作时间、同一设备先后加工不同类型工件的切换时间(执行换刀、换夹具等操作)等。前两者是完全确定的,后两者则一般是随机的,并可假设它们都服从正态分布。

　　(2) 设备的种类和数量、故障间隔时间和故障修复时间(都是随机变量)。工件的工艺路线确定下来后,设备的种类和数量一般就确定下来,设备的性质和维护水平决定了其故障间隔时间和修复时间的数字特征。

　　(3) 调度规则。实用的调度规则有很多种,如先来先服务原则、最短加工时间任务优先原则等。

　　综合考虑以上因素,在给定各种随机量的数字特征后,就可以构建出制造系统的仿真模型。

　　相对动态的因素主要有以下两种,它们将视为预测模型的输入数据。

　　(1) 工作中心的实际运行设备数量。一台或多台并行设备构成一个工作中心(work center,WC),它们可以加工相同的工序。通常,并行设备数越多,则工件的平均通过时间越短,但设备的利用率越低。车间在生产负荷较低的时候,往往只启动部分设备,这样可节约成本,因此,工作中心的实际运行设备数量的动态变化的,记为 $m_i(1 \leqslant i \leqslant M,M$ 为工作中心即设备类型的数量);

　　(2) 工件进入车间的平均间隔时间。工件的到达服从泊松分布,其速率可变,在某个较短时间内,工件类型 i 到达的平均间隔时间为一个常数,记为 $\lambda_i(1 \leqslant i \leqslant K,$ K 为工件类型数量)。

2. 集成径向基神经网络预测模型

　　径向基函数(radial basis function,RBF)神经网络简称为径向基(RBF)网络,它是由 Moody 和 Darken[16] 提出的一种三层前馈神经网络:第一层为输入层;第二层为隐含层;第三层为输出层。和 BP 网络一样,RBF 网络从隐含空间到输出空间的变换函数也是线性函数,但 RBF 网络从输入空间到隐含空间的变换函数是特殊的径向基函数,如图 6.5 所示,其中,径向基函数为 radbas $(n) = \mathrm{e}^{-n^2}$,$\parallel \mathrm{dist} \parallel = \parallel w - p \parallel$ 表示输入矢量 w 和权重矢量 p 的欧式距离。

　　RBF 网络能以任意精度逼近任意连续函数,并且它的训练时间较 BP 网络短、预测精度较高。

　　考虑到制造系统性能指标和影响因素之间的关系异常复杂,该预测问题不同于一般的函数逼近问题,而是一类复杂的回归问题,这对模型的泛化能力(样本集以外数据的预测精度)要求更高,而单个神经网络的泛化能力通常较弱,因此下面

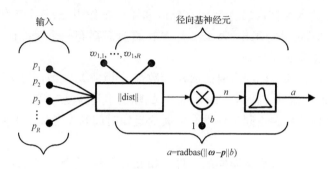

图 6.5　RBF 网络基本结构

引入神经网络集成(NNE)方法。神经网络集成的基本思想是:首先训练出多个差异度较大的神经网络,然后对其结论进行合并。该方法被公认为能显著提高模型的泛化能力。下面给出基于 RBF 网络的 Bagging 方法的实现步骤:

(1) 对容量为 N 的原始样本进行 B 次(次数越多越好)放回随机取样(Bootstrap 取样),共得到 B 个容量为 N 的子样本。

(2) 针对每个子样本,采用交叉验证方法分别训练出一个 RBF 网络,共 B 个。

(3) 将步骤(2)得到的 B 个神经网络进行集成,取相同的输入,集成输出则取所有单个网络输出的简单平均,就形成了最终的预测模型。

(4) 对 B 个子神经网络的输出值进行排序,得到最终预测值大致的置信区间。

下面以某制造车间为例来阐述制造系统性能指标预测的全过程。该车间的工作中心布局结构如图 6.6 所示(图 6.6 是在 SIMUL8 平台上建立的仿真模型)。

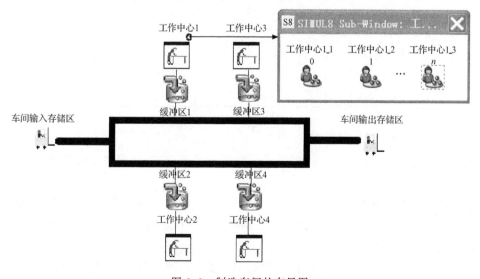

图 6.6　制造车间的布局图

车间里有 1 个输入存储区、1 个输出存储区和 4 个工作中心,每个工作中心均包含 3 台相同的设备,可并行工作,每个工作中心的前面都有一个缓冲区,用来存储待加工工件。并给定如下假设:

(1) 每台设备的故障间隔时间服从参数为 200(平均故障间隔时间)的指数分布,故障修复时间服从三阶爱尔朗分布,且故障的平均修复时间为 20。

(2) 不考虑工件在不同工作中心之间的运输时间和设备加工不同工件的切换时间。

(3) 不同类型工件到达车间的事件是相互独立的,且均服从泊松分布。

(4) 任务的调度遵循紧急工件优先原则。

(5) 所有缓冲区均为无限容量。

(6) 工件一旦进入输出缓冲区,则视为工件已交货。

该车间可加工 5 种类型的工件,不同类型工件的工艺路线及每道工序的操作时间如表 6.10 所示,其中 $N(x,y)$ 表示工序操作时间服从以 x 为期望值、以 y 为标准差的正态分布。以工件类型 1 为例,它包括 3 道工序,依次在工作中心 1、2 和 4 上完成,每道工序的操作时间分别服从 $N(15,5.5)$、$N(20,6)$ 和 $N(8,3)$ 的正态分布。

表 6.10　工件工艺路线及工序加工时间表

工件类型	工序 1		工序 2		工序 3		工序 4		规定交货期 d_i
	工作中心	时间 $\bar{p}_{ij}$	工作中心	时间 $\bar{p}_{ij}$	工作中心	时间 $\bar{p}_{ij}$	工作中心	时间 $\bar{p}_{ij}$	
1	1	$N(15,5.5)$	2	$N(20,6)$	4	$N(8,3)$	—	—	129
2	1	$N(12.5,6)$	3	$N(10,4.2)$	—	—	—	—	67.5
3	2	$N(24,6)$	3	$N(6,1.5)$	4	$N(18,4.5)$	—	—	144
4	1	$N(9,3.5)$	2	$N(16,5.5)$	3	$N(20,5)$	4	$N(10,4.5)$	165
5	3	$N(10,3.5)$	4	$N(12,4)$	—	—	—	—	66

如前所述,工件的交货期 d_i 由公式 $d_i = c \sum \bar{p}_{ij}$ 给出,取 $c=3$,求出每种类型工件的规定交货期,如表 6.10 的最后一列所示。例如,工件类型 1 的交货期 $d_1 = 3 \times (15+20+8) = 129$。

基于以上假设和已知条件,可以在 SIMUL8 平台上构建出仿真模型,该模型具有层次结构,如工作中心 1 的内部结构如图 6.6 中的对话框所示,它包括三台相同的设备。

在 SIMUL8 平台上运行若干次仿真,每次设置不同的工件到达间隔时间 $\lambda_i (i=1,\cdots,5)$。通过仿真可以直接得到“工件平均完工时间”($\bar{T}_1, \cdots, \bar{T}_5$)和“设备利用率"$(\eta_1, \cdots, \eta_4)$等指标数据,"工件准时交货率"$(\gamma_1, \cdots, \gamma_5)$和"在制品总数"$(\sum \overline{\text{WIP}_i})$则分别通过公式 $\gamma_i = P\{t_i \leqslant d_i\}$ 和公式 $\overline{\text{WIP}_i} = \sum \overline{\text{WORK}_i} + \sum \overline{\text{QUEUE}_i}$ 求得。最终得到的多组输入/输出数据构成了一个样本,表 6.11 是一个容量为 50 的样本实例(只列出了前 10 个数据)。本例中对问题进行了适当的简化,即假设运行的设备数量始终是固定不变的,因此实际的输入因素只有工件的到达间隔时间。

表 6.11　样本数据集

影响因素（输入值）									制造系统性能指标（输出值）														在制品数
工件到达间隔时间/min					设备数量				平均完工时间/min					准时交货率/%					设备利用率/%				
λ_1	λ_2	λ_3	λ_4	λ_5	m_1	m_2	m_3	m_4	$\bar{T}_1$	$\bar{T}_2$	$\bar{T}_3$	$\bar{T}_4$	$\bar{T}_5$	γ_1	γ_2	γ_3	γ_4	γ_5	η_1	η_2	η_3	η_4	
20	32	25	28	30	3	3	3	3	84.7	32.0	91.0	100.3	35.2	98.9	99	99.3	99.7	98.7	48.3	83.2	54.0	63.0	13
28	23	40	35	27	3	3	3	3	55.5	31.5	63.7	71.9	33.2	99.9	98.7	99.9	100	98.7	44.6	58.6	51.9	48.9	7.7
30	18	30	30	15	3	3	3	3	61.4	35.6	72.1	81.8	40.3	99.7	98.5	100	100	97.3	49.9	66.0	70.6	66.8	11
25	40	15	22	21	3	3	3	3	768.9	32.4	768.9	777.4	42.1	8.2	99.0	9.8	10.8	97.3	43.9	86.4	61.6	74.3	120
26	30	28	15	40	3	3	3	3	201.9	36.0	213.2	221.8	40.4	45.5	98.2	49.5	56.2	97.9	53.3	86.1	69.5	62.6	31.6
24	20	32	24	10	3	3	3	3	98.0	70.1	142.9	151.6	107.1	95.8	73.6	85.9	91.2	38.6	54.3	74.4	84.4	83.8	28.2
15	24	36	24	3	3	3	3	3	326.2	32.0	328.6	340.8	35.9	22.9	99.2	26.2	29.1	98.4	57.1	86.3	51.9	66.3	47
20	25	25	12	20	3	3	3	3	414.4	37.7	422.2	432.2	44.0	17.5	97.7	17.9	19.9	95.6	58.4	86.4	72.0	71.8	64.6
30	30	30	30	30	3	3	3	3	57.4	30.8	65.5	74.9	33.7	99.9	98.9	99.9	100	98.2	40.5	66.3	51.2	54.0	8.2
28	40	20	40	12	3	3	3	3	82.8	32.4	90.5	98.6	53.1	98.6	99.0	99.6	100	89.9	35.3	76.1	63.5	81.3	14.4

在 Matlab 2006 平台上,利用它提供的神经网络工具箱并通过简单的编程建立起集成 RBF 网络模型。首先对原始样本进行 100 次 Bootstrap 采样,得到 100 个子样本;然后针对每一个子样本都训练出一个 RBF 网络,训练集即子样本本身,验证集为原始样本中存在但没有出现在子样本中的个体所构成的集合;最后将 100 个个体网络进行集成得到最终的预测模型。

值得注意的是,在利用 Matlab 的 newrb 函数来训练 RBF 网络时,分布密度 SPREAD 是需要慎重给定的,它的取值对网络的性能有重要影响。理论上讲,SPREAD 越小,对样本集数据的拟合精度就越高,但样本集以外的泛化能力较弱;SPREAD 越大,则拟合精度低而泛化能力强。SPREAD 合理值的寻找没有什么规律可循,只能逐一试探,本章采取以下策略:先给出 SPREAD 的一个大致范围,如 1～15,然后依次对范围内的每一个值进行优劣判断(取步长为 0.1),直到找到最优值为止,判断的依据就是针对验证集数据的预测均方误差。

　　为了验证上述模型预测结果的准确性,任意选取 4 个测试个体(分别对应不同的工件到达间隔时间),先通过仿真分析得到制造系统性能指标的实际值,然后利用集成 RBF 网络进行预测,得到相应的 4 个预测值,两两比较的结果如表 6.12 所示。可以看出,所有指标的预测值和实际值都比较接近(预测相对误差基本都在 30% 以内),考虑到制造系统模型中存在着大量的不确定因素,如工序操作时间、故障发生等都是随机量,因此这种程度的预测误差是完全可以接受的。

表 6.12　测试集数据的预测结果和真实值的比较

$\lambda_1\ \lambda_2\ \lambda_3\ \lambda_4\ \lambda_5$	值	$\bar{T}_1$	$\bar{T}_2$	$\bar{T}_3$	$\bar{T}_4$	$\bar{T}_5$	γ_1	γ_2	γ_3	γ_4	γ_5	η_1	η_2	η_3	η_4	在制品数
22 18 35 18 40	实际	88.9	37.7	90.2	101.5	39.9	93	93.2	94	96.1	92.2	62.4	82	70	58.7	14.2
	预测	99.1	38.8	103.1	111.7	44.4	84.2	92.4	92.9	89.6	87.2	47.5	72.2	57.2	56.4	16.3
30 16 24 29 15	实际	76.5	38.1	81.1	89.3	45.5	97.5	93.1	97.2	98.5	86	53.4	73	75.3	72.2	13.3
	预测	88.3	48.8	102.4	101.5	63.2	87.5	89.9	88.1	84.9	75.7	53.9	74.3	77.9	75.7	17.2
23 32 20 36 34	实际	120.3	30.7	88.1	98.1	35.1	92.9	96.6	93.9	95.4	96.1	43.1	83	48.8	62.3	11.9
	预测	148.9	32.3	76.8	96.1	36.7	78.1	95.7	78.1	78.9	87.7	45.7	75.8	47.4	58.7	15.8
34 38 15 26 28	实际	347.5	31.3	353.2	361.2	35.6	13.6	96.5	14.2	15.1	92.5	36.6	86.4	57.9	70.9	49.1
	预测	391.9	34.8	400.7	409.7	47.0	22.8	95.1	23.3	27.9	38.6	36.1	80.8	55.1	69.2	55.8

　　为了进一步验证本方法的优越性,下面进行对比实验,将集成 RBF 网络(方法一)和单一 BP 神经网络(方法二)、基于 Bagging 的集成 BP 神经网络(方法三)、单一 RBF 网络(方法四)作一个比较,选取 10 个测试个体,计算每种方法的预测均方误差,并绘制误差比较图,如图 6.7 所示。其中横坐标表示测试次数,纵坐标表示预测结果相对于仿真结果的均方误差。可以看出,集成 RBF 网络的预测误差基本都在 30% 以下(10 次中的 8 次),且明显小于其他三种方法。

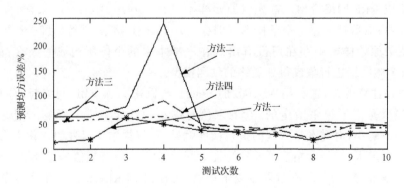

图 6.7　4 种方法的预测结果对比

6.2 不确定信息条件下的生产计划和作业计划决策方法

6.2.1 基于可信性理论的多产品集结生产计划

生产计划的制订是制造企业进行生产管理活动的中枢,关系着整个企业的正常运作。合理而准确地制订生产计划可以大大提高生产效率,有效减少资源浪费,进而直接影响生产的总利润。然而,在长期的生产实践和大量的学术研究中,人们发现系统中有大量的不确定因素直接或间接给生产计划的制订造成很大的困难,而相对成熟的随机优化方法并不能完全地解决不确定问题。

自 1965 年 Zadeh 首次定义了模糊集这一概念以后,国内外很多学者对此进行了广泛深入的研究,模糊集理论也得以快速发展,并被应用于描述和解决很多实际问题。作为主要应用方向之一,模糊环境下的生产计划制订问题引起了国内外学者越来越广泛的关注和研究。Wang 和 Fang[17]研究了模糊环境下多目标线性规划的集结生产计划问题。

在模糊规划领域里,刘宝碇[18]在首次定义了具有自对偶性质的集函数——可信性测度。进一步,袁国强[19]等研究了基于可信性理论的生产计划模糊期望约束规划。就目前来讲,可信性规划应用于制订生产计划的研究还不多。本节基于制造单位的生产情况,建立一个切合实际的生产计划模型,该模型以单位的生产利润最大化为目标,并考虑到不同时段企业的产量波动问题和最可能出现的再加工问题;提供了一种方法可以将带有模糊参数的数学模型转化成基于可信性理论的模糊机会约束规划,然后将模糊参数为梯形模糊数的模糊模型变换为清晰等价形式。由于生产活动的连续性,本节还提出了应用该模型按照时间滚动制动生产计划的方法。

1. 可信性理论

在模糊集领域,目前主要用三种测度:可能性测度、必要性测度和可信性测度。对于一个事件 A 来说,可能性测度 $\text{Pos}\{A\}$ 描述了事件发生的可能性,必要性测度 $\text{Nec}(A)$ 定义了对立事件 A^c 的不可能性,可信性测度 $\text{Cr}(A)$ 定义为可能性和必要性的平均值。很多数据证明,一个模糊事件的可能性为 1 时,该事件未必成立,而当该事件的必要性为 0 时,该事件也未必不能成立。但是,如果一个时间的可信性为 1,则必然成立;反之,若可信性为 0,则必不成立。

正因为可信性测度的这种特性,实际问题中,更多的学者采用可信性测度来描述一个模糊事件可以被相信的程度,而不是人们一般认为的可能性测度。

下面给出三种模糊参数测度的计算公式。

可能性测度: $\text{Pos}\{\tilde{\xi} \in A\} = \sup_{x \in A} \mu(x)$。

必要性测度：$\mathrm{Nec}\{\tilde{\xi} \in A\} = 1 - \sup_{x \in A^c} \mu(x)$。

可信性测度：$\mathrm{Cr}\{\tilde{\xi} \in A\} = \dfrac{1}{2}(\mathrm{Pos}\{\tilde{\xi} \in A\} + \mathrm{Nec}\{\tilde{\xi} \in A\})$。

特殊的，对于梯形模糊数 $\tilde{\xi} = (a_1, a_2, a_3, a_4)(a_1 \leqslant a_2 \leqslant a_3 \leqslant a_4)$，其可信性测度计算公式如下：

$$\mathrm{Cr}\{\tilde{\xi} \leqslant x\} = \begin{cases} 0, & x \leqslant a_1 \\[2mm] \dfrac{x - a_1}{2(a_2 - a_1)}, & a_1 \leqslant x \leqslant a_2 \\[2mm] \dfrac{1}{2}, & a_2 \leqslant x \leqslant a_3 \\[2mm] \dfrac{x - 2a_3 + a_4}{2(a_4 - a_3)}, & a_3 \leqslant x \leqslant a_4 \\[2mm] 1, & x \geqslant a_4 \end{cases}$$

求解带有模糊变量的数学模型，目前常用的思路大致上可以分为两种：一是将模糊变量变换成等价的清晰数，即清晰等价形式，用常规的数学方法如线性规划等求解精确的结果；二是用 Monte Carlo 法模拟模糊变量，应用智能优化算法搜索解空间，寻找相对满意的解。

很明显，如果能转换成清晰等价形式，将是最理想的解决方案。但实际上，这种方法有很大的局限性，并不是所有的模糊规划模型都可以转换成清晰等价形式。一般的，如果建立的模糊模型是线性的，即模糊线性规划（FLP），则可以采用第一种思路，变换成经典的线性规划问题进行求解。模型中更加常见的，是非线性的，有高次方存在，即使能转成清晰等价式，也是没有意义的，因为转成的清晰式中还是有高次方存在，要求解还是要用智能优化算法，如 GA、TS 等。

2. 基于模糊机会约束规划的生产计划模型

某工厂生成 N 种产品，分别以代号 $P_1, P_2, \cdots, P_n$ 表示，每种类型的产品都可以独立销售赚取利润。其中，P_3 由 1 个 P_4 和两个 P_5 组装而成，加工提前期为 1 个月。该工厂的产品构成如图 6.8 所示，图中，LT 表示提前期。

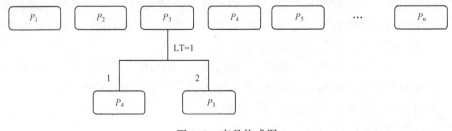

图 6.8　产品构成图

市场对该车间产品的需求是不确定的。受市场供需关系的影响,每个类型产品的单件售价也是不确定的。车间生产设备的最大生产能力也是估计值。

现在要求制订一个为期 6 个月的中期生产计划,使得获取的总利润最大。假设各产品初始状态的库存量均为 0。在制订生产计划时,出于对库存、原材料订货、人力资源、设备生产能力等诸多方面的考虑,应尽量保持生产均衡。约束如下:

(1) 工厂能够提供的产品量要满足市场需求;

(2) 各产品的生产所占用资源不超过工厂的最大生产能力;

(3) 由于产品 P_3 还要再加工,所以 P_4 和 P_5 的前一个月的库存要满足加工的需求。

工厂的总利润等于销售的总收入减去生产的总成本。销售的总量就是上月末的库存加上本月的产量减去本月末的库存。为简化模型,设定生产的总成本只包括库存费用。利润最大化的目标用数学公式可以表达如下:

$$\max\Big\{\sum_{t=1}^{T}\sum_{i=1}^{N}\tilde{r}_i(P_{it}+I_{i,t-1}-I_{it})-\sum_{t=1}^{T}\sum_{i=1}^{N}\mathrm{ci}_i I_{it}\Big\}$$

每月的销量应该满足市场需求,但不会超过市场的最大容量。市场的最大容量用市场需求模糊数的最大可能值表示。若市场需求表示为 $\tilde{d}_{it}=(d_{it1},d_{it2},d_{it3},d_{it4})$,则最大市场容量为 d_{it4}。该约束条件的数学表述如下:

$$P_{it}+I_{i,t-1}-I_{it}\geqslant\tilde{d}_{it}$$
$$P_{it}+I_{i,t-1}-I_{it}\geqslant d_{it4}$$

机床 j 在 t 时段内的总生产能力也是不确定的,但必须满足实际生产所需要的资源量不超过机床的总生产能力。用数学表达如下:

$$\sum_{i=1}^{N}w_{ij}P_{it}\leqslant\tilde{m}_{jt}$$

负荷均衡也是企业一直追求的目标。这一因素牵涉到原材料订货、生产能力、人力等很多因素,而且如果负荷不平衡,很可能会导致某一段时期产品缺货。为保证生产负荷的均衡,现要求每月的产量波动不超过 10%。用数学表达如下:

$$\left|\frac{P_{it}-P_{i,t-1}}{P_{i,t-1}}\right|\leqslant 10\%$$

由于产品 P_3 需要组装再加工,这就要求在加工之前备好原材料 P_4 和 P_5:

$$I_{4,t-1}\geqslant P_{3,t}\quad(t=2,\cdots,T)$$
$$I_{5,t-1}\geqslant 2P_{3,t}\quad(t=2,\cdots,T)$$

综上所述,模型的整个数学表达如下,记做模型 6.1:

$$\max\quad\Big\{\sum_{t=1}^{T}\sum_{i=1}^{N}\tilde{r}_i(P_{it}+I_{i,t-1}-I_{it})-\sum_{t=1}^{T}\sum_{i=1}^{N}\mathrm{ci}_i I_{it}\Big\}$$
$$\mathrm{s.t.}\quad P_{it}+I_{i,t-1}-I_{it}\geqslant\tilde{d}_{it}\quad(i=1,2,\cdots,N;\ t=1,2,\cdots,T)$$

$$P_{it} + I_{i,t-1} - I_{it} \geqslant d_{it4} \quad (i = 1,2,\cdots,N; t = 1,2,\cdots,T)$$

$$\sum_{i=1}^{N} w_{ij} P_{it} \leqslant \widetilde{m}_{jt} \quad (j = 1,2,\cdots,M; \ t = 1,2,\cdots,T)$$

$$\left| \frac{P_{it} - P_{i,t-1}}{P_{i,t-1}} \right| \leqslant 10\% \quad (i = 1,2,\cdots,N; \ t = 1,2,\cdots,T)$$

$$I_{4,t-1} \geqslant P_{3,t} \quad (t = 2,\cdots,T)$$

$$I_{5,t-1} \geqslant 2P_{3,t} \quad (t = 2,\cdots,T)$$

$$P_{it} \geqslant 0, \quad I_{it} \geqslant 0 \quad (i = 1,2,\cdots,N; t = 1,2,\cdots,T)$$

其中，$\tilde{r}_i$ 产品 i 的单位售价；P_{it} 产品 i 在第 t 月时的生产产量；I_{it} 产品 i 在第 t 月末时的库存量；ci_i 产品 i 的库存保管费；$\tilde{d}_{it}$ 产品 i 在第 t 月的市场需求；w_{ij} 产品 i 在机床 j 上加工时消耗的资源量；$\widetilde{m}_{jt}$ 为机床 j 在第 t 月的最大生产能力。

模糊数的存在使得模型 6.1 无法直接求解。根据可信性理论，将模糊约束改成模糊机会约束规划的形式，如 $\mathrm{Cr}\{P_{it} + I_{i,t-1} - I_{it} \geqslant \tilde{d}_{it}\} \geqslant \alpha$。其中，$\alpha \in (0,1)$ 为置信水平，表示销量满足市场需求这一约束作为独立的模糊事件的可信任程度为 α。

对于特殊的带有绝对值符号的产量波动约束，先将 10% 这一约束用模糊变量 $\tilde{k}$ 表示，如 $\tilde{k} = (0.09, 0.1, 0.1, 0.11)$，并将约束条件变换形式为

$$-\tilde{k} \leqslant \frac{P_{it} - P_{i,t-1}}{P_{i,t-1}} \leqslant \tilde{k}$$

这个形式可以改写成两个模糊机会约束规划的约束。

对于目标函数，通过设置总利润的期望值 E_0，对总利润超过 E_0 这一模糊事件的可信性测度最大化，来达到同样的目的，即

$$\max \ \left\{ \mathrm{Cr}\left\{ \sum_{t=1}^{T} \sum_{i=1}^{N} \tilde{r}_i (P_{it} + I_{i,t-1} - I_{it}) - \sum_{t=1}^{T} \sum_{i=1}^{N} ci_i I_{it} \geqslant E_0 \right\} \right\}$$

上述形式仍然不容易计算，因此进一步转换形式，使这一目标变成约束条件，并设置置信水平如下：

$$\max \ \langle E_0 \rangle$$

$$\mathrm{s.\,t.} \ \ \mathrm{Cr}\left\{ \sum_{t=1}^{T} \sum_{i=1}^{N} \tilde{r}_i (P_{it} + I_{i,t-1} - I_{it}) - \sum_{t=1}^{T} \sum_{i=1}^{N} ci_i I_{it} \geqslant E_0 \right\} \geqslant \tau$$

综上所述，最终的模糊机会约束规划为模型 6.2：

$$\max \ \langle E_0 \rangle$$

$$\mathrm{s.\,t.} \ \ \ \mathrm{Cr}\left\{ \sum_{t=1}^{T} \sum_{i=1}^{N} \tilde{r}_i (P_{it} + I_{i,t-1} - I_{it}) - \sum_{t=1}^{T} \sum_{i=1}^{N} ci_i I_{it} \geqslant E_0 \right\} \geqslant \tau$$

$$\mathrm{Cr}\{\tilde{d}_{it} \leqslant P_{it} + I_{i,t-1} - I_{it}\} \geqslant \alpha \quad (i = 1,2,\cdots,N; t = 1,2,\cdots,T)$$

$$P_{it} + I_{i,t-1} - I_{it} \leqslant d_{it4} \quad (i = 1,2,\cdots,N; t = 1,2,\cdots,T)$$

$$\mathrm{Cr}\left\{\widetilde{m}_{jt} \geqslant \sum_{i=1}^{N} w_{ij} P_{it}\right\} \geqslant \beta \quad (j = 1,2,\cdots,M; t = 1,2,\cdots,T)$$

$$\mathrm{Cr}\left\{\tilde{k} \geqslant \frac{P_{i,t-1} - P_{it}}{P_{i,t-1}}\right\} \geqslant \gamma \quad (i = 1,2,\cdots,N; t = 1,2,\cdots,T)$$

$$\mathrm{Cr}\left\{\tilde{k} \geqslant \frac{P_{it} - P_{i,t-1}}{P_{i,t-1}}\right\} \geqslant \gamma \quad (i = 1,2,\cdots,N; t = 1,2,\cdots,T)$$

$$I_{4,t-1} \geqslant P_{3,t} \quad (t = 2,\cdots,T)$$

$$I_{5,t-1} \geqslant 2P_{3,t} \quad (t = 2,\cdots,T)$$

$$P_{it} \geqslant 0, \quad I_{it} \geqslant 0 \quad (i = 1,2,\cdots,N; t = 1,2,\cdots,T)$$

模型 6.2 通过清晰等价变换可变为线性规划模型。首先,引入一条定理。

定理 6.2　假设梯形模糊数 $\tilde{\xi} = (a_1,a_2,a_3,a_4)$, $a_1 \leqslant a_2 \leqslant a_3 \leqslant a_4$,则对于给定的置信水平 $\beta \in (0.5,1]$,有以下等价变换式:

$$\mathrm{Cr}\{\tilde{\xi} \geqslant a\} \geqslant \beta \Leftrightarrow a \leqslant (2\beta-1)a_1 + 2(1-\beta)a_2$$

$$\mathrm{Cr}\{\tilde{\xi} \leqslant a\} \geqslant \beta \Leftrightarrow a \geqslant 2(1-\beta)a_3 + (2\beta-1)a_4$$

定理 6.2 的证明可参见文献[3]。

根据上述定理及模糊数的运算法则,模型 6.2 最终变换成如下的清晰等价式,记做模型 6.3:

$$\max \{E_0\}$$

$$\text{s. t. } E_0 \leqslant (2\tau-1)f_1 + 2(1-\tau)f_2$$

$$P_{it} + I_{i,t-1} - I_{it} \geqslant 2(1-\alpha)d_{it3} + (2\alpha-1)d_{it4} \quad (i = 1,2,\cdots,N; t = 1,2,\cdots,T)$$

$$P_{it} + I_{i,t-1} - I_{it} \leqslant d_{it4} \quad (i = 1,2,\cdots,N; t = 1,2,\cdots,T)$$

$$\sum_{i=1}^{N} w_{ij} P_{it} \leqslant (2\beta-1)m_{j1} + 2(1-\beta)m_{j2} \quad (j = 1,2,\cdots,M; t = 1,2,\cdots,T)$$

$$\frac{P_{i,t-1} - P_{it}}{P_{i,t-1}} \leqslant (2\gamma-1)k_1 + 2(1-\gamma)k_2 \quad (i = 1,2,\cdots,N; t = 1,2,\cdots,T)$$

$$\frac{P_{it} - P_{i,t-1}}{P_{i,t-1}} \leqslant (2\gamma-1)k_1 + 2(1-\gamma)k_2 \quad (i = 1,2,\cdots,N; t = 1,2,\cdots,T)$$

$$I_{4,t-1} \geqslant P_{3,t} \quad (t = 1,2,\cdots,T)$$

$$I_{5,t-1} \geqslant 2P_{3,t} \quad (t = 1,2,\cdots,T)$$

$$P_{it} \geqslant 0, I_{it} \geqslant 0 \quad (i = 1,2,\cdots,N; t = 1,2,\cdots,T)$$

其中

$$f_1 = \sum_{t=1}^{T}\sum_{i=1}^{N} r_{i1}(P_{it} + I_{i,t-1} - I_{it}) - \sum_{t=1}^{T}\sum_{i=1}^{N} \mathrm{ci}_i I_{it}$$

$$f_2 = \sum_{t=1}^{T}\sum_{i=1}^{N} r_{i2}(P_{it} + I_{i,t-1} - I_{it}) - \sum_{t=1}^{T}\sum_{i=1}^{N} \mathrm{ci}_i I_{it}$$

$$f_3 = \sum_{t=1}^{T}\sum_{i=1}^{N} r_{i3}(P_{it} + I_{i,t-1} - I_{it}) - \sum_{t=1}^{T}\sum_{i=1}^{N} \mathrm{ci}_i I_{it}$$

$$f_4 = \sum_{t=1}^{T}\sum_{i=1}^{N} r_{i4}(P_{it} + I_{i,t-1} - I_{it}) - \sum_{t=1}^{T}\sum_{i=1}^{N} \mathrm{ci}_i I_{it}$$

模型 6.3 是以 $[E_0[P_{it}][I_{it}]]^{\mathrm{T}}$ 为未知参数的线性规划模型,可以用常规的单纯形法求解。

3. 实例研究

某车间制订为期 6 个月的集约生产计划($T=6$),已知该生产单位共有 7 台设备($M=7$),6 种产品($N=6$)。产品构成如图 6.8 所示。假设各个产品在初始状态的库存量均为 0,产品 P_3 在第 1 个月的需求量为 0。表 6.13 列出了各个产品的市场需求 $\tilde{d}_{it}$(梯形模糊数),表 6.14 表示 7 台设备的最大生产能力 $\tilde{m}_{jt}$(梯形模糊数),表 6.15 列出了各产品的单位生产能力需求 w_{ij}、单位利润 $\tilde{r}_i$ 和单位库存费用 ci_i 的有关数据。

表 6.13　模糊的市场需求

产品	市场需求 $\tilde{d}_{it}$					
	$t=1$	$t=2$	$t=3$	$t=4$	$t=5$	$t=6$
P_1	(30,35,37,40)	(35,40,42,48)	(25,27,30,32)	(41,45,46,49)	(32,34,35,36)	(35,37,38,40)
P_2	(280,290,300, 310)	(430,440,450, 470)	(480,490,500, 520)	(430,440,450, 470)	(480,490,500, 520)	(480,490,500, 520)
P_3	(0,0,0,0)	(105,110,112, 115)	(200,210,215, 218)	(180,185,187, 191)	(220,222,225, 228)	(245,250,253, 255)
P_4	(90,95,111, 115)	(120,125,130, 133)	(210,220,226, 230)	(210,220,226, 230)	(200,206,213, 216)	(230,236,240, 246)
P_5	(200,210,220, 240)	(300,310,320, 330)	(350,360,370, 380)	(400,410,415, 419)	(460,465,471, 473)	(450,455,461, 465)
P_6	(210,220,225, 230)	(215,220,223, 225)	(225,227,229, 235)	(230,235,240, 245)	(220,225,230, 240)	(220,225,227, 235)

表 6.14　工厂的生产能力模糊参数

时间段 t	最大生产能力 $\tilde{m}_{jt}$			
	M1	M2	M3	M4
1~6	(142,145,147,150)	(125,140,143,145)	(90,91,93,95)	(117,120,123,125)

时间段 t	最大生产能力 $\tilde{m}_{jt}$		
	M5	M6	M7
1~6	(90,94,97,100)	(160,165,170,175)	(100,104,107,110)

表 6.15　产品的单位能力需求、单位利润和单位库存费用

产品	单位能力需求 w_{ij}							单位利润 r_i/元	库存成本 c_i/元
	M1	M2	M3	M4	M5	M6	M7		
P_1	0.14	0.1	0.1	0.08	0.16	0.1	0.1	(196,198,202,205)	14
P_2	0.12	0.1	0.08	0.08	0.05	0.08	0.08	(72,75,82,85)	6
P_3	0	0	0.08	0.08	0.04	0	0	(182,186,190,192)	12
P_4	0.1	0.12	0.08	0.1	0	0.15	0.06	(92,95,98,102)	8
P_5	0.08	0.06	0	0.05	0.05	0.1	0.05	(72,76,80,82)	6
P_6	0.1	0.15	0.1	0.07	0.06	0.15	0.12	(102,105,108,113)	10

表 6.15 中的 $w_{ij} = 0$ 表示产品 P_i 不需要在机床 M_j 上加工。模型中各约束的置信水平参数设定如下：$\alpha = 0.95$、$\beta = 0.9$、$\gamma = 0.9$、$\tau = 0.9$。

α 设置要大些，要求尽力避免出现供货不足的情况发生。β 和 γ 的设置要根据生产设备的柔性和库存等实际情况，但不能小于 0.8，否则计算结果中包含太大的不确定性，无意义。τ 表示对期望利润的精确度，依生产计划制订者的乐观程度而定，同样不能小于 0.8。

依据模型 6.3 建立起线性规划模型。经 Matlab 计算，得到最优解，如表 6.16 所示。

表 6.16　模型的最优解

月份		$t=1$	$t=2$	$t=3$	$t=4$	$t=5$	$t=6$
产量 P_{it}	P_1	42	46	42	39	36	40
	P_2	396	432	472	473	517	520
	P_3	0	168	183	200	218	238
	P_4	282	256	233	211	192	174
	P_5	575	522	474	431	391	355
	P_6	230	225	235	245	240	235
库存 I_{it}	P_1	2	0	10	0	0	0
	P_2	86	48	0	3	0	0
	P_3	0	53	18	26	17	0
	P_4	168	291	293	275	251	179
	P_5	335	527	621	633	551	441
	P_6	0	0	0	0	0	0

此时模型的最优目标值如下：总利润 $E_0 = 824465$，即

$$\text{Cr}\left\{\sum_{t=1}^{T}\sum_{i=1}^{N}\tilde{r}_i(P_{it}+I_{i,t-1}-I_{it})-\sum_{t=1}^{T}\sum_{i=1}^{N}\text{ci}_iI_{it}\geqslant 824465\right\}\geqslant 0.9$$

也就是说,在接下来的 6 个月时间里,有 90% 以上的把握可以认为总利润将超过 824465。

接下来作为验证,应用上面求得的结果数据计算各个约束实际的可信性测度:

$$\tau_1=\text{Cr}\left\{\sum_{t=1}^{T}\sum_{i=1}^{N}\tilde{r}_i(P_{it}+I_{i,t-1}-I_{it})-\sum_{t=1}^{T}\sum_{i=1}^{N}\text{ci}_iI_{it}\geqslant E_0\right\}=89.89\%$$

$$\alpha=\min\{\text{Cr}\{\tilde{d}_{it}\leqslant P_{it}+I_{i,t-1}-I_{it}\},\quad i=1\sim N,t=1\sim T\}=83.33\%$$

P_3 第 5 月取极值。

$$\beta=\min\left\{\text{Cr}\left\{\tilde{m}_{jt}\geqslant\sum_{i=1}^{N}w_{ij}P_{it}\right\},j=1\sim M,t=1\sim T\right\}=1$$

$$\gamma=\min\left\{\text{Cr}\left\{\tilde{k}\geqslant\left|\frac{P_{i,t-1}-P_{it}}{P_{i,t-1}}\right|\right\},i=1\sim N,t=2\sim T\right\}=74\%$$

P_1 在第 1、第 2 月取极值。

由于上述结果是用 Matlab 的 linprog 工具求得的实数结果上进行四舍五入得到的整数解,这一近似使得上述所列出的整数解稍微偏离于精确最优解,更进一步导致了上述各个最低置信水平的偏差。但实际上,这一近似对生产造成的影响并不明显,可以忽略不计。可以用全体置信水平的均值和标准差来支持这一论断,如表 6.17 所示。

表 6.17　验证各个置信水平的平均值和标准差

置信水平	α_{it}	β_{jt}	γ_{it}
均值(mean)	95.93%	1	87.24%
标准差(std)	0.1692	0	0.2491

车间的生产活动是连续的,这就要求在制订生产计划是也要考虑连续性。上面初始库存量均为 0,而实际上,这一假设并不完全切合实际。例如,车间按照这个计划已经运行了一个月,则在月末再次制订计划时就有了初始库存,而且也有了新的一个月的市场需求估计。

对于这种情况,可以改变一下模型中参数的具体取值,继续应用已经建立起来的模型,制定新一轮的生产计划。假设新的市场需求(new$\tilde{d}_i$)如表 6.18 所示。

表 6.18　新的市场需求

月份	$t=1$	$t=2$	$t=3$	$t=4$	$t=5$	$t=6$
new $\tilde{d}_i$	(38,40, 43,46)	(450,455, 458,462)	(176,180, 184,188)	(160,164, 167,170)	(300,306, 310,314)	(206,210, 215,217)

要再次制订生产计划,这里提供一种简便的机制,方便操作。步骤如下:

（1）设置初始库存 $I_{i0} = I_{i1}$。

（2）设置市场需求的矩阵 $[\tilde{d}_{it}] = [[\tilde{d}_{it}]_{2-T列}, \text{new}\tilde{d}_i]$。

（3）带入原模型求解。

本例求得的最优结果如表 6.19 所示，在接下来 6 个月的最大利润为 883226 元。

表 6.19　滚动制订生产计划的最优解

月份		$t=1$	$t=2$	$t=3$	$t=4$	$t=5$	$t=6$
产量 P_{it}	P_1	46	42	39	37	47	44
	P_2	432	472	473	517	520	472
	P_3	167	183	200	218	238	216
	P_4	196	214	233	236	224	203
	P_5	390	425	465	464	421	382
	P_6	225	235	245	240	235	217
库存 I_{it}	P_1	0	10	0	1	2	0
	P_2	48	0	3	0	0	10
	P_3	53	17	36	17		28
	P_4	231	215	218	238	216	250
	P_5	395	440	486	476	433	501
	P_6	0	0	0	0	0	0

这次的 $t=1$ 对比第一次得出的结果 $t=2$，不难发现数据的变动并不是很大（小于 25%），说明第一次制订出来的生产计划不需要大的改动。这也证明了模型的稳定性和有效性，便于车间管理。

从模型的最优解及接下来的模糊事件可信性测度的验证可以看出，在不确定环境下，可信性理论可以很大程度上减少环境不确定性的影响，并应用于生产计划的制订。模糊机会约束规划模型在最大化生产利润的同时，产品的生产也基本上满足了生产能力约束和市场需求，可以得出一个行之有效的生产计划。

6.2.2　基于随机规划的作业计划决策

目前的许多调度模型都建立在各类信息都确定的前提下，如假设工件在特定设备上的加工时间是已知的确定量、不考虑工件的优先级差异等，但实际上，由于真实车间里充斥了大量的不确定信息，严重影响了调度结果的准确性。近年来，不确定信息环境下的车间作业计划和调度逐渐引起了人们的注意。作业计划制订问题是一个多目标、多约束的决策问题，决策目标包括最短的执行时间、最低的成本、最好的执行稳定性（即实际执行结果和理想调度结果的吻合度高）；决策约束包括交货期约束和工艺规程约束。基于随机规划理论,可以将这些目标和约束统一用机会约束来描述。

1. 机会约束条件下的随机规划模型

车间调度问题通常用一个非线性规划模型来描述。如果考虑一些随机因素的影响,该规划模型就和确定情况下的经典模型有所不同,下面引入刘宝碇[18]给出的机会约束和随机规划的概念。

假设 X 是一个决策向量,E 是一个概率分布已知的随机向量,由 X 和 E 确定的 r 个目标函数记为:$f_i(X,E)(1 \leqslant i \leqslant r)$,它受制于 p 个约束函数:$g_j(X,E)$ $(1 \leqslant j \leqslant p)$。由于目标函数和约束函数都是随机的,因此只能通过置信概率的形式对目标和约束进行描述。这样,对应的机会约束表示为:$P\{g_j(X,E) \leqslant 0\} \geqslant \alpha_j$ $(1 \leqslant j \leqslant p)$,其中 P 表示随机事件 $g_j(X,E) \leqslant 0$ 发生的概率,α_j 为置信概率。如果规划问题的目标是使得 $f_i(X,E)(1 \leqslant i \leqslant r)$ 尽量小,可取置信概率为 β_i,则任一目标函数表示为

$$\min \quad \{\overline{f_i}\}$$
$$\text{s. t.} \quad P\{f_i(X,E) \leqslant \overline{f_i}\} \geqslant \beta_i \quad (1 \leqslant i \leqslant r)$$

综上所述,基于多机会约束的多目标随机规划模型(模型6.4)表示为

$$\min \quad \{\overline{f_1}, \overline{f_2}, \cdots, \overline{f_r}\}$$
$$\text{s. t.} \quad P\{f_i(X,E) \leqslant \overline{f_i}\} \geqslant \beta_i \quad (1 \leqslant i \leqslant r)$$
$$P\{g_j(X,E) \leqslant 0\} \geqslant \alpha_j \quad (1 \leqslant j \leqslant p)$$

其中,关系式 $[\overline{f_1}, \overline{f_2}, \cdots, \overline{f_r}]$ 表示 r 个变量之间的加权和。

2. 多目标多优先级车间调度策略

拥有若干台设备资源的车间在接收到计划环节下达的生产订单后,通过合理的调度来安排和优化生产过程。可用如下数学形式对调度参数进行描述:车间共有 m 台可用设备,$\{R_1, R_2, \cdots, R_m\}$;订单包括 n 个工件的生产任务,$\{T_1, T_2, \cdots, T_n\}$,其中任务 $T_i(1 \leqslant i \leqslant n)$ 是一个由工件已知的工艺规划所决定的加工操作(工序)集,包含 $K_i(1 \leqslant K_i \leqslant m)$ 道工序,记为 $T_i = \{OP_{i1}, OP_{i2}, \cdots, OP_{iK_i}\}$;每道工序 OP_{ik} 可在多台设备(任选其一)上加工,且在任意一台设备 R_j 上执行时,都需要一定的操作时间和成本,因此可记时间函数为 $et(OP, R)$,成本函数为 $ec(OP, R)$;在不确定信息环境下,当工序 $OP_{ik}(1 \leqslant i \leqslant n, 1 \leqslant k \leqslant K_i)$ 适合在设备 $R_j(1 \leqslant j \leqslant m)$ 上加工时,$et(OP_{ik}, R_j)$ 和 $ec(OP_{ik}, R_j)$ 就是两个服从已知概率分布且相互独立的随机常数,否则 $et(OP_{ik}, R_j) = ec(OP_{ik}, R_j) \equiv 0$。

(1) 工件优先级和机会约束。

制造执行系统需在遵照工艺路线要求的前提下,为每个工件的每道操作工序

安排合适的设备,并确保总的执行时间满足订单交货期的要求。可见,交货期约束是制约调度行为的基本因素。由于生产订单来源于用户的订单或者出于计划统筹安排的考虑,因此可根据客户的重要性、订货数量、需求缓急程度等因素将订单所包含的生产任务分为若干优先等级。例如,将工件分为需要准时交货的关键工件和交货期可作一定伸缩的一般工件,这样在进行作业调度编排时,应该使车间资源的分配尽可能地满足关键工件的要求,保证它们准时完工,而将剩余车间资源分配给一般工件,使其尽早完工;或者采用双向调度策略,对于关键工件,采用倒排法调度,对于一般工件,则采用顺排法调度。但这种调度策略在不确定情况下存在很大问题,由于工序执行时间是随机的,因此调度的结果很难保证关键工件一定能准时完工。

在真实车间环境中,工件在设备上的加工时间是服从一定概率分布(常常是指数分布)的随机量,因此工件的完工周期也是随机的,这时交货期约束可描述为机会约束。按照优先级的不同,将订单的 n 个工件任务分为 r 个子集: $S_1, S_2, \cdots, S_r$,其中每个子集内任务的优先级相同,而 $S_i (1 \leqslant i \leqslant r-1)$ 中任务的优先级高于 S_{i+1} 中任务的优先级;每个子集对"交货期不延误"要求的置信概率指定为: $\alpha_1, \alpha_2, \cdots, \alpha_r (\alpha_1 > \alpha_2 > \cdots > \alpha_r)$;预先已给出所有任务要求的交货期: $dt_1, dt_2, \cdots, dt_n$,针对某种调度序列,每个任务的完工周期(一个等于总加工时间与总等待时间之和的随机量)可以通过仿真的途径获得,设为 $pt_1, pt_2, \cdots, pt_n$。因此,用机会约束形式所描述的交货期约束为

$$\forall T_i \in S_j, \quad P\{pt_i - dt_i \leqslant 0\} \geqslant \alpha_j \quad (1 \leqslant i \leqslant n; 1 \leqslant j \leqslant r)$$

当多个工件的操作都安排在同一台设备上进行时,可能存在排队等待的现象,这时操作的执行顺序将取决于调度规则。一般的调度策略中采取"先到的工件先加工"的原则,在区分任务优先级的情况下,采用"高优先级的工件先加工"的调度规则显然更符合现实要求,此时,如果一个设备前有多个工件在等待,则当设备空闲时,按照从高到低的优先级顺序依次选择下一个加工的工件,如果优先级相同,则等待时间较长的先加工。

(2) 多目标函数的确定。

完工时间较短和成本消耗较低是调度的两个基本目标。对于一个需要进行生产调度的订单来说,由于所包含的零部件的工艺复杂性程度存在差别,可以取"最慢工件任务的完工周期最短"作为时间目标,设置信概率为 η,用机会约束描述为

$$\min \quad \overline{\langle pt \rangle}$$

$$\text{s. t.} \quad P\left\{\sum_{i=1}^{n} pt_i \leqslant \overline{pt}\right\} \geqslant \eta$$

同样,取"所有工件加工成本之和最小"作为成本目标,设置信概率为 γ,用机会约束描述为

$$\min \quad \{\overline{ec}\}$$

$$\text{s. t.} \quad P\left\{\sum_{i=1}^{n}\sum_{k=1}^{K_i}ec(OP_{ik},R_j)\leqslant\overline{ec}\right\}\geqslant\gamma$$

　　还有一个一直被忽视的调度目标是调度的均衡性。对于一种调度序列而言，如果在某些时间段，车间设备的平均负荷很大，而在另一些时间段，设备的平均负荷很小，则称为调度不够均衡。不均衡的调度应付随机紧急情况的能力相对较差。为了量化调度的均衡性，本章借鉴了统计学中"方差"的概念，即将订单从开始执行到全部完工的时间周期分为若干等距时间段，计算出每个时间段内车间设备总的工作时间，然后求出该时间和平均工作时间的方差，方差越小说明调度的均衡性越好。

　　设订单的完工周期为 OT，将 OT 平均分为 N 个时间段，每个时间段内所有设备工作时间之和记为：$\Delta RT_s(1\leqslant s\leqslant N)$，则方差 $D^2=\sum\limits_{s=1}^{N}\left(\Delta RT_s-\dfrac{1}{N}\sum\limits_{s=1}^{N}\Delta RT_s\right)^2$，取置信概率为 ν，调度均衡性目标的机会约束描述为

$$\min \quad \{\overline{rt}\}$$

$$\text{s. t.} \quad P\left\{\sum_{s=1}^{N}\left(\Delta RT_s-\frac{1}{N}\sum_{s=1}^{N}\Delta RT_s\right)^2\leqslant\overline{rt}\right\}\geqslant\nu$$

　　(3) 多目标多优先级车间调度的随机规划模型。

　　已知每个工件的工艺路线和每道工序的可选加工设备(工序 OP_{ik} 的可选加工设备集 $AR_{ik}=\{R_{ik}^1,R_{ik}^2,\cdots,R_{ik}^{H_{ik}}\}$，包含 H_{ik} 个元素)，且事先给定不同优先级任务需按时完工的置信概率，则不确定条件下车间调度问题的随机规划模型(模型 6.5)为

$$\min \quad \{\overline{pt},\overline{ec},\overline{rt}\}$$

$$\text{s. t.} \quad P\left\{\sum_{i=1}^{n}pt_i\leqslant\overline{pt}\right\}\geqslant\eta$$

$$P\left\{\sum_{i=1}^{n}\sum_{k=1}^{K_i}ec(OP_{ik},R_j)\leqslant\overline{ec}\right\}\geqslant\gamma$$

$$P\left\{\sum_{s=1}^{N}(\Delta RT_s-\frac{1}{N}\sum_{s=1}^{N}\Delta RT_s)^2\leqslant\overline{rt}\right\}\geqslant\nu$$

$$P\{pt_i-dt_i\leqslant0\}\geqslant\alpha_j \quad (1\leqslant i\leqslant n;\ 1\leqslant j\leqslant r)$$

3. 混合智能算法设计与实现

1) 算法基本步骤

　　随机规划模型的结构异常复杂，传统的精确算法对它无能为力，因此下面采用混合智能算法来求解，它融合了随机仿真模拟、神经网络和遗传算法等关键技术，主要分为三个步骤。

（1）根据车间设备数量、设备能力和已知的加工时间、加工成本等随机量的分布特征，建立仿真模型，通过仿真运行生成大量的数据样本。

（2）建立三层前向神经网络模型，利用前面产生的样本数据进行权重训练，逼近模型 6.5 中的各种随机函数。

（3）应用遗传算法进行优化问题求解。基本过程包括染色体编码/解码规则定义、种群初始化、选择、个体适应度计算、交叉和变异等，其中适应度计算要用到步骤（2）训练好的神经网络。

2）随机仿真模拟

随机模拟（Monte Carlo 模拟）是随机系统建模中刻画抽样实验的一门技术，它主要依据概率分布对随机变量进行抽样。在随机规划模型中存在许多复杂的随机量概率运算，并且由于多优先级调度的复杂性，即使确定了一种调度序列，也无法显式地用随机函数给出“工件完工周期”等随机量的表达式，因此只能将随机模拟和仿真分析手段相结合来生成近似的样本数据。

根据经验，可假定工序执行时间 $et(OP_{ik}, R_j)$ 服从参数为 λ_{ikj} 的指数分布，记做 $et(OP_{ik}, R_j) \sim \exp(\lambda_{ikj})$，而加工成本由于受很多不确定因素影响，可假定 $ec(OP_{ik}, R_j)$ 服从正态分布，记做 $ec(OP_{ik}, R_j) \sim N(\mu_{ikj}, \sigma_{ikj}^2)$，并且以上随机变量都是相互独立的。

给定一种调度序列（即每道工序的加工设备）和所有随机量对应的一组样本值，在理论上可以完全知道任意时刻有哪些工件正在加工。因此，通过建立基于 SIMUL8 平台的随机仿真模型，并进行多次运行仿真，然后利用统计分析的手段就能获得各种关键数据，包括：①每个工件的完工周期 pt_i；②每个工件的加工成本 $\sum_{k=1}^{K_i} ec(OP_{ik}, R_j)$；③每个时间段（共 N 个）内所有设备工作时间总和 ΔRT_s。

3）随机函数的神经网络逼近

取调度序列为向量 $\boldsymbol{Y}$，随机规划模型中的四种约束都可用 $\boldsymbol{Y}$ 的随机函数来描述，定义如下 $n+3$ 个函数：

$$\begin{cases} U_1(\boldsymbol{Y}) = \min\left\{\overline{pt} \mid P\left\{\sum_{i=1}^{n} pt_i \leqslant \overline{pt}\right\} \geqslant \eta\right\} \\ U_2(\boldsymbol{Y}) = \min\left\{\overline{ec} \mid P\left\{\sum_{i=1}^{n}\sum_{k=1}^{K_i} ec(OP_{ik}, R_j) \leqslant \overline{ec}\right\} \geqslant \gamma\right\} \\ U_3(\boldsymbol{Y}) = \min\left\{\overline{rt} \mid P\left\{\sum_{s=1}^{N}\left(\Delta RT_s - \frac{1}{N}\sum_{s=1}^{N}\Delta RT_s\right)^2 \leqslant \overline{rt}\right\} \geqslant \nu\right\} \\ U_4^{(i)}(\boldsymbol{Y}) = P\{pt_i - dt_i \leqslant 0\} \quad (1 \leqslant i \leqslant n) \end{cases}$$

通过随机仿真模拟获得了大量的数据样本，然后训练一个神经网络模型来逼近上式中的 $n+3$ 个不确定函数，神经网络采用三层前向网络，共有 $\sum_{i=1}^{n} K_i$ 个输入神经元(输入数据为向量 Y)、18 个隐层神经元和 $n+3$ 个输出神经元(输出数据为 $U_1(Y)$、$U_2(Y)$、$U_3(Y)$ 和 $U_4^{(i)}(Y)$)。

4) 多目标优化问题的遗传算法求解

染色体编码规则除了要求尽量简单外,还应保证任意一个染色体都能通过解码获得可行的调度序列,即满足工艺路线约束和加工设备约束的要求。下面设计出一种正整数编码方法:

编码总长 $\text{length} = \sum_{i=1}^{n} K_i$,每位代表某工件的一道工序,第 1 位代表工件 1 的第 1 道工序,第 2 位代表工件 1 的第 2 道工序,$\cdots$,第 K_1+1 位代表工件 2 的第 1 道工序,依此类推。设第 j 位属于工件 i 的工序 k,则第 j 位的取值范围为 $[1,H_{ik}]$,H_{ik} 代表工件 i 的工序 k 的可选设备集元素个数(如取 2 表示用设备集中的第 2 个设备来完成该工序)。从编码规则看出,只要预先给定工序操作的可选设备集和确定的执行时间,每个染色体编码就能准确地映射成一种调度序列,并能够唯一算出每道工序何时在何种设备上加工;同样,在种群的初始化过程中,只要生成 length 位随机正整数,且保证每位取值范围为 $[1,H_{ik}]$,则生成的染色体编码必然合法。

个体适应度的计算通过训练好的神经网络来完成,将任意个体染色体的 $\sum_{i=1}^{n} K_i$ 位编码作为神经网络的输入,可得到 $n+3$ 个输出。

对于输出数据,首先判断 $U_4^{(i)}(Y) \geqslant \alpha_j$,$T_i \in S_j$ 是否成立,如果不成立,说明交货期约束不能够满足,因此该调度方案是不可行的,即染色体的适应度为 0,淘汰该个体;否则,由 $U_1(Y)$、$U_2(Y)$ 和 $U_3(Y)$ 可以确定出 $\overline{\text{pt}}$、$\overline{\text{ec}}$、$\overline{\text{rt}}$,根据偏好关系给出三个目标(时间、成本和均衡度)的权重 w_1、w_2、w_3(如都取为 1/3),然后计算出 $w_1\overline{\text{pt}}+w_2\overline{\text{ec}}+w_3\overline{\text{rt}}$,取值越小说明个体适应度越高。

两个父代个体之间的交叉操作按照图 6.9 所示的形式进行,将两个染色体中代表相同工件加工序列的编码部分进行交叉替换,就得到两个子代个体。

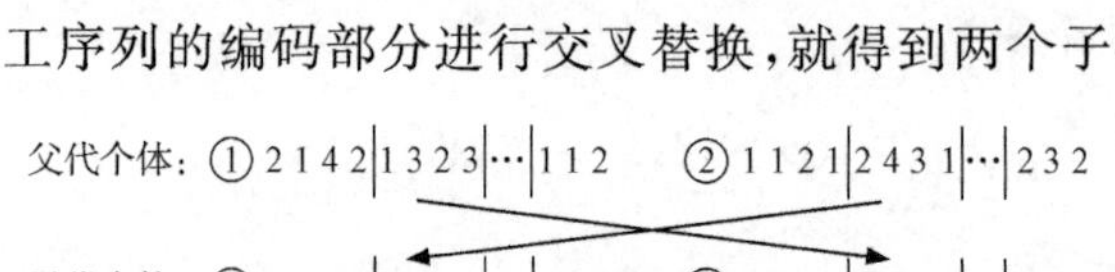

父代个体: ① 2 1 4 2 | 1 3 2 3 | $\cdots$ | 1 1 2　　② 1 1 2 1 | 2 4 3 1 | $\cdots$ | 2 3 2

子代个体: ① 2 1 4 2 | 2 4 3 1 | $\cdots$ | 1 1 2　　② 1 1 2 1 | 1 3 2 3 | $\cdots$ | 2 3 2

工件1　工件2 $\cdots$ 工件n　　　工件1　工件2 $\cdots$ 工件n

图 6.9　染色体交叉生成子代过程图

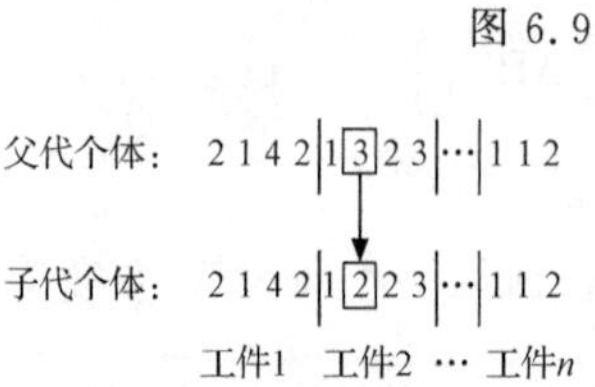

父代个体: 2 1 4 2 | 1 3 2 3 | $\cdots$ | 1 1 2

子代个体: 2 1 4 2 | 1 2 2 3 | $\cdots$ | 1 1 2

工件1　工件2 $\cdots$ 工件n

图 6.10　染色体变异过程图

父代个体的变异操作如图 6.10 所示,以一定概率随机对父代染色体的第 j 位进行变异。注意:设第 j 位属于工件 i 的工序 k,则要求变异后第 j 位的取值范围为 $[1,H_{ik}]$。

4. 应用实例

　　某汽车企业的模具制造车间承担该企业的模具制造工作,并接收来自其他企业的订单。该车间的制造资源比较齐全,具有模具加工所需的主要设备,包括车床、铣床、磨床、数控机床、加工中心、电火花加工设备等(设备编号依次为 R_1,R_2,$\cdots$,R_{35})。表 6.20 所示的是一个生产订单,它包括 3 个待加工工件,交货期限分别为 270、300 和 320 个单位时间,其中工件 1 和工件 2 的期限要求非常苛刻,必须保证有 90% 的可能性在交货期内完工,而工件 3 相对宽松,只需保证有 50% 的可能性在交货期前完成就行,因此该调度的优先级分为两类。3 个工件的工艺路线都是固定的,每道工序可选择在多台设备上加工,但时间和成本上存在差异。根据对历史数据的统计分析,发现在每台设备上加工工件所花费的时间和成本都是随机的,并且时间服从指数分布,而成本服从正态分布,这些随机分布的参数值在表 6.20 中都有标明。例如,“$R_2/20/(18,6)$”表示工件在设备 R_2 上加工时,执行时间服从指数分布 $\exp(20)$,成本服从正态分布 $N(18,6)$。现在需要对此订单进行排产,并实现优化调度。

表 6.20　订单工件的工序和可选设备集

工件	工序操作	可选设备集		
		资源 1/工时/成本	资源 2/工时/成本	资源 3/工时/成本
工件 1	车	$R_2/20/(18,6)$	$R_3/25/(17,5)$	
	铣	$R_7/35/(39,1)$	$R_8/30/(45,2)$	$R_{10}/40/(37,1)$
	曲面加工	$R_{30}/100/(125,8)$	$R_{31}/90/(140,6)$	$R_{32}/110/(120,8)$
	划线、钻孔、装配和调整	$R_{20}/40/(50,4)$	$R_{22}/42/(55,3)$	
	线切割	$R_{17}/40/(45,4)$	$R_{18}/45/(49,3)$	
工件 2	车	$R_2/25/(19,2)$	$R_3/33/(18,2)$	$R_5/30/(18,1)$
	钻铣	$R_8/40/(55,4)$	$R_{10}/50/(50,3)$	
	曲面加工	$R_{30}/70/(85,8)$	$R_{31}/67/(90,6)$	
	磨	$R_{25}/50/(60,6)$	$R_{26}/52/(60,5)$	
	修磨与装配	$R_{20}/100/(110,10)$	$R_{21}/115/(117,10)$	$R_{22}/110/(121,9)$
工件 3	铣	$R_8/60/(102,5)$	$R_9/70/(85,7)$	$R_{11}/55/(127,9)$
	曲面加工	$R_{31}/50/(93,6)$	$R_{32}/60/(55,2)$	$R_{33}/58/(60,2)$
	电极数控加工	$R_{35}/33/(36,4)$	$R_{30}/30/(42,3)$	
	电火花加工	$R_{19}/40/(50,4)$	$R_{16}/39/(60,4)$	
	修模与装配	$R_{21}/160/(220,12)$	$R_{22}/150/(240,10)$	

　　首先构建随机规划模型,取置信概率 $\eta=\gamma=\nu=0.8$,$\alpha_1=0.90$,$\alpha_2=0.5$;并用混合智能算法进行求解,3 个目标的权重都取为 1/3。在 SIMUL8 平台上构建

仿真模型后,通过随机模拟获得了 200 组样本数据(每组样本数据的获得需要仿真运行 500 次),利用这 200 组样本对神经网络进行训练(15 个输入单元、18 个隐含层神经元和 6 个输出单元),求得连接权重。然后结合遗传算法和神经网络预测来寻优,编码长 15 位,交叉概率为 0.5,变异概率为 0.01,进化到第 30 代后,得到优化的调度序列和时间、成本的预测结果。调度序列为:工件 1(2,7,30,22,17),工件 2(5,8,30,25,20),工件 3(8,32,35,19,22),其中括号内数字表示工件每道工序所分配的加工设备号。最后针对上述调度序列,在仿真平台上进行验证分析,经过 500 次仿真后,获得工件的平均完工周期、平均加工成本、按时交货概率等数据,并和神经网络预测得到的数据进行对比,如表 6.21 所示。

表 6.21　计算过程、结果及验证分析

计算时间	仿真模型构建时间		仿真运行时间			神经网络训练时间		遗传算法寻优时间		
	15～30 min		200 次×10s/次=2000s			520s		35s		
计算结果	工件 1 调度序列	工件 1 完工周期	工件 1 加工成本	工件 2 调度序列	工件 2 完工周期	工件 2 加工成本	工件 3 调度序列	工件 3 完工周期	工件 3 加工成本	
	(2,7,30,22,17)	245	290	(5,8,30,25,20)	280	340	(8,32,35,19,22)	328	470	
验证分析(对调度序列仿真 500 次)	工件 1 按时完工概率	工件 1 平均完工周期	工件 1 平均加工成本	工件 2 按时完工概率	工件 2 平均完工周期	工件 2 平均加工成本	工件 3 按时完工概率	工件 3 平均完工周期	工件 3 平均加工成本	
	93%	255	295	91.5%	288	348	52%	317	467	

从表 6.21 可以得出如下结论:

(1) 通过上面的方法可以得到随机环境下可行的调度序列。这是因为工件 1、2、3 按时完工的概率分别为 93%、91.5% 和 52%,分别高于所要求的置信概率 90%、90% 和 50%。求得的可行调度序列是较优的。

(2) 求得的可行调度序列是较优的。利用神经网络模型对随机模拟生成的 200 个样本进行预测或者通过仿真分析,分别得到各种调度序列下工件完工周期和加工成本的预测值或仿真值,然后和表 6.21 中的结果数据进行对比,可以证实表 6.21 的调度序列是比较优的。

混合智能算法的计算工作量比较大。从表 6.21 可以看出,该简单实例的总计算时间需要 1h 左右,其中仿真模型的构建时间和仿真运行时间尤其很多。

6.3　设备维修决策方法

6.3.1　基于 Markov 链的多设备串并联系统视情机会维修

在过去的几十年中,由于设备的复杂程度越来越高,设备停台的损失越来越大,因此设备的维修问题得到了工业界和学术界的普遍重视,研究设备维修问题的文献数以万计,各种维修模式也相继被提出,如以可靠性为中心的维修(reliability centered maintenance,RCM,也称可靠性维修)、全员生产维修(total productive maintenance,TPM)、视情维修(condition-based maintenance,CBM)、e-维护和智能维护等。其中,关于单设备的各种维修模型数以百计,单设备的维修问题得到了比较充分的研究。由于多设备系统的复杂性,关于多设备系统的维修问题的研究文献相对较少,关于多设备系统的视情维修问题的研究文献更少。

　　不同于传统的基于时间的计划维修方式,视情维修强调对系统或设备进行状态监测和诊断,并评估系统劣化情况("健康"水平),从而根据分析和诊断结果对维修实际和维修项目作出安排。Wang[20]分别对分组维修策略和机会维修策略进行了总结。Dekker[21,22]归纳了考虑经济关系的维修模型。文献[23]对 1991 年以后出现的多设备系统维修策略进行了分类讨论,并总结了维修策略的优化方法。周晓军、奚立峰等[24]以由不同设备组成的无中间缓冲站的串行生产系统为研究对象,通过引入整合役龄递减因子和故障率递增因子的单设备预防性修复非新模型,建立了一种基于设备可靠性的多设备串行系统机会维护动态决策优化模型。对于多设备系统的视情维修策略方面,Marseguerra 等[25]研究了一般的串并联多设备系统在连续监控情况下的维修决策问题。Gurler[26]等研究了一组同质设备的最优分组维修问题。程志君、郭波等[27]提出了一类基于半 Markov 决策过程的劣化系统检测与维护优化模型。

　　以上文献强调对维修决策的数理推导,对生产实际情况重视不够。本节内容的基本思路是首先建立实际生产线的 Plant Simulation 仿真模型,然后在这个模型的基础上,利用 SimTalk 脚本语言,随机模拟有限时间区段内各个不同设备的 Markov 链劣化过程,并针对设备劣化状态和决策变量制订相应的维修方式,同时累积各类维修工作消耗的费用,最后得到有限时间区段内的平均维修费用和最优决策变量。

1. 模型描述

　　在视情维修策略下,Markov 理论是设备劣化和维修工作建模的应用最广泛的工具。一般来说,用几个离散的状态来描述设备的劣化状况比用一个连续的标量更具可行性。

　　对于大多数设备而言,故障可以分为两类:随机故障和劣化故障。本节提出的设备劣化模型同时考虑了这两种形式的故障。

　　(1) 除了因为维修停机之外,设备连续运行。

　　(2) 每个不同的设备有各自的均值不同的故障率分布函数,且皆服从指数分布。

（3）设备是可修理的，其故障类型是可预知的。设备的劣化过程相互独立，不考虑设备之间的随机影响。

（4）假定设备是完全可观的。只考虑每一种设备的一个关键部件，从备用到运行的转换是理想的。

（5）设备随工作时间的延长性能逐渐劣化，直至失效。

（6）预防性大修、故障后大修和小修所需要的时间均服从指数分布，均值不同。

（7）维修工作分为小修、大修、更换。小修工作量较小，可使设备恢复到故障前的劣化状态；大修包括预防性大修和故障后大修，可使设备恢复如新，但二者费用不同；对于有备件的设备，无论发生了随机故障还是劣化故障，如果有备件可用，则立刻更换。

（8）多设备系统是一个串并联系统，中间存有容量不等的缓冲区。

（9）多设备系统的目标是长期运行条件下的平均费用最低。

图 6.11 是设备状态转移图，图中的符号说明如表 6.22 所示。设备劣化过程分为 3 个状态 D_1、D_2、D_3（劣化程度依次增加）。在这些状态中，设备可以正常工作。在状态 D_i，设备可能发生随机故障 $F_{Ri}(i = 1,2,3)$。在状态 D_3，设备还可能发生劣化故障 F_D，即劣化故障状态 D_4。设备在 D_1 状态只发生随机故障，只采取小修的维修方式。在 D_2 状态，只发生随机故障，可以采取故障后小修和大修的维

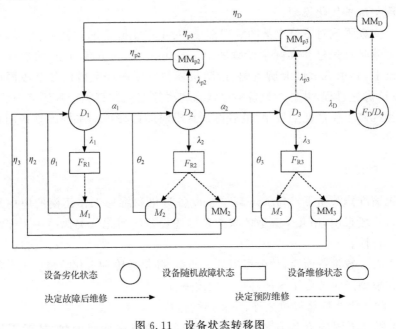

图 6.11　设备状态转移图

表 6.22　符号说明

符号	意　义
F_{Ri}	随机故障状态($i=1,2,3$)
M_i	故障后小修状态($i=1,2,3$)
MM_i	故障后大修状态($i=2,3$)
MM_{pi}	预防大修状态($i=2,3$)
MM_D	劣化故障后大修状态
λ_i	发生随机故障的速率($i=1,2,3$)
λ_{pi}	发生预防大修的速率($i=2,3$)
α_i	劣化状态转移率($i=1,2$)
λ_D	发生劣化故障的速率
θ_i	故障后小修平均时间($i=1,2,3$)
η_i	故障后大修平均时间($i=1,2$)
η_D	劣化故障平均维修时间
η_{pi}	预防大修平均时间($i=2,3$)
C_i	故障后小修费用($i=1,2,3$)
CC_i	故障后大修费用($i=2,3$)
CC_{pi}	预防性大修费用($i=2,3$)
CC_D	劣化故障维修费用

修方式,甚至有必要采取预防大修的维修方式。在 D_3 状态,可能发生劣化故障和随机故障,可以采取故障后小修、大修、劣化故障后大修等维修方式,必要的时候采用预防大修方式。

没有备件的设备设为 U,有备件的设备设为 V。并联设备视为有备件的设备 V,串联设备可以是 U,也可以是 V。决策变量为设备预防维修状态阈值 D_p,设备机会维修状态阈值 $D_{o1}(U)$、$D_{o2}(V)$。在更通用的视情机会维修策略中,不同的设备取不同的决策变量。本节为了简单起见,多设备系统中的所有设备的决策变量取相同的值,这不影响方法的本质属性。根据设备的劣化状态采用如下的规则进行维修决策:

(1) U 设备。

① 如果该设备发生了劣化故障,则进行劣化故障后大修。

② 如果该设备发生了随机故障,并且故障前的劣化状态大于或等于 D_{o1},则进行相应的故障后大修。

③ 如果该设备发生了随机故障,并且故障前的劣化状态小于 D_{o1},则进行相应的故障后小修。

④ 如果该设备没有发生故障,并且其劣化状态大于或等于 D_{o1},则进行相应的预防大修;否则,对该设备不作任何处理。

(2) V 设备。

① 如果该设备发生了劣化故障,则进行劣化故障后大修。

② 如果该设备发生了随机故障,并且故障前的劣化状态大于或等于 D_{o2},则进行相应的故障后大修。

③ 如果该设备发生了随机故障,并且故障前的劣化状态小于 D_{o2},则进行相应的故障后小修。

④ 如果该设备没有发生故障,并且其劣化状态大于或等于 D_{o2},则进行相应的预防大修;否则,对设备不作任何处理。

(3) 全线停机维修。

① V 设备和备件都发生故障或者 U 设备发生故障,则全线停机维修。

② U 设备劣化值大于或等于 D_p,全线停机预防维修。

说明:对于 V 类设备,当设备的原部件发生故障,则换上可用的备件或者并联设备,同时对发生故障的原部件维修;当换上的备件或者并联设备发生故障时,则换上已维修好的原部件;依次循环。

2. 基于 Tecnomatix Plant Simulation 的多设备串并联系统维修仿真

Tecnomatix Plant Simulation (原名 eM-plant)软件能够很好地模拟现场实际生产情况,还提供强大的随机模拟的数学工具,可以方便地模拟各种随机分布和随机过程。因此,可以使用它准确地模拟多设备系统的工作现场、工作流程和设备的 Markov 劣化过程。下面选取的多设备系统的实例是某轿车发动机车间的缸体生产线。这个缸体生产线的主要设备包括加工中心、清洗机、打号机、珩磨机、装配试漏涂胶压装及一些检测设备(如三坐标测量仪和量检具),柔性比较强。为简单起见,主要考察加工中心、清洗机、打号机、试漏机、框架装配机、珩磨机等主要设备。

仿真算法的主要思路是利用对连续参数 Markov 链的随机模拟方法模拟设备劣化状态的维持时间和下一个跳转的劣化状态,并根据设备劣化状态和决策变量的取值进行维修决策。依次循环,直到设定的仿真时间消耗完。图 6.12 详细描述了整个算法的流程。图 6.13 描述了缸体线的 Plant Simulation 仿真模型。下面对仿真流程中的主要算法作详细介绍。

(1) 模拟函数初始化:①初始化所有设备的劣化状态、随机数序列、机会维修阈值、设备状态转移表、故障类型和维修类型;设定预防维修阈值、用于控制的全局变量赋相应初值,初始化转移概率密度矩阵、费用矩阵;设定最大仿真时间。②调用设备状态产生器,产生每个设备的下一状态和全新状态的维持时间,把这个维持时间作为 methcall 函数的消耗时间参数。

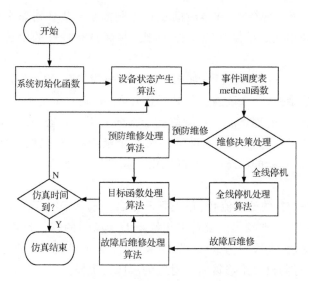

图 6.12　仿真算法流程图

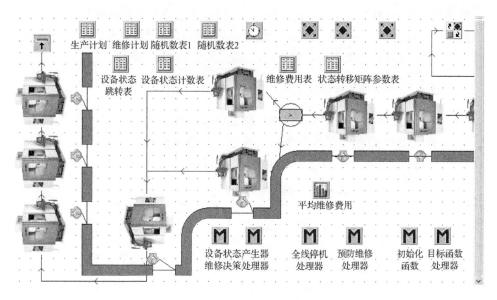

图 6.13　缸体线仿真模型

（2）设备状态产生算法：根据文献［28］介绍的对连续参数 Markov 链的随机模拟方法，首先为每个设备产生两列相互独立的随机数序列，然后产生每个设备的本次状态的停留时间和要跳转的下一个设备劣化状态值。注意产生的跳转设备劣化状态值和停留时间等都要写入设备劣化状态跳转表供 methcall 函数调用。程序设计人员可以自己设定系统的 seedtable。

（3）维修决策处理算法：在本时间点首先判断是否需要对整个系统进行预防维修，如是，则调用预防维修处理算法；否则，判断是有备件的设备还是无备件的设备。

（4）有备件的设备处理流程：如果设备处于故障状态，则进行同机会维修策略相对应的故障后维修；如果离线备件处于工作状态，则立刻更换（忽略更换时间）；否则，调用全线停机处理算法。新设备处于当前的工作状态，在线标记加上，同时要调用设备状态产生算法。旧的设备仍然处于维修状态，离线维修，离线标记加上，注意离线维修到新的状态时，不再劣化。如果设备处于工作状态，则不对设备作任何处理。

（5）无备件设备的处理流程：首先判断设备当前状态是工作状态还是故障状态，如果是工作状态，比较当前设备劣化状态 D_i 和 D_{o1} 的值。若 $D_i \geqslant D_{01}$，则调用预防维修处理算法，全线预防维修；若 $D_i < D_{01}$，则不对设备作任何处理。如果是故障状态，则进行同机会维修策略相对应的故障后维修。

（6）目标函数计算器：计算每次维修工作产生的费用。每次维修工作产生费用的计算公式为，$C = \sum C_i + \sum \mathrm{CC}_i + \sum \mathrm{CC}_{pi} + \sum \mathrm{CC}_D$。预防维修处理器负责对整个生产线进行预防维修工作。全线停机处理器处理对整个生产线进行机会维修工作。限于篇幅，这里不再详细介绍。

3. 轿车发动机车间缸体线视情维修优化

以 6 年为时间区段对轿车发动机车间缸体生产线设备视情维修优化，运行次数为 50 次。表 6.23 给出了维修费用的参数。预防维修费用公式为 $\mathrm{CC}_{pi} = \alpha \mathrm{CC}_i$，取 $\alpha = 0.8$，表 6.24 给出了设备劣化状态转移率和维修时间的参数。

表 6.23　维修工作费用参数（$\times 100$ 元）

设备	C_1	C_2	C_3	CC_2	CC_3	CC_D
加工中心	125	250	375	375	1250	62500
清洗机	62.5	125	250	250	1250	1875
打号机	62.5	125	625	250	1250	2500
试漏机	125	187.5	750	625	2500	6250
框架装配	125	250	2500	4250	6500	8500
珩磨机	1250	2500	8000	12500	18000	65000

当 D_{o1}、D_{o2} 和 D_p 取定某具体状态值时，应用 Monte Carlo 仿真方法可以估计 6 年时间段内缸体生产线的平均维修费用。利用穷举法求解最优决策变量（D_{o1}、

D_{o2} 和 D_p 的最优值）。在本例中，D_{o1} 和 D_{o2} 均可以是 D_2 或者 D_3，$D_{o1} \leqslant D_p \leqslant F_D / D_4$。

连续运行缸体线仿真模型 50 次可得平均维修费用 $C_{AVG} = 1682848$（元/年），如图 6.14 所示。决策变量最优值为：$D_{o1}^* = D_2$、$D_{o2}^* = D_3$ 和 $D_p^* = D_3$。也就是说，当加工中心、珩磨机等进入轻微劣化状态，试漏机、打号机、清洗机、框架装配机等进入严重劣化状态时，整个生产线应该进行预防大修。

表 6.24　设备劣化状态转移参数与维修时间参数（单位：天⁻¹）

设备	α_1	α_2	λ_1	λ_2	λ_3	λ_D	θ_1	θ_2	θ_3	η_2	η_3	η_D	λ_{p2}	λ_{p3}	η_{p2}	η_{p3}
加工中心	120^{-1}	100^{-1}	80^{-1}	40^{-1}	10^{-1}	30^{-1}	1^{-1}	2^{-1}	5^{-1}	5^{-1}	7^{-1}	30^{-1}	100^{-1}	80^{-1}	1^{-1}	2^{-1}
清洗机	160^{-1}	120^{-1}	80^{-1}	40^{-1}	20^{-1}	30^{-1}	1^{-1}	1^{-1}	3^{-1}	4^{-1}	5^{-1}	10^{-1}	120^{-1}	80^{-1}	1^{-1}	1^{-1}
试漏机	180^{-1}	130^{-1}	90^{-1}	50^{-1}	10^{-1}	30^{-1}	1^{-1}	1^{-1}	2^{-1}	5^{-1}	7^{-1}	30^{-1}	100^{-1}	80^{-1}	1^{-1}	2^{-1}
打号机	180^{-1}	140^{-1}	65^{-1}	40^{-1}	20^{-1}	30^{-1}	1^{-1}	1^{-1}	3^{-1}	5^{-1}	7^{-1}	10^{-1}	100^{-1}	80^{-1}	1^{-1}	2^{-1}
框架装配	80^{-1}	60^{-1}	30^{-1}	25^{-1}	20^{-1}	20^{-1}	1^{-1}	1^{-1}	1.5^{-1}	1^{-1}	2^{-1}	4^{-1}	90^{-1}	80^{-1}	1^{-1}	1^{-1}
珩磨机	100^{-1}	60^{-1}	40^{-1}	30^{-1}	20^{-1}	10^{-1}	1^{-1}	2^{-1}	5^{-1}	5^{-1}	7^{-1}	30^{-1}	100^{-1}	80^{-1}	1^{-1}	2^{-1}

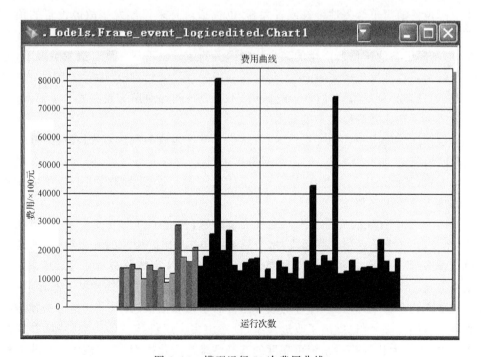

图 6.14　模型运行 50 次费用曲线

　　针对一类多设备串并联系统,本节提出了一种新的视情机会维修策略。在该策略中,设备劣化过程建模采用连续参数 Markov 链。应用 eM-Plant 软件对设备的生产实际进行了模拟和 Monte Carlo 仿真,得到了该策略下轿车发动机车间缸体生产线在有限时间区段内的平均维修费用,给出了最优的决策变量值。本节的模型有较强的应用性,为解决多设备维修决策问题提出了一种新的思路。

　　然而,由于多设备系统维修决策问题的复杂性,仍然有许多实际问题有待解决。例如,实际生产线的每种设备都是包含多部件的复杂设备,而本节只考虑了设备的一种最关键的部件。此外,设备之间的随机影响和结构影响、众多参数的灵敏度分析等本节都没有考虑,在下一步的工作中应加强对这些方面的研究。

6.3.2　基于成本的选择性维修决策

　　在汽车、拖拉机、内燃机和压缩机等许多工业生产领域都广泛存在着组合机床加工生产线,加工生产线是一种由多台加工设备串、并联构成的制造系统,每台设备的可靠度随其服役年龄的增长而降低,因此不可避免地会在生产过程中发生随机故障,从而导致生产线产能下降,甚至全线停产。主动维修(preventive mainte-nance,PM)是提高制造设备可靠性、减少故障损失的重要手段,企业通常会定期或者不定期地选择一个非工作时间段对部分设备进行检修,既包括对该时刻已经发生故障设备的简单修复性维修或者大修,也包括对将来可能发生故障设备的预防性维修或者大修。针对不同设备不同方式的维修需要不同的维修费用和维修时间,对不同设备的维修所产生的减少故障损失的效果也不尽相同。通常情况下,为减少维修对正常生产的影响、最大化设备利用率,每一个维修点的时长都有一定的限制(如只有一天的维修时间),维修部门不可能一次性对所有设备进行全面维修,由此产生了选择性维修决策的问题。

　　选择性维修决策问题可描述为:针对多台设备构成的制造系统,在有维修时长限制的情况下,通过优化决策,选择最关键的部分设备进行维修,确定它们合理的维修方式,从而最小化制造系统在下一工作时段内因设备故障造成的生产损失和维修成本等费用之和。

　　Rice 等[29]首先研究了选择性维修决策问题,建立了针对一类特殊并、串联系统(系统由 M 个子系统串联而成,每个子系统包括 M_i 个相同的并联组件)的维修决策模型,其中组件的故障率都是常数(组件寿命服从指数分布),并且只考虑一种维修方式。Cassady 等[30]对此模型进行了改进,假定组件的寿命服从威布尔分布,并且推广到多种维修方式,即针对故障组件的小修和更换、针对正常组件的预防性维修等。Lust 等[31]也提出了改进模型,针对由多个组件构成的一般性串、并联系统,建立了最大化维修后系统可靠度的选择性维修优化模型,并实现了启发式方法和禁忌搜索相结合的模型求解算法。

　　以上模型的共同点是以最大化系统可靠性为优化目标,这对于武器装备、航空航天器等安全性要求很高的产品的维修决策是非常有意义的,但对于制造系统而言,维修的经济性往往是更重要的目标,在减少故障损失和降低维修费用之间需要有一个平衡,提高设备可靠性的最终目的也是为了节约费用。

　　选择性维修本质上也是一种成组维修策略,即在某一时间点上选择系统中的一部分组件进行维修。在离散制造系统特别是生产线中,一台设备的停机维修将降低产能甚至导致停线,成组维修策略有助于减少停机次数、降低主动维修对正常生产过程的影响。许多学者都提出了成组维修决策模型,Wang[20]、Dekker等[21,22]提出了固定期成组维修策略,即在固定时间段后更换部分部件,更换的依据是这些部件已发生故障或者虽然正常但不能正常工作到下一个维修时刻点;Wilderman 等[32]在考虑了系统相关准备费用的前提下建立了主动维修决策模型;Das 等[33]综合了基于成本和基于可靠性的维修决策模型的优点,提出了适用于单元制造系统的混合成组维修决策模型。

　　在设备的服役过程中,存在着三种形式的维修:故障小修、预防性维修保养和大修。故障小修属于修复性维修,其目的是让突发故障的设备尽快恢复工作状态,其维修手段比较简单,通常假定维修前后设备的故障率不发生变化;大修是一种全面维修方式,涉及备件的更换,可认为大修后设备恢复如新;预防性维修保养是一种有计划的主动维修策略,出于简化问题的目的,大部分研究文献中也认为它能让设备恢复如新,但这并不符合实际情况。设备是否恢复如新可以用维修前后故障率的变化来描述,大修可以修复如新,因此修复后故障率为 0,故障率函数和修复前一样;小修只能修复如旧,因此修复后故障率和修复前相等,且保持同一故障率函数;预防性维修前后的故障率是不等的,许多学者通过引入调整因子来建立不同维护周期内的故障率演化规则。Malik[34] 提出了役龄递减因子的概念,指出设备在第 i 次预防性维护之后的故障率函数将成为 $\lambda_i(t + \alpha T_i)(0 \leqslant t < T_{i+1})$,其中 $0 < \alpha < 1$ 称为役龄递减因子,T_i 是第 $i-1$ 次维修后到第 i 次维修前的间隔时间,在此规则之下,预防性维护后设备的初始故障率变成了 $\lambda_i(\alpha T_i)$,而不是 0;Nakagawa[35] 提出了另一种故障率递增因子,指出第 i 次预防维护之后,设备的故障率模型将变成 $\beta\lambda_i(t)(0 \leqslant t < T_{i+1})$,其中 $\beta > 1$ 称为故障率递增因子,也就是说,每次预防性维护都使设备的初始故障率回到零值,但同时也增加了故障率函数的变化率;Zhou 等[36]综合役龄递减因子和故障率递增因子的优点,建立了基于设备可靠性的预防性维护修复非新模型,预防性维修前后部件的故障率函数之间的关系被定义为 $\beta\lambda_i(t + \alpha T_i)(0 \leqslant t < T_{i+1})$。

　　下面内容的研究对象是制造车间中针对加工生产线的选择性维修问题,生产线的结构决定了不同设备的故障将造成不同程度的生产损失,并且不同的维修方式对故障率有不同的影响结果。通过分析生产损失和维修费用的构成,建立了基于成本的维修决策模型,参照 Lust 等[31] 的思路,实现了基于启发式规则和禁忌搜索的求解算法,并对维修间隔时间和维修时长的优化设置进行了深入探讨。

1. 选择性维修决策问题描述

1) 选择性维修决策

图 6.15 是某轿车发动机车间的连杆加工线,实现连杆从毛坯到成品的完整加工过程。它由 22 台数控设备构成,划分为 10 道工序:OP_1,$\cdots$,OP_{10}。其中,OP_2、OP_4、OP_6 和 OP_8 由于加工工时较长,为了确保生产线平衡,为它们安排了多台并行加工设备。当所有设备均正常工作时,额定生产节拍为 1min。在某个维修时间点(如星期日),每台设备都处于两种状态之一:"正常"或"故障","正常"状态的设备由于服役年龄的差异,其故障率存在差异,故障风险各不相同。现在,维修部门需要决定对每台设备采取何种维修方式:不修、简单修复性维修(或称最小维修)、一般预防性维修、大修,从而使得整条生产线在下一个工作周期内(如半个月)因设备故障造成的损失最小,同时尽量降低维修成本。值得注意的是,不同设备的故障所造成的损失是不同的,在图 6.15 中,若 M_1-1 发生故障,则生产线停线;若 M_2-1 发生故障(假定 M_2-1,$\cdots$,M_2-7 是 7 台完全相同的设备),则生产线的节拍降为 1.167min。假定少生产一件连杆的损失为 60 元,M_1-1 的平均修复时间为 30min,M_2-1 的平均修复时间为 40min,则 M_1-1 故障造成的平均损失为 $60 \times 30/1 = 1800$ 元,M_2-1 故障造成的平均损失为 $60 \times (40/1 - 40/1.167) = 342.9$ 元。可见对于制造系统而言,M_1-1 的可靠性比 M_2-1 的可靠性更为重要,因此在维修决策过程中,有必要对维修设备进行优化选择。

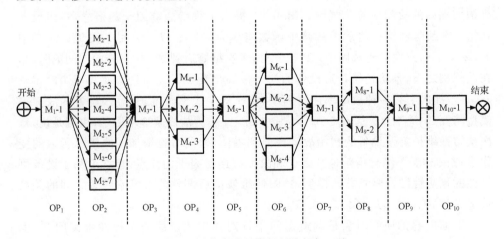

图 6.15 某发动机车间的连杆加工线

2）维修方式对设备故障率的影响

在进行制造设备维修决策时,有 4 种基本的维修方式可以选择:不修、最小维修、预防性维修保养和大修。将设备 i 两次大修之间的时间间隔定义为它的一个生命周期 LT_i,它被分割为多个工作时段和维修间隔。如图 6.16 所示,在这段时期内,该设备经历了一次大修,多次预防性维修和随机次数的故障小修。

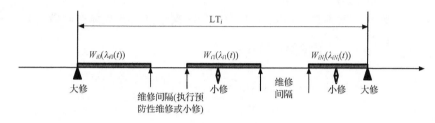

图 6.16　设备的生命周期

任意时刻 t,设备 i 处于“正常”或“故障”两种宏观状态之一,其微观状态可以用役龄 A_i 来描述,A_i 定义为从上次大修后到当前时刻的间隔内的设备实际工作时间。假定:

（1）在大修过程中将对设备进行彻底的检修,更换失效部件,它能让设备恢复到全新状态,初始故障率函数为 $\lambda_{i0}(t)$。大修成本较高、耗时较长,因此应避免经常发生。

（2）最小维修的目的是在设备发生突发故障时,让它快速恢复到工作状态,从而减少停机损失,最小维修不改变故障率函数形式,且维修后的故障率和维修前相同。除了在生产过程中进行被动的故障小修外,在主动维修时段,可能存在前一工作时段发生的故障还未修好的情况,因此也可以对故障设备选择最小维修方式。故障小修通常成本较低、耗时较短。

（3）预防性维修是指在设备的役龄 A_i 到达一定数值时,对设备采取的主动维修,其耗时和成本介于小修和大修之间。预防性维修可以降低设备的故障率,但一般不能让设备恢复如新,按照役龄递减因子和故障率递增因子的概念,维修前后的故障率公式满足

$$\lambda_{ij}(t) = \beta_i \lambda_{i(j-1)}(t + \alpha_i W_{i(j-1)}), \quad \forall j \geqslant 1$$

其中,$\lambda_{ij}(t)$ 是设备 i 第 $j(j \geqslant 1)$ 次预防维修后的故障率函数（$\lambda_{i0}(t)$ 是初始故障率）;$W_{i(j-1)}$ 是第 $j-1$ 次主动维修后到第 j 次主动维修前的设备实际工作时间; $0 < \alpha_i < 1$ 是役龄递减因子,α_i 使得设备修复后故障率达不到 0;$\beta_i > 1$ 是故障率递增因子,它增加了故障率函数的变化率。α_i、β_i 使得故障维修的效果是“非修复如新”。由上式递推得到

$$\lambda_{ij}(t) = \beta_i^j \lambda_{i0}(t + \alpha_i A_{ij}), \quad \forall j \geqslant 1 \tag{6-1}$$

其中，$A_{ij} = \sum\limits_{k=0}^{j-1} W_{ik}$ 为设备的第 j 次主动维修前的役龄（从上次大修结束后计算出的实际工作时间的总和）。

（4）根据经验，可认为设备的首次故障时间服从两参数的威布尔分布，即故障率为 $\lambda_{i0}(t) = \dfrac{\mu_i}{\eta_i}\left(\dfrac{t}{\eta_i}\right)^{\mu_i-1}$，设备可靠度为 $R_{i0}(t) = \exp\left[-\left(\dfrac{t}{\eta_i}\right)^{\mu_i}\right]$，其中 μ_i 和 η_i 分别为形状参数和尺度参数。由式（6-1）得到第 j 次维修后的故障率函数为 $\lambda_{ij}(t) = \dfrac{\beta_i^j \mu_i}{\eta_i}\left(\dfrac{t+\alpha_i A_{ij}}{\eta_i}\right)^{\mu_i-1}$，可靠度函数满足：

$$\ln R_{ij}(t) = -\int_0^t \lambda_{ij}(t)\mathrm{d}t = -\int_0^t \frac{\beta_i^j \mu_i}{\eta_i}\left(\frac{t+\alpha_i A_{ij}}{\eta_i}\right)^{\mu_i-1}\mathrm{d}t$$

求得

$$R_{ij}(t) = \exp\left\{\beta_i^j\left[\left(\frac{\alpha_i A_{ij}}{\eta_i}\right)^{\mu_i} - \left(\frac{t+\alpha_i A_{ij}}{\eta_i}\right)^{\mu_i}\right]\right\}$$

根据可靠性理论，如果设备在 t 时刻的故障率函数为 $\lambda_{ij}(t)$，则在其后的 ΔT 工作时间内（假定故障修复时间和 ΔT 相比可忽略不计），该设备发生故障的平均次数为

$$\mathrm{NF}_i(\Delta T) = \int_t^{t+\Delta T}\lambda_{ij}(t)\mathrm{d}t = \int_0^{t+\Delta T}\lambda_{ij}(t)\mathrm{d}t - \int_0^t \lambda_{ij}(t)\mathrm{d}t$$
$$= \ln R_{ij}(t) - \ln R_{ij}(t+\Delta T)$$

综合以上两式得到

$$\mathrm{NF}_i(\Delta T) = \frac{\beta_i^j\left[(t+\Delta T+\alpha_i A_{ij})^{\mu_i} - (t+\alpha_i A_{ij})^{\mu_i}\right]}{\eta_i^{\mu_i}}$$

3）单台设备的故障损失

在某个维修决策时刻，设备 i 自上次大修以来已进行了 j 次主动维修，第 j 次主动维修前的役龄为 A_{ij}，并在之后工作了 t_{i0} 时间，则设备的实时役龄为 $A_i = A_{ij} + t_{i0}$，此时的故障率为 $\lambda_{ij}(t_0) = \lambda_{i0}(t_{i0}+\alpha_i A_{ij})$，如果该设备在此次维修决策后，需要工作 ΔT 时段才能到达下一个维修决策点，下面分别考察四种维修策略。

（1）如果设备 i 状态正常且不进行任何维修，或者设备已发生故障但只进行最小维修，则下一工作时间段 ΔT 内的故障率函数仍为 $\lambda_{ij}(t)$，ΔT 内的故障发生次数为

$$\mathrm{NF}_i(\Delta T) = \int_{t_{i0}}^{t_{i0}+\Delta T}\lambda_{ij}(t)\mathrm{d}t = \int_{t_{i0}}^{t_{i0}+\Delta T}\lambda_{i0}(t+\alpha_i A_{ij})\mathrm{d}t$$
$$= \frac{\beta_i^j\left[(t_{i0}+\Delta T+\alpha_i A_{ij})^{\mu_i} - (t_{i0}+\alpha_i A_{ij})^{\mu_i}\right]}{\eta_i^{\mu_i}}$$

（2）如果设备 i 为故障状态但暂不进行维修，而延迟到工作时段再进行小修，由于小修时间和工作时段长度相比可忽略不计，因此 ΔT 内的故障发生次数为

$$\mathrm{NF}_i(\Delta T) = 1 + \int_{t_{i0}}^{t_{i0}+\Delta T} \lambda_{ij}(t)\,\mathrm{d}t$$

$$= \frac{\eta_i^{\mu_i} + \beta_i^{j}\big[(t_{i0}+\Delta T+\alpha_i A_{ij})^{\mu_i} - (t_{i0}+\alpha_i A_{ij})^{\mu_i}\big]}{\eta_i^{\mu_i}}$$

（3）如果设备 i 状态正常，并对它进行预防性维修，则维修后设备故障率函数为 $\lambda_{i(j+1)}(t) = \lambda_{i0}(t+\alpha_i A_{i(j+1)})$，其中 $A_{i(j+1)} = A_{ij} + t_{i0}$，$\Delta T$ 内的故障发生次数为

$$\mathrm{NF}_i(\Delta T) = \int_0^{\Delta T} \lambda_{i(j+1)}(t)\,\mathrm{d}t = \frac{\beta_i^{j+1}\big[(\Delta T+\alpha_i A_{i(j+1)})^{\mu_i} - (\alpha_i A_{i(j+1)})^{\mu_i}\big]}{\eta_i^{\mu_i}}$$

（4）如果对设备进行大修（不管设备的当前状态如何），则设备恢复如新，维修后故障率函数为 $\lambda_{i0}(t)$，ΔT 内的故障发生次数为

$$\mathrm{NF}_i(\Delta T) = \int_0^{\Delta T} \lambda_{i0}(t)\,\mathrm{d}t = \left(\frac{\Delta T}{\eta_i}\right)^{\mu_i}$$

如前所述，在生产线结构中，不同设备发生故障所造成的损失是不相同的，假设生产线的节拍为 $\gamma \min$，少生产一件产品的损失为 ζ 元，设备 i 所在的工序单元有 N_i 台设备，设备 i 所占的生产能力比重为 $\omega_i (0 < \omega_i < 1)$，工作过程中设备 i 的平均故障修复时间为 tm_i，单位时间内的固定维修费用（管理费、人员费等）为 cs，平均可变维修费用为 cm_i（小修费用），则在 ΔT 工作时段内，因设备 i 故障造成的损失是生产损失和维修费用之和，合计为

$$L_i(\Delta T) = \mathrm{NF}_i(\Delta T)\left(\frac{\mathrm{tm}_i \cdot \zeta \cdot \omega_i}{\gamma} + \mathrm{cs} \cdot \mathrm{tm}_i + \mathrm{cm}_i\right) \tag{6-2}$$

2. 系统建模

决策目标：对于由 M 台制造设备串、并联构成的加工生产线，在一个持续时间最长为 T_m 的维修间隔，针对设备的当前状态，选择其中部分设备进行合理的维修，从而使得制造系统从本次维修开始到下次维修开始之间的 $\mathrm{TA} + \Delta T$（实际维修时长为 $\mathrm{TA}(\mathrm{TA} \leqslant T_m)$，工作时段长为 ΔT）内，因故障损失和设备维修所产生的单位时间费用最小。

本次维修前设备 $i\,(1 \leqslant i \leqslant M)$ 的状态为

$$S_i = \begin{cases} 1, & \text{设备正常} \\ 0, & \text{设备已发生故障} \end{cases}$$

对设备 i 采取的维修措施用 MM_i、PM_i 和 RM_i 三个 0,1 变量来描述

$$\mathrm{MM}_i = \begin{cases} 1, & \text{对设备 } i \text{ 进行最小维修} \\ 0, & \text{不对设备 } i \text{ 进行最小维修} \end{cases}$$

$$\mathrm{PM}_i = \begin{cases} 1, & \text{对设备 } i \text{ 进行预防性维修} \\ 0, & \text{不对设备 } i \text{ 进行预防性维修} \end{cases}$$

$$\mathrm{RM}_i = \begin{cases} 1, & \text{对设备 } i \text{ 进行大修} \\ 0, & \text{不对设备 } i \text{ 进行大修} \end{cases}$$

总维修费用 C 由维修时段的可变费用 C_d 和固定费用 C_s、工作过程中的损失费 $L(\Delta T)$ 三部分构成：

(1) 假定对设备 i 进行一次小修、预防性维修和大修的可变费用的期望值分别为 cm_i、cp_i 和 cr_i（单位：元），维修所需期望时间分别为 tm_i、tp_i 和 tr_i（单位：h），则总小修可变费用为：$CM = \sum_{i=1}^{M}(cm_i \cdot MM_i)$，总预防性维修可变费用为：$CP = \sum_{i=1}^{M}(cp_i \, PM_i)$，总大修可变费用为 $CR = \sum_{i=1}^{M}(cr_i \cdot RM_i)$，总小修时间为：$TM = \sum_{i=1}^{M}(tm_i \cdot MM_i)$，总预防性维修时间为：$TP = \sum_{i=1}^{M}(tp_i \cdot PM_i)$，总大修时间为 $TR = \sum_{i=1}^{M}(tr_i \cdot RM_i)$。因此，总维修时间合计为：$TA = TM + TP + TR$，总维修可变费用合计为：$C_d = CM + CP + CR$。

(2) 设单位维修时间的固定费用（如人员费）为 cs，则维修时段的固定费用为 $C_s = cs \cdot TA$。

(3) 根据式(6-2)，设备 i 在下一个工作时段 ΔT 内发生故障的平均次数为 $NF_i(\Delta T)$，因生产过程中的故障造成的损失为 $L_i(\Delta T)$，从而制造系统因为可靠性不足而导致的总损失为 $L(\Delta T) = \sum_{i=1}^{M} L_i(\Delta T)$。

因此，从本次维修开始到下次维修开始的期间（时长为 $TA + \Delta T$）所发生的总费用为

$$C = C_d + C_s + L(\Delta T) = CM + CP + CR + cs \cdot TA + \sum_{i=1}^{M} L_i(\Delta T)$$

由此得到选择性维修决策模型（模型 6.6）为

$$
\begin{aligned}
&\text{决策变量} \quad MM_i、PM_i、RM_i \quad (1 \leqslant i \leqslant M) \\
&\min \left\{ \frac{C}{TA + \Delta T} \right\} \\
&\text{s. t.} \quad TA \leqslant T_m \\
&\qquad\quad S_i + MM_i \leqslant 1 \\
&\qquad\quad PM_i - S_i \leqslant 0 \\
&\qquad\quad PM_i + RM_i \leqslant 1 \\
&\qquad\quad MM_i + RM_i \leqslant 1 \\
&\qquad\quad MM_i、PM_i、RM_i \in \{0,1\}
\end{aligned}
\tag{6-3}
$$

约束 1 表明设备集的维修时间之和 TA 应不大于给定的时间约束 T_m；约束 2 表明最小维修方式仅适用于已发生的故障的设备；约束 3 表明预防性维修方式仅适用于正常状态的设备；约束 4 表明对于正常状态的设备，预防性维修和大修只能

两者选一;约束 5 表明对于故障状态的设备,最小维修和大修只能两者选一;约束 6 表明所有决策变量的取值均为 0 或 1。

3. 启发式和禁忌搜索相结合的求解算法

模型 6.6 是一个 NP 难类型的背包问题,当设备数量较多时,解搜索空间将异常巨大,以图 6.15 为例,共有 22 台设备,每台设备都有三种维修方式:大修、预防性维修/小修、不修,解空间的规模为 $3^{22} \approx 300$ 亿,因此只能采取启发式算法进行近似求解。

参照 Lust 等[31]的思路,下面设计了结构启发式方法和禁忌搜索相结合的求解算法。结构启发式方法能快速找到较优解,禁忌搜索的优点是具有高效的局域搜索能力,因此将两者结合能提高解的质量。

1) 结构启发式方法

结构启发式方法的目的是快速找到较优解,从而为下一步的禁忌搜索提供初始解。对于模型 6.6,定义两种规则如下:

(1) 对设备进行维修的目的是降低在下一工作时段发生故障的概率,从而减少生产损失,只有在期望生产损失的减少量大于设备维修费用的前提下才进行维修,否则暂不进行维修。

(2) 由于受到维修时间的制约,为追求总费用最小化,只能从可维修设备集中选择部分设备进行维修,选择的标准是损失减少费用和维修时间比值的大小,该比值越大,则该设备越优先选择进行维修。

结构启发式方法的基本过程如下:

(1) 导入外部数据,输入各种维修参数。

(2) 依次计算出每一台设备在三种维修方式(不修、预防性维修/小修、大修)下的总费用(维修费用和故障损失之和),判断设备维修的总费用是否小于不维修的总费用,得到可维修设备集。

(3) 计算可维修设备集中每一台设备在两种维修方式下(正常状态设备是预防性维修和大修,故障状态设备是小修和大修)的损失减少费用和维修时间的比值,选取其中较大的一个比值,并按此比值从大到小对可维修设备进行排序。

(4) 从排序后的可维修设备集中依次选择维修设备及对应的维修方式,计算出维修时间总和,直到维修时间约束不再满足为止,置剩余设备的维修方式均为“不维修”,从而得到最终的维修策略。

2) 禁忌搜索

禁忌搜索是一种元启发式搜索技术,由 Glover 首次提出。为了避免邻域搜索陷入局部最优,禁忌搜索算法用一个禁忌列表记录已经到达过的局部最优点,在下一次的搜索中,利用禁忌列表中的信息不再搜索或有选择地搜索这些点,以此来跳出局部最优点。禁忌搜索算法是局部邻域搜索算法的推广,在组合优化中有许多成功的应用。

针对最优维修策略的禁忌搜索算法的基本过程如下:

(1) 将结构式启发方法得到的解作为禁忌搜索的起始当前解和起始最优解,采用长度为 M 的字符串对解进行编码,每位的取值为 0、1、2,分别代表不修、预防性维修/小修和大修这三种维修方式;置初始禁忌列表为空,设定该表的最大长度。

(2) 生成当前解的所有邻域解。依次改变当前解每一位编码的取值,从 0 变为 1 或 2,从 1 变为 0 或 2,从 2 变为 0 或 1,从而得到 $2M$ 个邻域解;剔除不满足约束条件的解(总维修时间大于 T_m),剩下的作为候选解集,计算出每一个候选解的目标函数值,得到它的禁忌对象,禁忌对象是一个二元组,元素 1 记录了邻域发生变化的位,元素 2 记录了变化后的维修方式编码,如图 6.17 所示;然后对候选解按照目标函数值从小到大进行排序。

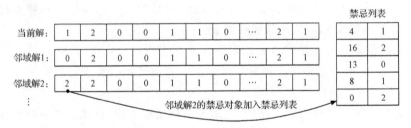

图 6.17　禁忌对象和禁忌列表

(3) 针对候选解的目标函数值小于目前最优解的目标函数值这一藐视规则,判断最优候选解是否满足藐视规则,如果满足则执行步骤(4);否则转到步骤(5)。

(4) 取最优候选解为新的当前解和最优解,将该解对应的禁忌对象加入禁忌列表,如果禁忌列表超过最大长度则同时移去最早进入禁忌列表的禁忌对象,然后转到步骤(6)。

(5) 依次判断每一个候选解的禁忌对象是否和禁忌列表中的对象之一相匹配,取不匹配的最优候选解作为新的当前解,并将候选解加入禁忌列表,如果禁忌列表超过最大长度则同时移去最早进入禁忌列表的禁忌对象。

(6) 判断是否达到指定的禁忌搜索代数,如果达到,则输出最优解;否则返回步骤(2)。

4. 应用实例

本节提出的选择性维修决策方法被应用于某发动机车间连杆加工线的维修决策中,该加工线的结构如图 6.15 所示,已知其额定生产能力为每小时 60 件,即生产节拍 $\gamma = 1\text{min}$,少生产一件产品的损失为 $\zeta = 60$ 元,单位时间的固定维修费用为 cs=580 元/h,维修时间约束为 $T_m=18h$,下一工作时段长度为 $\Delta T=80h$,每台设备的维修参数如表 6.25 所示。

表 6.25　连杆加工线设备的维修参数表

设备	α_i	β_i	η_i	μ_i	ω_i	cm_i	cp_i	cr_i	tm_i	tp_i	tr_i	j	A_{ij}	t_{i0}	S_i
M_1-1	0.05	1.1	100	2	1	100	350	1000	0.45	1	1.5	2	250	88	1
M_2-1	0.05	1.1	120	1.5	0.15	90	400	800	1.25	1.75	3	3	300	60	1
M_2-2	0.08	1.1	95	1.5	0.15	80	180	450	1	1.5	2.75	0	60	72	1
M_2-3	0.1	1.1	90	1.8	0.15	80	180	450	1	1.5	2.75	4	420	88	1
M_2-4	0.05	1.1	88	2	0.15	80	180	450	1	1.5	2.75	2	200	80	1
M_2-5	0.1	1.1	84	2.2	0.15	80	180	450	1	1.5	2.75	1	70	80	1
M_2-6	0.13	1.1	130	2.4	0.15	80	180	450	1	1.5	2.75	0	125	60	0
M_2-7	0.1	1.1	105	1.6	0.1	60	150	600	1	1.5	2.75	3	500	94	1
M_3-1	0.05	1.1	180	2.2	1	150	400	1100	1.5	1.8	2.5		320	90	1
M_4-1	0.15	1.1	92	2.5	0.3	120	250	880	0.75	1.2	2	2	236	155	1
M_4-2	0.1	1.2	280	1.2	0.2	145	250	880	0.75	1.2	2	5	1100	180	1
M_4-3	0.14	1.1	220	1.8	0.2	160	250	880	0.75	1.2	2	1	420	280	1
M_5-1	0.1	1.1	200	2	1	210	390	1590	1.5	2	2.5	1	380	120	1
M_6-1	0.02	1.1	130	1.4	0.4	200	415	1050	1	2	2.5	3	482	86	1
M_6-2	0.12	1.3	80	1.6	0.4	200	420	850	1	2	2.5	2	375	165	1
M_6-3	0.1	1.3	225	1.8	0.3	200	415	850	1	2	2.5	6	615	110	1
M_6-4	0.1	1.1	240	2	0.1	200	420	850	1	2	2.5	2	535	75	1
M_7-1	0.1	1.1	185	1.8	1	80	150	630	0.5	1	1.5	4	675	90	1
M_8-1	0.1	1.1	160	2	0.4	120	200	650	1.25	2	3	1	135	210	0
M_8-2	0.1	1.1	140	2	0.6	120	200	450	1.25	1.75	3	5	548	84	1
M_9-1	0.12	1.1	180	2.4	1	145	280	520	0.5	1	3	2	345	76	1
M_{10}-1	0.1	1.1	200	2.2	1	75	145	480	0.75	1.45	1.8	2	380	60	1

建立选择性维修决策模型,并利用 6.3.2 节的算法进行求解,置禁忌列表的长度为 5,经过 4 代禁忌搜索后就找到了最优选择性维修策略,运行时间少于 1s。表 6.26 分别列出了启发式方法和禁忌搜索得到的结果,很明显通过禁忌搜索显著改进了解的质量。通过计算还发现,有 7 台设备:M_2-1、M_2-2、M_2-7、M_4-2、M_4-3、M_6-1 和 M_6-4,对它们进行维修所减少的损失费用小于维修费用,因此它们暂时不需要维修;对于剩下的 15 台设备,采用穷举法,可以证明上面禁忌搜索得到的解就是最优解,因此如果生产线还需要工作 80h 才能到达下一个维修点,并且当前维修时长最大为 18h,则选择 M_1-1、M_2-5 和 M_3-1 进行预防性维修,选择 M_4-1、M_6-2、M_6-3、M_8-1 和 M_8-2 进行大修是最经济的维修策略,此时总费用(含维修费用和生产损失费)合计为 54905.1 元,单位时间的费用为 564.3 元/h。在表 6.25 中发现 M_2-6 是

已发生故障的设备,但最佳维修策略中并未选择对它进行维修,其原因是 M_2-6 的故障对生产能力影响不大,故而采取延迟维修策略,即在下一个工作时段再对它进行故障小修,而把当前维修时间留给更关键的设备。

表 6.26 维修间隔时间 ΔT 为 80h 的最佳维修策略及费用

	启发式方法得到的结果	禁忌搜索得到的最优结果
故障小修设备	M_2-6,M_8-1	—
预防性维修设备	M_1-1,M_2-4,M_2-5,M_3-1,M_4-1	M_1-1,M_2-5,M_3-1
大修设备	M_6-2,M_6-3,M_8-2	M_4-1,M_6-2,M_6-3,M_8-1,M_8-2
总维修时间	17.25h	17.3h
总费用	57451.5 元	54905.1 元
单位时间费用	590.8 元/h	564.3 元/h

在上面的维修模型中,下一工作时段长度(即维修间隔时间 ΔT)是预先给定的,如果情况允许,企业可以优化选择维修间隔时间。一般来说,如果维修间隔时间太短,则可能造成过度维修,导致维修和管理费用的增加;如果维修间隔时间太长,则生产过程中的损失又会加大。图 6.18 显示了不同维修间隔时长对单位时间维修损失费用的影响关系,当维修间隔时间设定为 52h,单位时间的维修费用最低,此时的选择性维修策略如表 6.27 所示,单位时间费用为 538.9 元/h,小于维修间隔 80h 的 564.3 元/h。

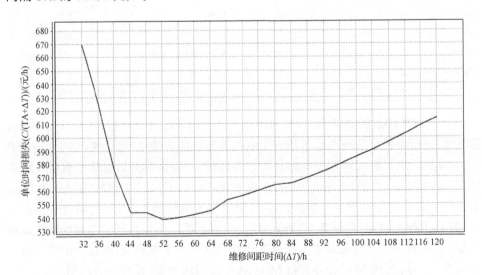

图 6.18 维修间隔时间 ΔT 和单位时间维修损失费用之间的关系

表 6.27　维修间隔时间为 52h 的最佳维修策略及费用

故障小修设备	M_2-6
预防性维修设备	M_1-1, M_2-4, M_2-5
大修设备	M_4-1, M_6-2, M_6-3, M_8-1, M_8-2
总维修时间	18h
总费用	37724.8 元
单位时间费用	538.9 元/h

　　另一个可以改变的参数是维修持续时长 T_m。一般来说,维修时长越大,则越可以选择更多的设备进行维修,从而减少故障损失费用,但当 T_m 达到一定数值时,由于可维修设备都选择进行了维修,再增加维修时间也无意义了,图 6.19 显示了下一工作时长为 80h 的情况下维修时长对单位时间维修损失费用的影响关系,可见当维修时长达到 28h 后,单位时间维修损失费就不再减小了。

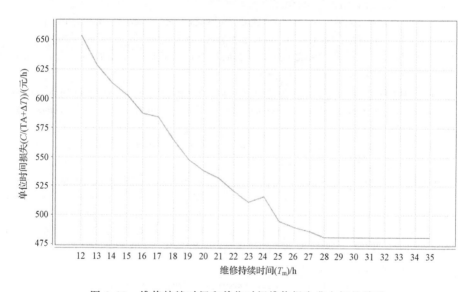

图 6.19　维修持续时间和单位时间维修损失费之间的关系

6.4　本章小结

　　本章针对制造执行过程中预测和决策问题开展研究,首先将神经网络集成预测方法应用于订单完工期预测和制造系统性能指标预测,采用基于粗糙集的样本预处理方法实现对条件属性集的约简,实例证明集成神经网络模型的泛化能力更强,预测精度更高;然后采用模糊可信性理论和随机规划理论来研究不确定信息条件下的生产计划决策问题,建立了不确定规划模型,通过混合智能算法实现求解;最后,从视情机会维修和选择性维修两个方面建立了设备维修决策模型,并结合工程应用实例来验证模型的可用性。

参 考 文 献

[1] Vinterbo S, Ehrn A. Minimal approximate hitting sets and rule templates. International Journal of Approximate Reasoning,2000,25:123-143.

[2] Hornik F M, Stinchcombe M, White H. Multilayer feed forward networks are universal approximators. Neural Networks, 1989,2(2):359-366.

[3] Hansen L K, Salamon P. Neural network ensembles. IEEE Transactions on Pattern Analysis and Machine Intelligence, 1990,12(10):993-1001.

[4] Breiman L. Bagging predictors. Machine Learning, 1996,24(2):123-140.

[5] 李凯,黄厚宽. 一种提高神经网络集成差异性的学习方法. 电子学报, 2005,33(8):1387-1390.

[6] Fu Q, Hu S X, Zhao S Y. Clustering-based selective neural network ensemble. Journal of Zhejiang University Science, 2005,6A(5):387-392.

[7] Efron B. Estimating the error rate of a prediction rule: Some improvements on cross-validation. Journal of the American Statistical Association, 1983,78(5):316-331.

[8] Song D P, Hicks C, Earl C F. Product due date assignment for complex assemblies. International Journal of Production Economics, 2002,76(3):243-256.

[9] van Ooijen H P G, Bertrand J W M. Economic due-date setting in job-shops based on routing and work-load dependent flow time distribution functions. International Journal of Production Economics, 2001, 74(1):261-268.

[10] Gordon V, Proth J, Chu C. A survey of the state-of-the-art of common due date assignment and scheduling research. European Journal of Operational Research,2002,139(1):1-25.

[11] Cohen G, Dubois D, Quadrat J P, et al. A linear-system-theoretic view of discrete-event processes and its use for performance evaluation in manufacturing. IEEE Transactions on Automatic Control, 1985, 30(3): 210-220.

[12] Huang A C, Fu L C, Lin M H,et al. Modeling, scheduling, and prediction for wafer fabrication: Queuing colored petri-net and GA based approach. IEEE International Conference on Robotics and Automation,2002:1-10.

[13] Sridharan R, Babu A P. Multi-level scheduling decisions in a class of FMS using simulation based meta-models. Journal of the Operational Research Society, 1998,49(6): 591-602.

[14] 熊禾根,李建军,孔建益等. 考虑工序相关性的动态 Job-shop 调度问题的启发式算法. 机械工程学报, 2006,42(8):50-55.

[15] 李培根. 制造系统性能分析建模——理论与方法. 武汉:华中理工大学学位论文,1998.

[16] Moody J, Darken C. Fast learning in networks of locally-tuned processing units. Neural Computation, 1989,1(1):281-294.

[17] Wang R C, Fang H H. Aggregate production planning with multiple objectives in a fuzzy environment. European Journal of Operational Research, 2001,133:521-536.

[18] 刘宝碇,赵瑞清,王纲. 不确定规划及应用. 北京:清华大学出版社, 2003.

[19] 袁国强,刘晓俊,李春萍. 基于可信性理论的生产计划期望值模型. 数学的实践与认识, 2009,39(9):

57-61.

[20] Wang H. A survey of maintenance policies of deteriorating systems. European Journal of Operation Research，2002，139：469-489.

[21] Dekker R. Applications of maintenance optimisation models：A review and analysis. Reliability Engineering and System Safety，1996，51：229-240.

[22] Dekker R，Wildeman R E，van der Duyn Schouten F A. A review of multi-component maintenance models with economic dependence. Mathematical Methods of Operations Research，1997，45（3）：411-435.

[23] Nicolai R P，Dekker R. Optimal maintenance of multi-component systems：A review，Economic Institute Report 2006-29. The Netherlands：Erasmus University Rotterdam Economic Institute，2006.

[24] 周晓军，沈炜冰，奚立峰等. 一种考虑修复非新的多设备串行系统机会维护动态决策模型. 上海交通大学学报，2007，41(5)：769-773.

[25] Marseguerra M，Zio E，Podofillini L. Condition-based maintenance optimization by means of genetic algorithms and Monte Carlo simulation. Reliability Engineering and System Safety，2002，77：151-166.

[26] Gurler U，Kaya A. A maintenance policy for a system with multi-state components：An approximate solution. Reliability Engineering and System Safety，2002，76：117-127.

[27] 程志君，郭波. 基于半 Markov 决策过程的劣化系统检测与维系优化模型. 自动化学报，2007，33(10)：1101-1104.

[28] 林元列. 应用随机过程. 北京：清华大学出版社，2002.

[29] Rice W F，Cassady C R，Nachlas J A. Optimal maintenance plans under limited maintenance time. Proceedings of the Seventh Industrial Engineering Research Conference，1998；11-17.

[30] Cassady C R，Pohl E A，Murdock W P. Selective maintenance modeling for industrial systems. Journal of Quality in Maintenance Engineering，2000，7(2)：104-117.

[31] Lust T，Roux O，Riane F. Exact and heuristic methods for the selective maintenance problem. European Journal of Operational Research，2009，197：1166-1177.

[32] Wilderman R E，Dekker R，Smit A. A dynamic policy for grouping maintenance activities. European Journal of Operational Research，1997，99(3)：530-551.

[33] Das K，Lashkari R S，Sengupta S. Machine reliability and preventive maintenance planning for cellular manufacturing systems. European Journal of Operational Research，2007，183(1)：162-180.

[34] Malik M. Reliable preventive maintenance policy. AIIE Transactions，1979，11(3)：2221-2281.

[35] Nakagawa T. Sequential imperfect preventive maintenance policies. IEEE Transactions on Reliability，1988，37(3)：295-2981.

[36] Zhou X J，Xi L F，Lee J. Reliability-centered predictive maintenance scheduling for a continuously monitored system subject to degradation. Reliability Engineering and System Safety，2007，92（4）：530-534.

第7章 粒子群优化算法在生产调度中的应用

7.1 广义粒子群优化模型

7.1.1 传统粒子群优化算法简介

粒子群优化(PSO)是基于群体智能的随机优化算法[1]。该算法受鸟群觅食行为的启发,最初设想是仿真简单社会活动,研究并解释复杂社会行为,后来发现可以用于优化问题的求解。与遗传算法类似,PSO 为基于种群的随机迭代算法,通过跟踪粒子个体极值和邻域极值动态实现解的迭代更新。与进化算法比较,PSO 保留了基于种群的全局搜索策略,由于采用速度-位移迭代模型,具有计算复杂度低、收敛速度较快、收敛稳定性高等优点,可应用于函数优化、神经网络训练、模糊系统控制等优化领域[2]。

PSO 发展至今,经历了惯性权重模型、收敛因子模型及带邻域操作模型等阶段。其中,惯性权重模型可有效协调全局搜索和局部搜索,成为最常用的 PSO 算法模型,基于该模型的 PSO 算法有以下基本步骤。

(1) 随机初始化粒子种群,即确定种群中每个粒子的初始速度和位置。

(2) 根据适应度函数评价每个粒子。

(3) 更新每个粒子的个体极值和邻域极值。

(4) 根据式(7-1)和式(7-2)更新粒子的速度和位置

$$v_i^{t+1} = wv_i^t + c_1 \cdot \text{rand}()(p_i^t - x_i^t) + c_2 \cdot \text{rand}()(l_i^t - x_i^t) \qquad (7\text{-}1)$$

其中

$$x_i^{t+1} = x_i^t + v_i^{t+1} \qquad (7\text{-}2)$$

$\text{rand}()$ 和 $\text{rand}()$ 是均匀分布在 $[0,1]$ 的随机数;c_1 和 c_2 是学习因子。粒子在每一维飞行的速度不能超过算法设定的最大速度值 $v_{\max}$,设置较大的 $v_{\max}$ 可以保证粒子种群的全局搜索能力,$v_{\max}$ 较小则粒子种群的局部搜索能力加强。

(5) 重复步骤(2)~步骤(4),直到满足迭代终止条件。

7.1.2 广义粒子群优化模型

PSO 虽然在许多问题中取得了成功应用,但是却始终局限于连续优化领域,一直未能有效解决离散及组合优化问题。算法中的个体-粒子以实数编码,在连续空间内跟随个体极值和邻域极值飞行,飞行速度和位置都以矢量运算的形式更新。

　　速度-位移模型是传统 PSO 算法的核心实现方案,也是其不能推广到离散及组合优化领域的根源。由式(7-1)和式(7-2),粒子的更新步骤如下。

　　(1) 粒子从个体极值获取部分信息 $c_1 \cdot rand()(p_i - x_i)$;

　　(2) 粒子从邻域极值获取部分信息 $c_2 \cdot rand()(l_i - x_i)$;

　　(3) 粒子进行随机搜索 wv_i。粒子的更新过程如图 7.1(a)所示。图 7.1(a)中个体所处的等高线位置反映适应值,箭头方向表示粒子速度方向,位置的改变反映粒子的更新情况。从图 7.1(a)可以看出,粒子既有向个体极值 p_{best} 运动的趋势 $v_{p_{best}}$,又有向邻域极值 l_{best} 运动的趋势 $v_{l_{best}}$,同时还有保持原来运动方向的趋势 v^t,以上运动叠加的总趋势 v^{t+1} 使粒子朝着更有利的位置 x^{t+1} 移动。

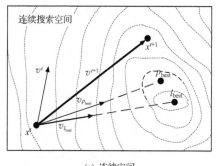
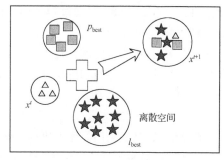

(a) 连续空间　　　　　　　　　　　　　(b) 离散空间

图 7.1　粒子更新示意

　　类比图 7.1(a)中连续空间粒子的活动方式,图 7.1(b)描述了离散空间中粒子的更新方式,圆内几何元素数量反映了粒子的适应值,几何元素的改变反映粒子的更新过程即信息流动过程。粒子既从个体极值 p_{best} 获取部分更新信息(以方形元素表示),又从邻域极值 l_{best} 获取部分更新信息(以星形元素表示),并实现自身(x^t)信息(以三角元素表示)的更新,更新信息组合的结果使粒子拥有更多的有效信息(以混合元素表示)。以上基于粒子群优化机理的分析,实现了算法从连续空间到离散空间的过渡。基于以上分析并进一步忽略 PSO 的具体更新策略,可得到广义粒子群优化模型——GPSO[3],基于该模型的 PSO 算法步骤如下。

　　(1) 按照给定的编码方案,随机初始化粒子种群。

　　(2) 根据适应度函数评价每个粒子。

　　(3) 更新每个粒子的个体极值和邻域极值。

　　(4) 粒子从个体极值获取部分更新信息。

　　(5) 粒子从邻域极值获取部分更新信息。

　　(6) 粒子进行随机搜索。

(7) 重复步骤(2)～步骤(6),直到满足迭代终止条件。

在满足 PSO 机理的基础上,针对特定问题设计合适的更新方案,即可将 PSO 算法推广到各类优化领域。

7.2 基于改进信息共享机制的粒子群优化模型

7.2.1 基本定义

GPSO 模型中粒子从其个体极值和邻域极值获取更新信息,本质依然符合 PSO 机理。尽管基于该模型的算法在旅行商问题取得成功应用,但是对搜索空间更复杂、约束条件更多的调度问题,往往容易出现早熟现象。本节通过分析粒子群优化信息共享机制的缺陷,通过模拟简单的社会活动,进而提出基于改进信息共享机制的粒子群优化模型。

信息是基于群体智能的元启发式算法个体更新的基础。该类算法中信息共享机制反映了种群中个体间相互协作、共同进化的动态过程。信息共享的关键概念如下。

定义 7.1(共享函数 $s(i,j)$) 任意两个个体 i、j 间的相似程度可以用共享函数 $s(i,j)$ 来评价,如对于采用顺序编码的个体,一般以海明距离 $H(i,j)$ 作为共享函数。

定义 7.2(共享度 S_i) 反映每个个体与种群中其他个体间的相关程度:

$$S_i = \sum_{j=1,j\neq i}^{n} s(i,j) \quad (i=1,2,\cdots,n) \tag{7-3}$$

与其他个体相似程度越大,该个体的共享度越高;反之共享度越低。

定义 7.3(信息密度 ρ_i) 表示单个个体拥有信息的度量指标。一般情况下,个体的信息密度与个体的适应值 f_i 成正比,即 $\rho_i \propto f_i$。

定义 7.4(信息重叠度 L) 指整个种群中个体间信息的重复程度,是信息冗余程度的反映,与粒子的信息共享度有关,$L \propto \sum_{i}^{n} S_i$。

定义 7.5(有效信息量 I) 反映整个种群的质量。每次迭代的有效信息量为种群的信息总量与信息重叠度之差:

$$I = \sum_{i=1}^{n} \rho_i - L$$

由以上定义可知,对于顺序编码的模型:

$$I = k_1 \sum_{i=1}^{n} f_i - k_2 / \sum_{i=1}^{n} \sum_{j=1,j\neq i}^{n} H(i,j) \tag{7-4}$$

定义 7.6(信息流动率 υ) 反映种群的进化速度。信息流动率表示单位迭代次数有效信息的流动量:

$$v = \Delta(I)/\Delta(t) \tag{7-5}$$

7.2.2　基于粒子群优化的信息共享机制

由于信息共享机制的差异,粒子群优化模型相对于遗传算法,信息流动率 v 较高,通常粒子能更快地收敛到最优解或近似最优解。但是,基于粒子群优化的信息机制中信息的流动过于贪婪,粒子受个体极值和邻域极值的影响较大,一旦其个体极值和邻域极值为局部最优,它们将影响整个种群,导致有效信息量 I 改进较小,即在迭代后期,信息流动率 v 显著降低,粒子将很难摆脱局部最优。

组合优化问题中解和海明距离都具有可枚举性,仿真结果显示,对于具有复杂局部解空间的组合优化问题,粒子群优化算法在迭代后期,粒子完全被其个体极值同化,共享度 S_i 达到最大,即当前粒子和其个体极值在搜索空间内占据同一位置,从而无法获得有效信息;基于计算时间复杂度的考虑,粒子群优化模型中的邻域极值并不处于搜索空间中真正意义上的物理邻域,而是简单地根据粒子序号确定的邻域,在搜索后期,所有粒子的邻域极值往往由个别粒子的个体极值控制,信息重叠度 L 急剧增加。由于搜索空间的差异,这些问题在连续优化问题中并不存在,但在离散组合优化问题中却成为早熟的根源。

传统的信息共享机制不能保证种群的多样性和差异性,造成迭代后期粒子共享度 S_i 过高,冗余信息量增加,最终导致种群陷入局部收敛。针对以上分析,需要对信息共享的拓扑结构进行改进,从而在保证粒子群优化算法收敛效率的基础上,提高其摆脱局部收敛的能力。

7.2.3　基于群体智能的信息共享机制

本节通过引入记忆库对粒子群优化算法的传统信息共享机制进行改进,提出基于群体智能(SISM)的信息共享机制。记忆库的引入源于对大量成功的元启发式算法的分析和总结。例如,粒子群优化算法中的粒子利用通过记忆保留的个体极值和邻域极值从时间与空间两个角度同时寻优,可获得满意的收敛速度与收敛精度;遗传算法中保留精英解策略本质上也是对全局极值的记忆;此外,大量文献表明模拟退火算法引入记忆可以显著提高收敛稳定性。因此,基于种群的元启发式算法模型仍然以记忆作为信息共享机制的核心。

基于改进信息共享机制的算法种群采用三层结构:

(1) 记忆库。由种群中部分粒子的记忆信息组成,即较优个体极值的集合。记忆库保持一定的规模,一般为种群数目的 20%。

(2) 劣质种群。由适应度较差的粒子组成,一般取整个种群的 10%。

(3) 常规种群。这是参与迭代更新的主要个体。常规种群中粒子较优的个体极值存入记忆库,较差的个体组成劣质种群。

由 7.2.1 节中的定义知,记忆库中优秀记忆个体提高了粒子整体适应度,记忆个体的差异性和劣质解的重新初始化降低了共享度 S_i,减少了信息重叠度 L,记忆库对较优个体的存储增加了有效信息量 I 和信息流动率 v。因此,在确定问题空间和种群数目的情况下,新的信息共享机制更有利于提高解的质量、加快收敛速度、增加收敛稳定性。

新的信息共享机制可表达为:粒子从自身的个体极值和记忆库中随机选取记忆粒子获得更新信息,种群每次更新的同时完成对记忆库的更新。

记忆库更新原则为:①种群中最优的粒子个体极值优于记忆库中的最差的记忆粒子;②更新后的记忆库任意两个记忆粒子均不相同,以保证记忆粒子的多样性和分布性。

对更新后的劣质解进行重新初始化,以防止新产生的解远远落后于更新后的种群,一般根据问题的特点采取启发式初始化。

与传统粒子群优化的信息共享机制相比,新的信息共享机制中粒子从记忆库获取更新信息。由于记忆库由较优的个体极值组成,同时能保证很好的分布性,因此新的信息共享机制可以在保证收敛速度的情况下提高解的质量。

7.2.4 新的信息共享机制合理性分析

新的信息共享机制源于对简单社会行为的模拟——社会中的每一个个体都生活在具体的环境中,从事一定的活动,如学习、工作等,并以是否达到一定的目标作为其成功的评价准则。为达到这些目标,个体需要进行各种社会活动。个体、环境、活动方式成为社会活动的基本要素。

(1)个体:社会中个体的活动,既要参考自身以往的类似经验,又要借鉴其他个体尤其是优秀个体的成功经验。当然,个体的都有一定的特殊性和局限性,过分依赖于某些个体并不利于个人的进步,因此需要分析所有优秀个体的共性,避免受个别个体主观因素和特殊情况的影响。同时,每个个体要根据自身特点找到适合自身发展的道路。

(2)环境:环境是个体活动的基础,包括群体规模、个体素质等,环境的好坏直接影响到个体的发展。与此类似,模型中的种群数目、优秀个体的质量、更新算子等构成粒子更新的环境。

(3)活动方式:个体的活动方式部分决定了个体活动的质量,合理有效的方式能提高活动效率,常见的活动方式是学习他人和以往的经验,同时挖掘自身的潜能。

7.3　基于改进信息共享机制的车间调度算法

7.3.1　基于 PSO 的作业车间调度算法

基于对简单社会活动的模拟,该信息共享机制模型可用于解决优化问题。以下给出基于该信息共享机制的 JSP 算法——基于改进信息共享机制的 PSO 算法(MPSO)的关键步骤。除了信息共享机制的区别,MPSO 基本符合基于 GPSO 的作业车间调度算法模型。基于工序的编码是最常用的 JSP 的编码方案之一,对该编码的解码可以产生任意活动调度,并可覆盖 JSP 的整个解空间,解码复杂性较低,对编码的任意置换排列均可产生可行调度。此外,基于工序的编码采用比较贪婪的解码方案,其产生的初始解集具有良好的分布性,同时保证了较好的调度质量。因此,本节的 MPSO 算法采用基于工序的编码。MPSO 以最大完工时间 makespan 作为个体的评价函数。

MPSO 使用基于 Giffler 和 Thompson 的启发式方法生成初始种群。与随机初始化方法比较,该启发式方法在提高解初始解质量的同时保证了初始种群的多样性与分布性。MPSO 对初始种群进行评价,并选择指定比例的个体组成初始记忆库。记忆库中记忆粒子的选择与更新应符合上述记忆库原则。粒子以一定概率 P_1(rand()$\leqslant P_1$)从其个体极值获得更新信息,否则粒子从记忆库中随机选择的记忆粒子获得更新信息。此外,并不局限于种群中的已有经验,粒子以一定概率 P(rand()$\leqslant P$)实现随机搜索。对以上步骤的基础上产生的更新种群再次评价,并进行记忆库的更新,更新后记忆库一般使用关键弧上工序的交换操作进行局部搜索,并使用基于 Giffler 和 Thompson 方法产生的解代替种群中 15% 的劣质解。重复以上更新操作直到算法满足迭代停止条件为止。

粒子从其个体极值及记忆库获得更新信息的目的由基于工件的交叉实现。该交叉操作的过程为:所有的工件随机分成两个集合 J_1 和 J_2,子代染色体 c_1/c_2 继承 p_1/p_2 中集合 J_1/J_2 内的工件所对应的基因,c_1/c_2 其余的基因位则分别由 p_2/p_1 删除了 c_1/c_2 中已确定的基因所剩的基因顺序填充。交叉操作的具体步骤如图 7.2 所示。此外,MPSO 使用 λ 变异实现粒子的随机搜索。

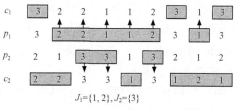

$$J_1=\{1,2\},J_2=\{3\}$$

图 7.2　基于工件的交叉示意图

　　需要说明的是,MPSO 算法是改进信息共享机制针对 JSP 的具体实现。算法给出了具体的编码方案及更新算子(即上述交叉与变异操作)。为分析信息共享机制对算法性能的影响,以相同编码方案与遗传算子实现基于 GPSO 模型的算法与遗传算法。考虑表达方便这里简称 GPSO 和 GA。需要指出,为提高算法的收敛速度及摆脱局部收敛的能力,本节中 GA 采用保留精英解的策略,但是与传统方法区别,其精英解具有一定的规模与分布性。

7.3.2　基于 PSO 的置换流水车间调度算法

　　本节基于 PSO 的置换流水平间调度(PFSP)算法采用 SISM 信息共享机制。结合 PSO 算法特点,SISM 信息共享机制中的记忆个体对应于 PSO 的粒子的个体极值,记忆库即为 PSO 种群中最优的个体极值的集合。基于 SISM 信息共享机制的 PSO 调度算法在挖掘自身群体智能的同时,充分利用 PFSP 邻域知识进行局部搜索,其详细代码如下。

```
Initialize the particle population: generate randomly a set of permutation FSP schedules.
Do {
For each particle s_i(t) do {
    Evaluate with objective function defined as C_max(s_i)
    Set individual best schedule p_i(t):
        if C_max(s_i(t))≤C_max(p_i(t-1))
            p_i(t) = s_i(t)
    Update memory information pool
    if rand()≤p
        Update PFSP schedule through PMX crossover with p_i(t)
    else
        Obtain new PFSP schedule through PMX crossover with m_i(t)
    Local search procedure:
    For each operation in each critical block B_i do {
        Insert it before each operation in its previous critical block B_{i-1} or next one B_{i+1}
        Output the best neighbor schedule with minimum C_max
        }
    }
} While stopping criteria are not satisfied
```

　　该算法采用基于工件的顺序编码方案,并选择最大完工时间 makespan 作为解的评价标准。PSO 算法在初始化过程中使用 Nawaz-Enscore-Ham(NEH)方法、Palmer 方法与 Campleu-Dudek-Smith(CDS)方法生成启发式初始解。初始种群中的其他粒子使用随机初始化。若算法已达到最大迭代次数或在指定迭代次数内调度的质量无改进,则算法停止。该算法的关键步骤为更新算子的设计与基于调度问题邻域知识的局部搜索。

（1）更新算子的设计。

基于 PFSP 的遗传调度算法针对顺序编码设计了大量成功的遗传操作,如部分映射交叉(PMX)、次序交叉(OX)、线性次序交叉(LOX)等。考虑到基于 PMX 操作的遗传算法在求解 PFSP 时的成功经验,本节基于 PSO 的 PFSP 算法采用 PMX 操作作为粒子的更新算子,用于从个体极值及记忆库中随机选择的记忆粒子获得更新信息。

（2）基于问题邻域知识的局部搜索。

粒子在从算法自身的种群中获得更新信息后,利用优化问题本身的特征设计的邻域知识进行局部搜索。针对车间调度问题的基于关键路径的邻域移动已经形成了较为系统的知识体系,在理论方面已经比较成熟。大量仿真实验验证了该邻域结构的有效性。基于该邻域结构设计的模拟退火与禁忌搜索算法已成为求解车间调度问题最有竞争力的元启发式算法。针对 PFSP 的基于问题邻域知识的局部搜索的详细描述如下。

基于问题邻域知识设计的局部搜索是邻域搜索元启发式算法的关键组成部分。研究表明对于车间调度问题,包括 JSP 与 FSP 等,可行调度的关键块中工序的局部移动是该类问题最有效的更新算子之一。基于该更新算子的局部搜索尤其是模拟退火与禁忌搜索可在求解该类问题获得较为满意的调度结果。但是模拟退火与禁忌搜索均为基于单点的迭代算法,仅依赖于局部更新信息,会导致严重的局部收敛。针对该问题,需要对模拟退火算法的退火机制进行设计,并对算法控制参数的选择进行大量实验。同样禁忌搜索需要对其记忆机制包括禁忌与解禁策略进行合理设计。

PSO 算法是基于群体智能的元启发式算法。信息共享机制中更新算子的设计是算法实现的关键步骤。从算法中个体的角度分析,种群中每个粒子均有目的地从个体极值与邻域极值获得更新信息。但是从整个种群观察,算法主要依赖问题的目标函数指导种群的随机搜索。算法的随机性过强往往导致盲目搜索,而冗余的盲目搜索导致的收敛停滞现象降低了算法的收敛速度。此外在收敛停滞期间,算法局部收敛的概率增加。基于 SISM 的算法流程中的局部搜索模块可利用问题的邻域知识设计高效的局部搜索算子,也可以借鉴局部搜索算法(如模拟退火与禁忌搜索)的已有策略。文献[4]对置换流水车间调度中基于关键路径的邻域结构进行了系统的研究。本章 PSO 算法中基于 PFSP 邻域知识的局部搜索采用该邻域结构。基于该邻域结构的局部搜索示意图如图 7.3 所示。

调度问题的邻域结构需要根据问题的具体特点设计。例如,针对 JSP 各机器上工件的加工顺序及各工件的工序加工顺序均不相同的特点,对该问题的编码及邻域结构需要以工序为单位进行设计。此外,JSP 中的各工序受机器能力和工件加工顺序的双重约束,违反工序约束的邻域移动将导致加工冲突,以上约束增加了邻域结构的设计的难度。

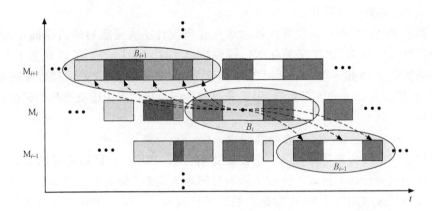

图 7.3　基于 PFSP 知识的邻域搜索

　　对于 PFSP,各工件的工序加工顺序及工件在机器上的加工顺序一致。而且
PFSP 的约束较少,工件的邻域移动无任何限制,即工件以任意方式(如交换、插
入、逆序等)的移动均不会产生非法解。因此,PFSP 调度的邻域移动以工件为单
位,无需深入到每道工序。

　　对车间调度问题的研究表明,关键路径上工序块内部的移动对调度的质量无
任何改进。因此本节以关键块之间工序的插入作为该类问题的邻域移动策略。基
于任意两个关键块的全邻域结构具有完备的邻域空间,但是基于该结构的邻域移
动,在待插入的邻域位置离当前工序较远的情况下更倾向于全局搜索。此外实验
证明该邻域结构往往导致算法的冗余搜索甚至迂回搜索。为提高算法的局部搜索
效率,本节的邻域结构定义为当前关键块中的各工序向其邻接块内移动的集合。

　　图 7.3 中的箭头标出移动的位置。对于块 B_i 上的一道工序 o_k(k 表示整个关
键路径中该工序的序号)。设 M_k^p 表示将工序向紧前块中的移动集合,M_k^s 表示将
工序向紧后块中的移动集合,$\pi(m)$ 表示经过移动 m 得到的新调度,则当前调度 π
的邻域可表示为:$N(\pi) = \{\pi(m) \mid m \in (M_1^p \bigcup M_1^s) \bigcup (M_2^p \bigcup M_2^s) \bigcup \cdots \bigcup$
$(M_n^p \bigcup M_n^s)\}$。算法以 $N(\pi)$ 中 makespan 最小的邻域调度作为局部搜索的更新调
度。为防止迂回搜索,算法以一定的概率选择工序的插入位置。

7.3.3　基于 PSO 的开放车间调度算法

1. 开放式车间调度问题(OSP)的模型表示

　　析取图模型[5]是描述 OSP 的常用模型。该模型由一系列节点和连接弧组成,每
个节点对应一道工序,每条弧 (i,j) 对应同一台机器或同一个工件上的两道连续工
序,弧的长度 d_i 对应于工序 i 的加工时间。每条弧有两个可能的连接方向。调度将
固定所有弧的方向,以确定同一机器上工序的顺序和每个工件的工序顺序,并采用带

有优先箭头的连接边取代非连接边,最终得到一个各操作间无冲突的有向非循环图。在该模型中,从开始节点到终止节点的最长路径构成关键路径,关键路径的求解可采用动态规划方法。关键路径可以分解成一系列工序块,每个工序块是同一个工件或者在同一台机器上加工的最大工序序列,这些工序块是 OSP 邻域结构的基础。

2. 算法实现

本节给出基于改进信息共享机制的 OSP 调度算法——PSO-OSP。鉴于遗传算法在求解 OSP 的成功经验,这里将遗传操作作为算法中粒子的更新算子,即针对工序的编码和设计的交叉变异方式。与 OSP 的其他算法类似,PSO-OSP 以 makespan 作为适应度函数。

(1) 初始化。

算法首先采用基于 G&T 的启发式方法生成部分种群,其优先规则为 SPT、LPT、MWR、LWR、MOR、LOR、FCFS、RANDOM 等[6] 的随机组合;然后采用基于工序编码的随机初始化生成另外部分初始种群。仿真结果显示,基于工序的编码按照活动调度解码,解的质量接近启发式生成的解,混合初始化得到的种群比较均匀。同时,初始种群保证一定的差异性和分布性。将较优的个体存入初始记忆库,其余的作为初始常规种群。

(2) 信息更新。

算法根据适应度函数(即 makespan)评价每个粒子的性能,并基于以上评价完成粒子个体极值和邻域极值的更新。粒子以概率 P_1(rand()$\leqslant P_1$)从其个体极值获取部分更新信息,否则粒子从随机选择的知识库中的记忆粒子获取部分信息。此外,并不局限于种群中已有的经验,粒子以概率 P(rand()$\leqslant P$)实现随机搜索。算法中粒子从其个体极值和记忆粒子获得更新信息的过程由交叉操作实现,粒子的随机搜索由变异操作实现。本节采用多个交叉算子(LOX、PMX、OX)对个体进行交叉操作,不同的交叉算子表示不同的生态环境,故在交叉过程中可以有效扩大搜索范围,提高收敛稳定性。同理,变异操作也采用多种变异算子(互换变异、插入变异、逆序变异)轮循的方式,此外,变异操作引入模拟退火机制,以一定的概率接受较差解,该策略有利于防止粒子种群出现早熟现象。对以上产生的更新种群重新评价,按照记忆库的更新规则完成对记忆库的更新。

(3) 局部搜索。

算法中的局部搜索在粒子从其个体极值与邻域极值获得更新信息后进行,体现了个体对自身潜能的挖掘。本节分析 OSP 的邻域结构,通过关键路径上工序块的交换实现邻域搜索,并以一定的概率接受弧交换防止迂回搜索。

对于任意一个可行调度 s,确定关键路径上的一条基本弧 (i,j),该弧对应的两道工序在同一台机器上加工,或者属于同一个工件的两道连续工序,同时基本弧

(i,j) 必须满足工序 i 是块首工序或工序 j 是块尾工序。对于同一个工件的工序，以 PJ(k) 表示工序 k 的前一道工序，SJ(k) 表示工序 k 的后一道工序；在同一台机器上加工的工序，以 PM(k) 表示工序 k 的前一道工序，SM(k) 表示工序 k 的后一道工序。若弧 (i,j) 对应的两道工序在同一台机器上加工，则可考虑以下几种可能的弧交换：①仅交换弧 (i,j)；②同时交换弧 (i,j) 和 $(PJ(j),j)$；③同时交换弧 (i,j) 和 $(i,SJ(i))$；④同时交换弧 (i,j)、$(PJ(j),j)$ 和 $(i,SJ(i))$。其中交换方式④的过程如图 7.4 所示。若弧 (i,j) 对应同一个工件的两道连续工序，按以上方法可得到类似的 4 种弧交换。

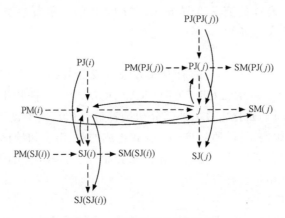

图 7.4　关键路径上的弧交换

采用以下方式评价交换后的调度 s' 的性能：依次检查 s 中待交换弧所对应的每个节点，找出 s' 中包含该节点的关键路径，最长的关键路径长度构成 s' 的下界，以此下界评价 s' 的性能。值得注意的是，交换产生的新解可能是非法解，采用文献[7]中的方案可排除非法解，并能求得近似调度长度。每次迭代过程中在所有邻域移动中，选择最好的可行弧交换。为了防止迂回搜索，以一定的概率接受弧交换，不仅降低了计算费用，也可提高该问题的收敛稳定性。

7.4　算　　例

7.4.1　作业车间调度问题

实验中粒子群优化算法（包括 MPSO 与 GPSO）与遗传算法采用相同的编码方案、初始化策略与遗传操作。交叉概率 $P_c = 0.9$、变异概率 $P_m = 1.0$，初始种群比例：基于 Giffler 和 Thompson 启发式算法（包括 Active 和 Non-Delay 解码方式）生成的种群与基于工序的随机初始种群各占 50%。MPSO 与 GPSO 算法中用于控制粒子更新策略的参数 P 从初始的 0.3 随迭代次数线性下降至 0.1，$P_1 =$

0.7。算法均以达到最大迭代次数作为停止标准。

实验采用 ORLIB 中的 JSP(其中 FT10、FT20、LA16 为最常用的 JSP 测试实例)进行测试。实验运行的计算机配置如下:处理器为 Intel Celeron Coppermine Processor,主频为 1.0GHz,物理内存为 128MB。

实验首先给出了基于改进信息共享机制的 PSO 算法(MPSO 算法)与基于传统信息共享机制的 PSO 算法(GPSO 算法)的统计结果。由表 7.1 与图 7.5 可知,尽管 GPSO 算法在初始阶段收敛速度优于 MPSO 算法,但是前者在迭代初期即出现严重的早熟现象。MPSO 算法正是针对传统信息共享机制的缺陷进行改进,实验结果显示 MPSO 算法保持了较好的收敛稳定性,同时有效降低了算法局部收敛的概率。

表 7.1　基于改进及传统信息共享机制的算法比较

问题	问题最优解	MPSO				GPSO			
		最优解	平均解	计算时间	代数	最优解	平均解	计算时间	代数
FT10	930	930	945	244.19	100	956	967	20.53	14
FT20	1165	1173	1181	275.28	100	1224	1236	15.52	17
LA16	945	945	950	179.12	80	979	982	9.11	11
LA21	1046	1058	1071	486.87	150	1092	1108	18.58	14
LA31	1784	1784	1784	138.07	50	1784	1784	34.23	10
LA36	1268	1278	1292	692.64	150	1312	1331	53.76	21

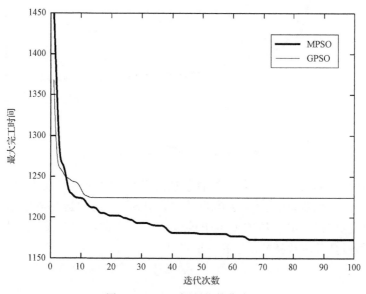

图 7.5　FT20 问题收敛曲线图

实验同时给出随机运行 30 次 GA 的统计指标包括最优解、平均解、计算时间，如表 7.2 所示。MPSO 与 GA 的收敛曲线如图 7.6～图 7.8 所示。

表 7.2　不同算法用于 JSP 的性能指标

问题	问题最优解	MPSO			GA		
		最优解	平均解	计算时间/s	最优解	平均解	计算时间/s
FT10	930	930	945	244.19	946	968	271.59
FT20	1165	1173	1181	275.28	1178	1203	307.39
LA16	945	945	950	179.12	956	963	219.01
LA21	1046	1058	1071	486.87	1082	1105	613.37
LA31	1784	1784	1784	138.07	1788	1796	197.66
LA36	1268	1278	1292	692.64	1302	1334	1024.67

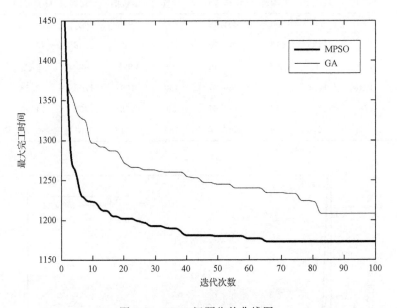

图 7.6　FT20 问题收敛曲线图

由统计结果可知，MPSO 算法的收敛速度及解的质量相对 GA 有明显改进。即使以相同的迭代次数作为算法停止条件，MPSO 算法的运算时间指标仍优于 GA。需要说明的是，本节的 GA 由于保留一定规模的记忆信息，相对于传统的 GA，其解的质量及收敛稳定性已有一定提高。

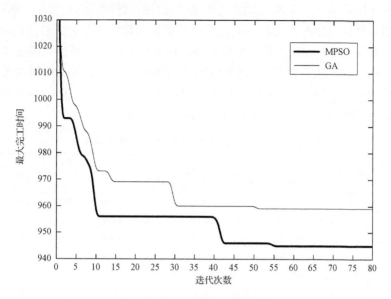

图 7.7　LA16 问题收敛曲线图

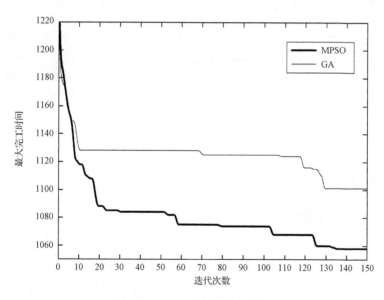

图 7.8　LA21 问题收敛曲线图

7.4.2　置换流水车间调度问题

实验采用 ORLIB 中的 PFSP 实例(Taillard 系列问题)进行测试。实验运行获得的仿真结果如表 7.3 所示。为体现本算法的优势,选择部分文献中有代表性的 PFSP 调度算法进行比较。表中 PSO 为本章提出的算法,TA 为历史文献给出的 Taillard 问题的 C_{max} 上界，EVIS 为文献[8]的遗传算法，RSA 代表文献[9]的改进模拟退火算法，HSA 为文献[10]的混合模拟退火算法，TS 为文献[11]的禁忌搜索算法。图 7.9 以直方图的形式给出各种算法测试 PFSP 实例得到的相对误差性能比较。横坐标代表问题类型，纵坐标代表距离问题已知上界的相对误差。需要说明的是，对于简单的测试实例，如 $20×5$ 与 $50×5$ 问题，以上算法都可收敛到最优解。因此，各种算法的相对误差未能在图 7.9 中显示。

表 7.3　不同调度算法的 PFSP 测试实例仿真结果

问题	TA	EVIS		RSA		HSA		TS	PSO	
	C_{max}	C_{max}	T/s	C_{max}	T/s	C_{max}	T/s	C_{max}	C_{max}	T/s
$20×5$	1278	1278	49.01	1278	12.48	1278	0.06	1278	1278	0.03
$20×10$	1582	1588	89.01	1582	14.62	1582	3.06	1582	1582	1.60
$20×20$	2297	2297	211.63	2297	21.46	2301	3.06	2297	2297	0.03
$50×5$	2724	2724	142.96	2724	2.59	2724	2.04	2724	2724	0.02
$50×10$	3025	3063	390.25	3025	27.43	3025	7.14	3037	3025	75.37
$50×20$	3875	3896	901.42	3886	54.82	3911	211.14	3886	3868	218.43
$100×5$	5493	5493	629.33	5493	11.02	5502	2.04	5493	5493	0.04
$100×10$	5770	5862	1231.42	5776	66.10	5774	25.50	5776	5770	58.25
$100×20$	6286	6567	2246.58	6319	188.06	6434	473.30	6330	6258	354.65
$200×10$	10868	10957	126.79	10872	168.19	10961	27.54	10872	10872	19.87
$200×20$	11294	11818	216.10	11359	416.54	11483	435.54	11393	11286	584.27
$500×20$	26189	27496	1271.85	26325	1111.20	26814	3674.04	26316	26172	2836.02

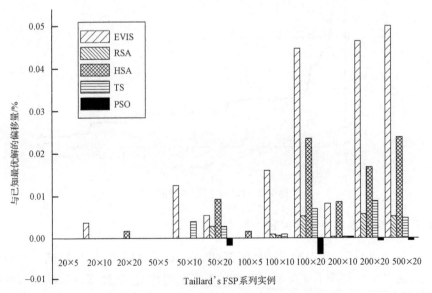

图 7.9　不同算法求解 FSP 实例的相对误差性能比较

　　由表 7.1 与图 7.9 的统计结果可知,本章基于 SISM 信息共享机制的 PSO 调度算法总体性能优于其他算法。根据表 7.3 的性能指标,尽管基于个体搜索的模拟退火与禁忌搜索的计算费用指标在某些实例中略有优势,但是本章基于 PSO 的 PFSP 算法具有更好的全局收敛性。对于所有 PFSP 测试问题,PSO 产生的最优调度的 C_{max} 指标最优,其中 4 个测试实例的 C_{max} 指标优于历史文献中给出的上界。与基于种群的遗传调度算法 EVIS 比较,PSO 算法的调度质量与计算费用指标均有显著提高。综上所述,基于 PSO 的调度算法在保证收敛速度的情况下,提高了调度质量和收敛稳定性。仿真实验的统计结果验证了本章 SISM 信息共享机制与基于邻域知识的局部搜索的有效性。

7.4.3　开放车间调度问题

　　为了便于比较,实验采用著名的 Taillard 系列标准 OSP 测试实例[12],测试实例由 6 类问题组成,每一类包含 10 个实例。实验给出基于改进信息共享机制的 PSO-OSP 调度算法与其他常用算法的统计结果,如表 7.4 和表 7.5 所示。表中包含以下信息:n、m 反映问题规模,分别代表工件和机器数目;k 为问题编号;C_{max}^* 代表目前问题的已知最优值;T 代表算法的计算时间;C_{max} 代表各种算法得到的最优解;MRE 代表各种算法对每一类问题所求解的相对误差平均值;♯opt 代表对于每类问题,各种算法收敛到最优解的实例数目;TS、SA、IH、HGA、PGA 分别代表文献[7]、[12] 和 [13] 中的禁忌搜索、模拟退火、插入启发式、混合遗传算法、置换遗传算法,PSO-OSP 为本章提出的基于改进信息共享机制的粒子群优化算法。

　　PSO-OSP 算法的参数设置如下。初始种群比例:基于 G&T 的启发式算法(包括 Active 和 Non-Delay 解码方式)和基于工序的随机初始种群各占 50%。PSO-OSP 算法中用于控制粒子更新策略的参数 P 从初始的 0.3 随迭代次数线性下降至 $0.1,P_1=0.5$。局部搜索中弧交换的概率为 0.2。实验运行的计算机配置如下:处理器为 Intel Celeron Coppermine Processor,主频为 1.0GHz,物理内存为 128MB。

　　限于篇幅,表 7.4 仅给出每一类问题的第一个实例的统计结果,表 7.5 是对各类问题所有实例的总结。由统计结果可知,基于改进信息共享机制的 PSO 算法总体性能明显优于其他算法。在 60 个标准测试实例中,仅有 2 个未能收敛到最优调度,但距离最优调度已非常接近。与之比较的其他算法中,HGA 的调度质量最优。与 HGA 相比,PSO-OSP 在最难问题(20×20 系列)上平均相对误差精度提高 $(0.08\%-0.03\%)/0.08\%=62.5\%$,计算费用降低 $[(1272-532)/1272]×100\%=58.2\%$。与基于种群的算法(PSO-OSP、HGA)相比,基于个体搜索的 TS 算法在时间上占有一定的优势,但其收敛性能明显差于 PSO-OSP。在 60 个标准测试实例中,仅有 43 个能够收敛到最优调度。与之相比,PSO-OSP 在该指标的性能提高$[(58-43)/43]\times100\%=34.9\%$。因此,基于改进信息共享机制的 PSO 算法在保证收敛速度的情况下,提高了调度质量和收敛稳定性。

表 7.4　不同算法用于 OSP 标准测试实例的性能比较

实例 $(n\times m\_k)$	已知最优值 $C^*_{\max}$	TS		HGA		PGA	IH	SA	PSO-OSP	
		最优解 $C_{\max}$	时间 T/s	最优解 $C_{\max}$	时间 T/s	最优解 $C_{\max}$	最优解 $C_{\max}$	最优解 $C_{\max}$	最优解 $C_{\max}$	时间 T/s
10×10_1	(637)	646	51	637	54	655	645	647	637	18
10×10_2	588	588	1	588	19		588	589	588	9
10×10_3	(598)	601	34	598	49		611	604	598	27
10×10_4	577	577	28	577	7	581	577	577	577	5
10×10_5	640	644	49	640	17		641	640	640	9
10×10_6	538	538	1	538	8	541	538	538	538	5
10×10_7	616	616	7	616	14		625	616	616	8
10×10_8	595	595	8	595	9		596	598	595	4
10×10_9	595	597	44	595	18	598	595	597	595	12
10×10_10	596	596	17	596	6	605	602	596	596	5
15×15_1	937	937	1	937	19	937	937	937	937	3
15×15_2	918	920	79	918	41		918	919	918	32
15×15_3	871	871	5	871	16	871	871	871	871	7
15×15_4	934	934	1	934	5	934	934	934	934	2
15×15_5	(946)	949	78	946	31		950	952	946	25
15×15_6	933	933	9	933	14		933	933	933	6
15×15_7	891	891	77	891	79		891	891	891	33
15×15_8	893	893	1	893	26	893	893	893	893	7
15×15_9	(899)	910	79	899	109		908	905	899	52
15×15_10	902	906	125	902	46		902	902	902	31
20×20_1	1155	1155	33	1155	67	1165	1155	1159	1155	23
20×20_2	(1241)	1246	178	1242	373		1244	1262	1241	114
20×20_3	1257	1257	1	1257	39	1257	1257	1257	1257	12
20×20_4	1248	1248	19	1248	51		1248	1248	1248	15
20×20_5	1256	1256	5	1256	43	1256	1256	1256	1256	22
20×20_6	1204	1204	9	1204	87	1207	1209	1204	1204	29
20×20_7	1294	1298	105	1294	168		1294	1296	1294	85
20×20_8	(1169)	1184	237	1177	349		1173	1189	1173	193
20×20_9	1289	1289	5	1289	56	1289	1289	1289	1289	23
20×20_10	1241	1241	5	1241	39	1241	1241	1241	1241	16

表 7.5　不同算法用于各类 OSP 标准测试实例统计分析

实例	HGA		IH		TS		SA		MPSO	
	MRE/%	#opt	MRE/%	#opt	MRE/%	#opt	MRE/%	#opt	MRE/%	#opt
4×4	0.00	10	0.44	8	0.00	10	0.00	10	0.00	10
5×5	0.00	10	3.60	0	0.09	9	0.00	10	0.00	10
7×7	0.00	10	2.68	0	0.56	5	0.40	5	0.00	10
10×10	0.00	10	0.62	4	0.29	6	0.36	5	0.00	10
15×15	0.00	10	0.14	8	0.22	6	0.14	7	0.00	10
20×20	0.08	8	0.10	7	0.20	7	0.39	6	0.03	8
总量	0.013	58	1.263	27	0.226	43	0.215	43	0.005	58

7.5　本章小结

　　本章以制造企业中的调度问题为研究背景,针对传统粒子群优化算法与遗传算法信息共享机制的缺陷,通过引入记忆库的概念,提出基于群体智能的信息共享机制。以新的信息共享机制为基础,提出适合 OSP 的粒子群优化调度算法。算法在迭代过程中对记忆库动态更新,并采用随机启发式初始化替换种群中的劣质解。同时算法根据基于问题邻域知识的局部搜索,较好地维持了全局搜索和局部搜索的平衡。仿真结果验证了该算法的可行性和有效性。

　　基于群体智能信息共享机制的粒子群优化算法在求解调度问题的进一步研究可以从以下几个方面展开。

　　(1)采用实际的调度问题验证算法的有效性。实际调度环境往往是复杂多变的,因此需要建立更合乎实际加工情况的调度模型,如将多资源、多批量、多工艺、动态的调度问题,以及工艺规划与调度问题结合。

　　(2)分析调度问题自身的特性,充分利用问题本身的知识,可以减少算法搜索的盲目性。分析调度问题的特点,构造更有效的邻域结构和相应的局部搜索算法,可以进一步加快算法的收敛速度,提高调度解的质量。

　　(3)新的信息共享机制的合理性分析尚缺乏有效的数学证明,根据粒子群优化算法的核心优化机理,建立合理的数学模型,并从理论上对新的信息共享机制的收敛性进行证明,将有助于体现算法的完备性和有效性,并能更可靠地推广到其他组合优化问题。

参 考 文 献

[1] Kennedy J,Eberhart R C. Particle swarm optimization. Proceedings of IEEE International Conference on

Neutral Networks,Perth,1995:1942-1948.

[2] 周驰,高海兵,高亮. 粒子群优化算法. 计算机应用研究,2003,20(12):7-11.

[3] 高海兵,周驰,高亮. 广义粒子群优化模型. 计算机学报,2005,28(12):1980-1987.

[4] Nowicki E,Smutnicki C. A fast tabu search algorithm for the permutation flow-shop problem. European Journal of Operational Research,1996,91:160-175.

[5] Taillard E. Parallel taboo search techniques for the job shop scheduling problem. ORSA Journal on Computing,1994,6:108-125.

[6] 玄光男,程润伟. 遗传算法与工程设计. 北京：科学出版社,2000.

[7] Liaw C F. A hybrid genetic algorithm for the open shop scheduling problem. European Journal of Operational Research,2000,124:28-42.

[8] Kim G H,George L. Genetic reinforcement learning approach to the heterogeneous machine scheduling problem. IEEE Transaction on Robotics and Automation,1998,14(6):879-893.

[9] Low C,Yeh J Y,Huang K I. A robust simulated annealing heuristic for flow shop scheduling problems. International Journal of Advanced Manufacturing Technology,2004,13:762-767.

[10] Nearchou A C. A novel metaheuristic approach for the flow shop scheduling problem. Engineering Applications of Artificial Intelligence,2004,17:289-300.

[11] Daya M B,Fawsan M A. A tabu search approach for the flow shop scheduling problem. European Journal of Operational Research,1998,109:88-95.

[12] Taillard E. Benchmarks for basic scheduling problems. European Journal of Operational Research,1993,64:278-285.

[13] Khuri S. Miryala S R. Genetic algorithms for solving open shop scheduling problems. Proceedings of EPIA, Lecture Note on Artificial Intelligence，1999:357-368.

第 8 章　优化理论与方法的应用

8.1　在汽车装配 MES 系统中的应用

2005～2007 年,华中科技大学 MES 项目组和某汽车公司合作开发了制造执行系统 A²MES 1.0,该系统涵盖了整车生产冲压、焊接、涂装和总装的制造执行过程管理,2006 年该系统在商务车厂上线使用,效果良好。2008 年,经过改进后的 A²MES 2.0 在轿车厂上线使用。

8.1.1　生产模式分析

汽车公司采用典型的混线装配生产模式,图 8.1 是其焊装车间的主要生产流程图。焊装车间由一条底盘装焊生产线和若干分支装焊线组成。作为焊装生产线的主干,底盘装焊线的上线序列就是焊装车间生产计划中所安排的序列。其他分支焊装线如发动机舱焊装线、左右侧围焊装线等的生产均需要围绕底盘焊装线来完成。

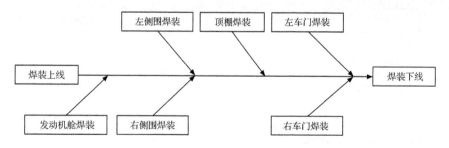

图 8.1　焊装车间的主要生产流程图

在汽车涂装车间中,生产者需要在整车装配配置不变的情况下,为车身喷涂指定的颜色。涂装工艺包含水洗、电泳、中途、面漆等。其中面漆工艺就是为车身喷涂不同颜色的工艺。图 8.2 为涂装工艺流程图。

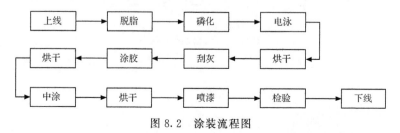

图 8.2　涂装流程图

在汽车的总装配车间,其生产目的是将若干部件装配到整车上去。图 8.3 为总装配车间的主要生产流程。

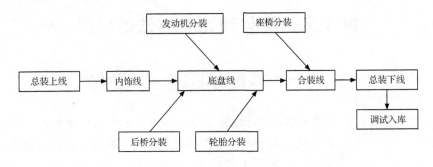

图 8.3　总装配流程图

汽车装配企业在制造方面的效率瓶颈主要在于在以冲压、焊装、涂装和总装等生产环节上,这些环节俗称"四大工艺",涵盖了汽车由原材料(如薄钢板等)到成品车的主要工艺过程。一般汽车装配主要是指汽车生产"四大工艺"中的三个装配工艺:焊装、涂装和总装生产。而汽车装配属于典型的混流装配。图 8.4 给出了混流装配的简单示意图。

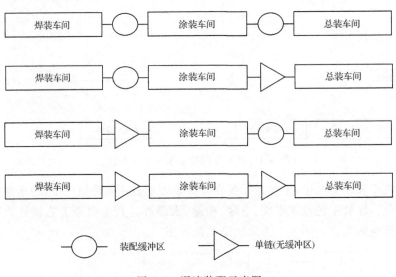

图 8.4　混流装配示意图

8.1.2　汽车装配 MES 体系架构

汽车装配 MES 体系架构如图 8.5 所示。

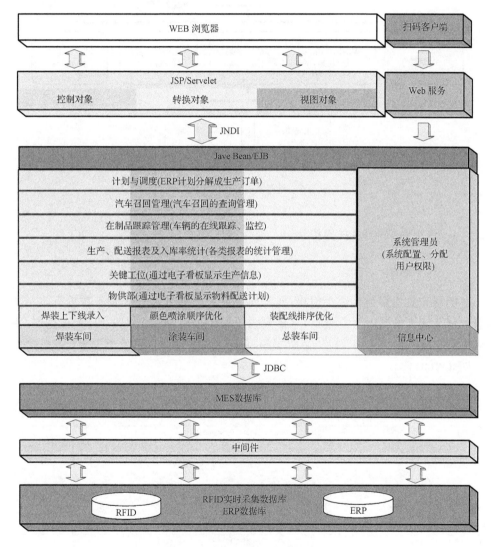

图 8.5　汽车装配 MES 体系架构

8.1.3　汽车装配 MES 功能结构

汽车装配 MES 功能结构如图 8.6 所示。

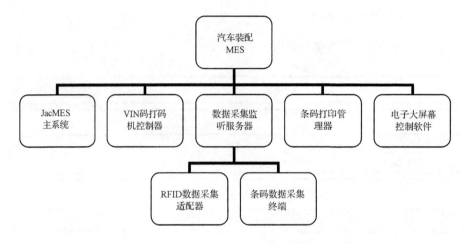

图 8.6　汽车装配 MES 功能结构

8.1.4　汽车装配 MES 关键模块

1. 数据采集

数据采集主要包括两个模块:各车间数据采集和采集点管理。数据采集用于获取装配线上的实时生产数据,采集方式根据各车间特点分别采用:人工选择(焊装车间,见图 8.7)、条码扫描(总装车间,见图 8.8(a))、RFID 数据采集(涂装车间,见图 8.8(b))。

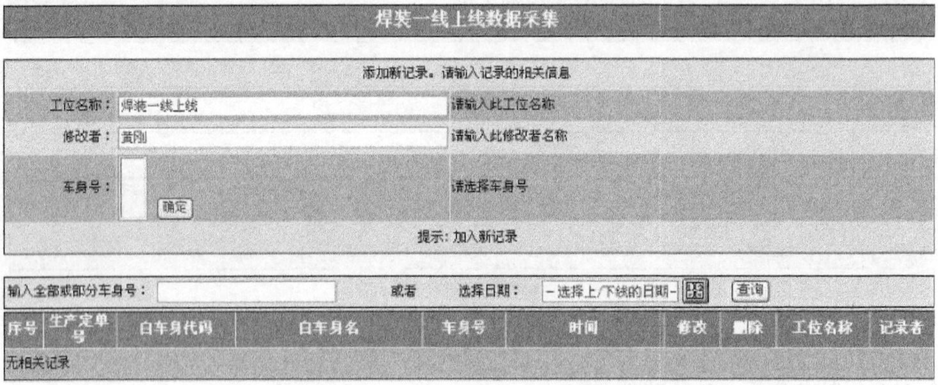

图 8.7　人工数据采集方式

(a) 条码扫描

(b) RFID数据采集

图 8.8　条码扫描数据采集方式与 RFID 数据采集方式

　　同时,系统采取了灵活的采集点管理策略(见图 8.9)。传统的方法是将采集点与设备绑定,这种方式对硬件的依赖性较大,如果某台计算机或终端出现问题,该采集点就无法正常工作。A²MES 通过将用户和采集点绑定,根据工位用户的登录获得其所在的采集点信息,解除了采集点对硬件设备的依赖,一旦某个终端出现问题，就可以在另一终端登陆并采集数据。将用户和采集点绑定还使得采集点的配置十分方便。如果要增加一个采集点，只需在系统中增加一个采集点，然后绑定到用户即可。

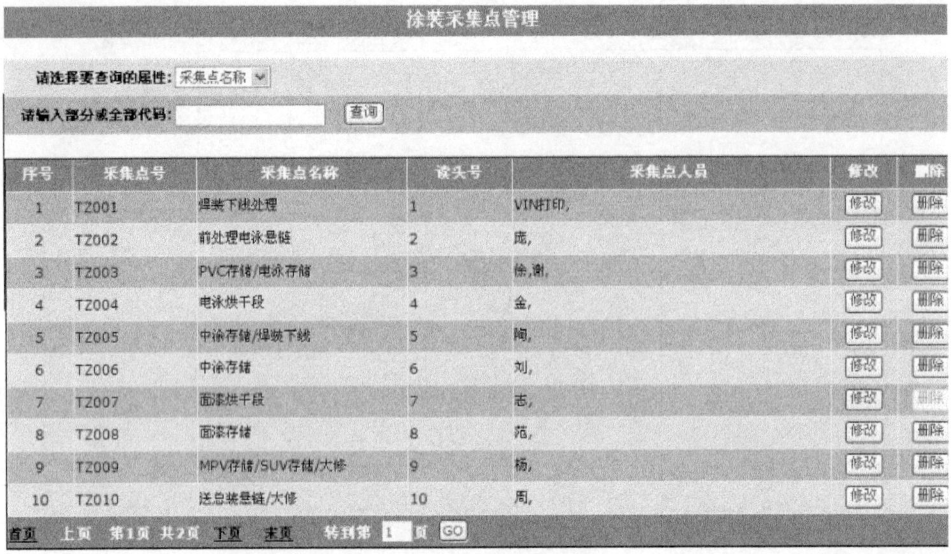

序号	采集点号	采集点名称	读头号	采集点人员	修改	删除
1	TZ001	焊装下线处理	1	VIN打印,	修改	删除
2	TZ002	前处理电泳悬链	2	庞,	修改	删除
3	TZ003	PVC存储/电泳存储	3	徐,谢,	修改	删除
4	TZ004	电泳烘干段	4	金,	修改	删除
5	TZ005	中涂存储/焊装下线	5	陶,	修改	删除
6	TZ006	中涂存储	6	刘,	修改	删除
7	TZ007	面漆烘干段	7	志,	修改	删除
8	TZ008	面漆存储	8	范,	修改	删除
9	TZ009	MPV存储/SUV存储/大修	9	杨,	修改	删除
10	TZ010	送总装悬链/大修	10	周,	修改	删除

图 8.9　采集点管理

2. 在制品跟踪

在制品跟踪主要包括两个模块：各车间在制品完工状态跟踪、全装配过程订单完成情况跟踪。主要流程如下：对 VIN 码采集到的生产数据进行汇总，得到每辆车目前的在制状态，如是否已经上线、当前位置、完工的状态等（见图 8.10），对每一辆车还可以查看到经过每个采集点的时间等详细信息。生产管理部门可以通过在制品跟踪了解各生产计划的执行情况，物料部门也可以通过这些信息确定最佳物料配送时机。

3. 计划分解及排序

计划分解及排序主要包括三个模块：订单分解、各车间订单关系维护、计划排序。主要流程如下：装配车间计划分解及排序将来自 ERP 的主生产计划分解到焊装、涂装及总装配车间（见图 8.11），并根据各车间约束对各车间的生产计划进行排序，然后根据缓冲区的排序能力生成最终的装配计划（见图 8.12）。

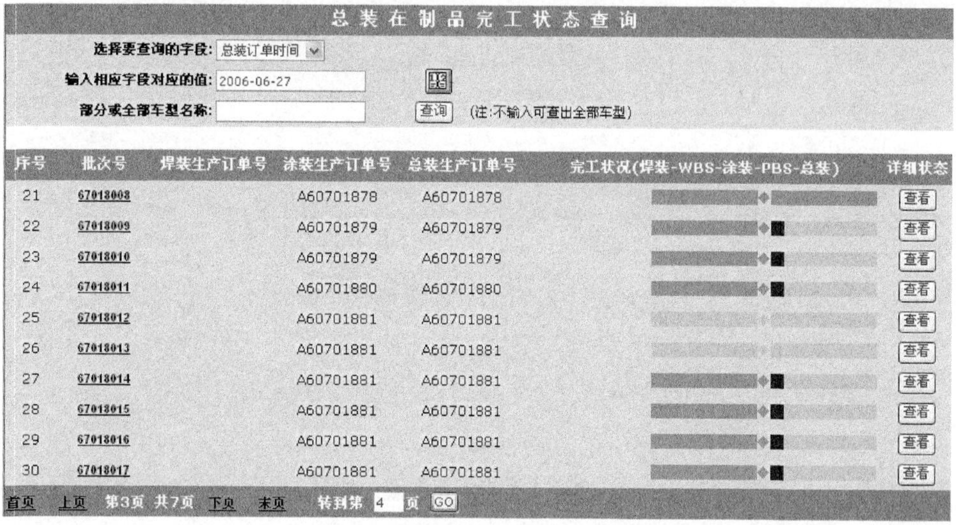

图 8.10　在制品的完工状态跟踪

图 8.11　总装订单分解结果浏览及维护

总装在制品完工状态查询

序号	批次号	焊装生产订单号	涂装生产订单号	总装生产订单号	完工状况(焊装-WBS-涂装-PBS-总装)	详细状态
21	67018008		A60701878	A60701878		查看
22	67018009		A60701879	A60701879		查看
23	67018010		A60701879	A60701879		查看
24	67018011		A60701880	A60701880		查看
25	67018012		A60701881	A60701881		查看
26	67018013		A60701881	A60701881		查看
27	67018014		A60701881	A60701881		查看
28	67018015		A60701881	A60701881		查看
29	67018016		A60701881	A60701881		查看
30	67018017		A60701881	A60701881		查看

选择要查询的字段：总装订单时间
输入相应字段对应的值：2006-06-27
部分或全部车型名称：　　　　查询　(注:不输入可查出全部车型)

首页　上页　第3页 共7页　下页　末页　转到第 4 页 GO

总装与焊装生产订单关系维护

请输入总装订单时间：　　　　　查询　　　　　　　查看焊装定单对应的批次号

序号	总装订单号	物料代码	物料名称	总装时间	数量	焊装订单号	白车身代码	白车身名称	焊装时间	数量	修改	选择
21	A60703859	V23B10200L222000	7座豪华手动挡黑撞色车	2006-12-8	1	C00601652	60000-V2020	7座豪华手动挡白车身	2006-12-4	8	修改	□
22	A60703858	V23B10200I222000	7座豪华手动挡香贵白车	2006-12-8	1	C00601652	60000-V2020	7座豪华手动挡白车身	2006-12-4	8	修改	□
23	A60703857	V23B10200B222000	7座豪华手动挡梅军蓝车	2006-12-8	1	C00601652	60000-V2020	7座豪华手动挡白车身	2006-12-4	8	修改	□
24	A60703856	V23B10200A222000	7座豪华手动挡暖银灰车	2006-12-8	1	C00601652	60000-V2020	7座豪华手动挡白车身	2006-12-4	8	修改	□
25	A60703855	V23090200L222000	7座标配撞色商务车(国III车)	2006-12-8	2	C00601657	60000-V2010	7座标配白车身	2006-12-4	25	修改	□
26	A60703854	V23010200M222000	7座标配烟灰色商务车	2006-12-8	1	C00601657	60000-V2010	7座标配白车身	2006-12-4	25	修改	□
27	A60703853	V23010200L222000	7座标配黑撞色商务车	2006-12-8	1	C00601660	60000-V2010	7座标配白车身	2006-12-5	8	修改	□
28	A60703852	V23010200I222000	7座标配香贵白商务车	2006-12-8	1	C00601660	60000-V2010	7座标配白车身	2006-12-5	8	修改	□
29	A60703851	V23010200B222000	7座标配海军蓝商务车	2006-12-8	6	C00601657	60000-V2010	7座标配白车身	2006-12-4	25	修改	□
30	A60703850	V23E12201I322000	7二代豪华手动富贵白车(进口ABS	2006-12-8	4	C00601661	60000-V1040	二代豪华手动挡/豪华柴油/白车身	2006-12-5	15	修改	□

总装计划排序									
序号	车型号	车型名称	底盘号	发动机	制动系统	后桥	座椅	起止时间	
1	HFC6470A	7座标配暖银灰商务车	67029680	G4JS	国产ABS	50101-V2130	贾卡绒座椅	2006-11-2(08:05	
2	HFC6500KA1C8	8座柴油简配暖银灰车(淡化)	67029935	D4BH(柴油)	国产ABS	50101-4A270	维编平布座椅/折叠副驾驶座椅，二排座椅不带旋转	-------	
3	HFC6500KA1C8	8座柴油简配暖银灰车(淡化)	67029936	D4BH(柴油)	国产ABS	50101-4A270	维编平布座椅/折叠副驾驶座椅，二排座椅不带旋转	-------	
4	HFC6500A3C8	8简配暖银灰车(2.0/简空调/座椅)	67029942	HFC4GA3(2.0L)	国产ABS	50101-V3540	简化(中排不带旋转)	-------	
5	HFC5036XJH	5座简配全白色专业救护车	67029988	4GA1(国产)	国产ABS	50101-V6170	维编平布座椅/二三排座椅及相关件取消	-------	
6	HFC6500A1C8	8座标配海军蓝车(旋簧)	67029920	G4JS	国产ABS	50101-V2130	贾卡绒座椅	-------	
7	HFC6470KA	7柴油标配暖银灰车(车架线束消化)	67029995	D4BH(柴油)	国产ABS	50101-V2260	贾卡绒座椅	-------	
8	HFC6470KA	7柴油标配暖银灰车(车架线束消化)	67029996	D4BH(柴油)	国产ABS	50101-V2260	贾卡绒座椅	-------	
9	HFC6470KA	7柴油标配暖银灰车(车架线束消化)	67029997	D4BH(柴油)	国产ABS	50101-V2260	贾卡绒座椅	-------	
10	HFC6470KA	7柴油标配暖银灰车(车架线束消化)	67029998	D4BH(柴油)	国产ABS	50101-V2260	贾卡绒座椅	-------	

图 8.12　总装计划排序

4. 物料配送

物料配送模块主要分为四个子模块：物料配送清单管理、物料配送日报表管理、物料模板管理、物料序列配送模板。主要流程如下：系统根据计划排序生成的装配计划，结合物料模板和序列配送模板，确定各工位需要配送的物料和配送时间（见图 8.13），并可以导出为 Excel 文件（见图 8.14），及时发送给配送小车操作员。物料模板和序列配送模板主要用于确定各种物料的配送属性（按时配送方式或按需看板方式、聚集汇总方式或按序排列方式等）。A²MES 系统考虑了车间工作日历和装配线节拍，因此配送时间准确率可精确到分钟级。

5. 制造信息可视化

制造信息可视化主要包括三个模块：各车间的完工状况统计（见图 8.15）、生产历史对比（见图 8.16）、各车间日月年报表以及电子看板。主要流程是通过对采集到的生产数据进行归类，形成各车间的完工统计图，再对同年同月的数据进行统计分析，形成生产历史数据对比。综合上述数据，生成日月年报表。同时将生产数据汇总后发布到车间的 LED 电子大屏，供生产管理和物料配送人员参考。

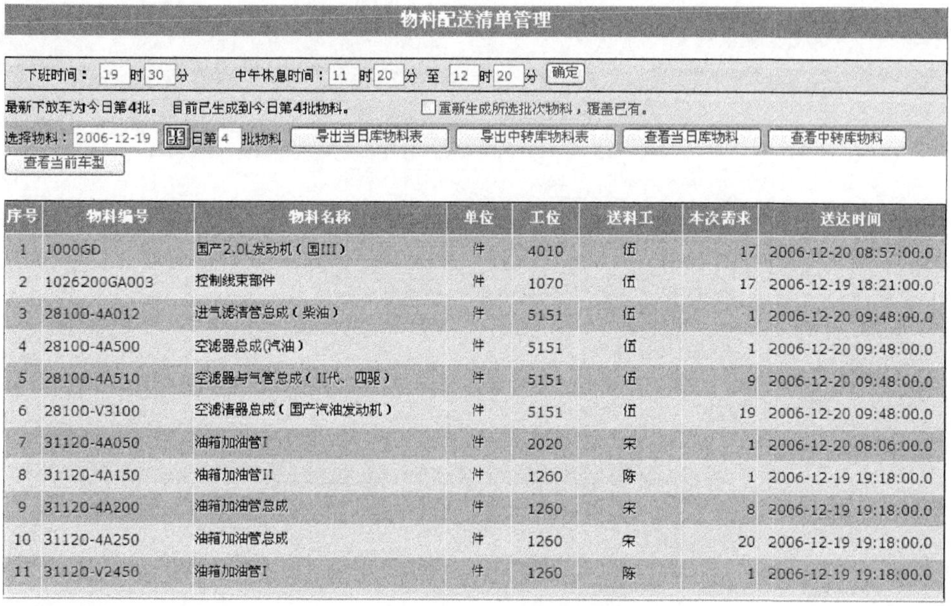
物料配送清单管理
下班时间： 19 时 30 分　中午休息时间： 11 时 20 分 至 12 时 20 分 确定
最新下放车为今日第4批。 目前已生成到今日第4批物料。
重新生成所选批次物料，覆盖已有。
选择物料： 2006-12-19 日第 4 批物料
导出当日库物料表
导出中转库物料表
查看当日库物料
查看中转库物料
查看当前车型

序号	物料编号	物料名称	单位	工位	送料工	本次需求	送达时间
1	1000GD	国产2.0L发动机（国III）	件	4010	伍	17	2006-12-20 08:57:00.0
2	1026200GA003	控制线束部件	件	1070	伍	17	2006-12-19 18:21:00.0
3	28100-4A012	进气滤清管总成（柴油）	件	5151	伍	1	2006-12-20 09:48:00.0
4	28100-4A500	空滤器总成(汽油)	件	5151	伍	1	2006-12-20 09:48:00.0
5	28100-4A510	空滤器与气管总成（II代、四驱）	件	5151	伍	9	2006-12-20 09:48:00.0
6	28100-V3100	空滤清器总成（国产汽油发动机）	件	5151	伍	19	2006-12-20 09:48:00.0
7	31120-4A050	油箱加油管I	件	2020	宋	1	2006-12-20 08:06:00.0
8	31120-4A150	油箱加油管II	件	1260	陈	1	2006-12-19 19:18:00.0
9	31120-4A200	油箱加油管总成	件	1260	宋	8	2006-12-19 19:18:00.0
10	31120-4A250	油箱加油管总成	件	1260	宋	20	2006-12-19 19:18:00.0
11	31120-V2450	油箱加油管I	件	1260	陈	1	2006-12-19 19:18:00.0

图 8.13　系统生成的物料配送清单

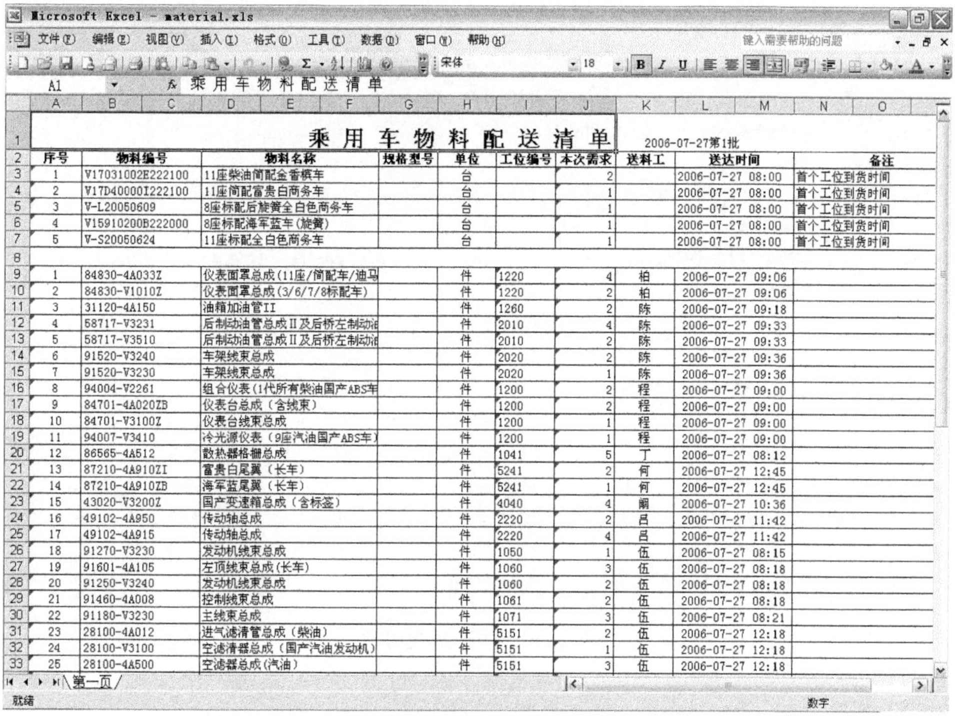
Microsoft Excel - material.xls
文件(F) 编辑(E) 视图(V) 插入(I) 格式(O) 工具(T) 数据(D) 窗口(W) 帮助(H)
键入需要帮助的问题
宋体 18
A1 乘 用 车 物 料 配 送 清 单
第一页
就绪
数字

乘用车物料配送清单　2006-07-27第1批

序号	物料编号	物料名称	规格型号	单位	工位编号	本次需求	送料工	送达时间	备注
1	V17031002E222100	11座柴油简配金香槟车		台		2		2006-07-27 08:00	首个工位到货时间
2	V17D40000I222100	11座简配富贵白商务车		台		1		2006-07-27 08:00	首个工位到货时间
3	V-L20050609	8座标配后旋簧全白色商务车		台		1		2006-07-27 08:00	首个工位到货时间
4	V15910200B222000	8座标配海军蓝车(旋簧)		台		1		2006-07-27 08:00	首个工位到货时间
5	V-S20050624	11座标配全白色商务车		台		1		2006-07-27 08:00	首个工位到货时间
1	84830-4A033Z	仪表面罩总成(11座/简配车/油马		件	1220	4	柏	2006-07-27 09:06	
2	84830-V1010Z	仪表面罩总成(3/6/7/8标配车)		件	1220	2	柏	2006-07-27 09:06	
3	31120-4A150	油箱加油管II		件	1260	2	陈	2006-07-27 09:18	
4	58717-V3231	后制动油管总成II及后桥左制动油		件	2010	4	陈	2006-07-27 09:33	
5	58717-V3510	后制动油管总成II及后桥左制动油		件	2010	2	陈	2006-07-27 09:33	
6	91520-V3240	车架线束总成		件	2020	2	陈	2006-07-27 09:36	
7	91520-V3230	车架线束总成		件	2020	1	陈	2006-07-27 09:36	
8	94004-V2261	组合仪表(1代所有柴油国产ABS车		件	1200	2	程	2006-07-27 09:00	
9	84701-4A020ZB	仪表台总成（含线束）		件	1200	2	程	2006-07-27 09:00	
10	84701-V3100Z	仪表台线束总成		件	1200	1	程	2006-07-27 09:00	
11	94007-V3410	冷光源仪表（9座汽油国产ABS车）		件	1200	1	程	2006-07-27 09:00	
12	86565-4A512	散热器格栅总成		件	1041	5	丁	2006-07-27 08:12	
13	87210-4A910ZI	富贵白尾翼（长车）		件	5241	2	何	2006-07-27 12:45	
14	87210-4A910ZB	海军蓝尾翼（长车）		件	5241	1	何	2006-07-27 12:45	
15	43020-V3200Z	国产变速箱总成（含标签）		件	4040	4	阚	2006-07-27 10:36	
16	49102-4A950	传动轴总成		件	2220	2	吕	2006-07-27 11:42	
17	49102-4A915	传动轴总成		件	2220	4	吕	2006-07-27 11:42	
18	91270-V3230	发动机线束总成		件	1050	1	伍	2006-07-27 08:15	
19	91601-4A105	左顶线束总成(长车)		件	1060	3	伍	2006-07-27 08:18	
20	91250-V3240	发动机线束总成		件	1060	2	伍	2006-07-27 08:18	
21	91460-4A008	控制线束总成		件	1061	2	伍	2006-07-27 08:18	
22	91180-V3230	主线束总成		件	1071	3	伍	2006-07-27 08:21	
23	28100-4A012	进气滤清管总成（柴油）		件	5151	2	伍	2006-07-27 12:18	
24	28100-V3100	空滤清器总成（国产汽油发动机）		件	5151	1	伍	2006-07-27 12:18	
25	28100-4A500	空滤器总成(汽油)		件	5151	3	伍	2006-07-27 12:18	

图 8.14　将生成的物料配送清单导出为 Excel 文件

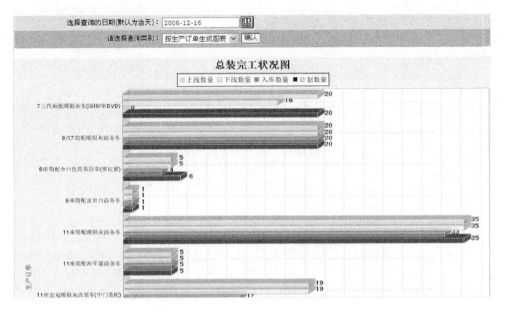

图 8.15　总装车间的完工状况统计

车型号	物料名称	今年				去年同期				前年同期			
		计划	上线	下线	入库	计划	上线	下线	入库	计划	上线	下线	入库
HFC6451M1S	SRV四驱全黑擅色车(2.4L/优化)	244	223	223	216	0	0	0	0	0	0	0	0
HFC6451M1S	SRV四驱海军蓝车(2.4L/优化)	20	14	14	16	0	0	0	0	0	0	0	0
HFC6451M1S	SRV四驱全海军蓝车(2.4L/优化)	89	89	89	82	0	0	0	0	0	0	0	0
HFC6451M1S	SRV四驱富贵白车(2.4L/优化)	4	0	0	1	0	0	0	0	0	0	0	0
HFC6451M1S	SRV四驱暖银灰车(2.4L/优化)	47	39	37	39	0	0	0	0	0	0	0	0
HFC6451M1S	SRV四驱全暖银灰车(2.4L/优化)	223	222	221	214	0	0	0	0	0	0	0	0
HFC6451M1S	SRV四驱全白色车(2.4L/优化)	138	136	136	134	0	0	0	0	0	0	0	0
HFC6451M1S	SRV四驱全烟灰色车(2.4L/优化)	27	27	25	22	0	0	0	0	0	0	0	0
HFC6451M1S	SRV四驱全金香槟车(2.4L/优化)	1	1	1	1	0	0	0	0	0	0	0	0
HFC6450M	SRV四驱黑擅色车(2.1T)	1	0	0	0	0	0	0	0	0	0	0	0
HFC6500KA1C8	8改7座柴油简配暖银灰车(淡化)	10	1	0	0	0	0	0	0	0	0	0	0
HFC6500KA1C8	8改7座柴油标配暖银灰车(旋簧)	7	4	2	0	0	0	0	0	0	0	0	0
HFC6500KA1C8	8改7座柴油标配黑擅色车(旋簧)	1	1	1	1	0	0	0	0	0	0	0	0
HFC6500A1C8	8改7简配暖银灰商务车(淡化)	47	47	37	37	0	0	0	0	0	0	0	0
HFC6500KA1C8	8改7座柴油简配暖银灰车	296	203	172	173	0	0	0	0	0	0	0	0

导出到Excel表格

图 8.16　生产历史对比

6. 数据集成

数据集成主要包括：与车间内控制系统的集成（包括 PLC、VIN 打码机、铭牌打印机等）和与车间外部管理系统（主要是 ERP 系统）的集成。与 PLC 直接通信及与铭牌打印机的集成采用 Socket 方式（见图 8.17(a)）；与 PLC 上位机的通信采用 Web Services，与 VIN 打码机的集成采用 COM 通信方式（图 8.17(b)）。

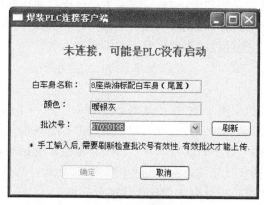

(a) 与PLC直接通信

(b) 与VIN打码机集成

图 8.17 两种数据集成方式

8.2　在轿车发动机生产管理系统中的应用

由华中科技大学承担的863项目"轿车发动机协同制造技术及其软硬件平台研发与应用"自2007年10月开始在某自主品牌轿车发动机装配线和5C件加工线上实施与应用。该系统具有排产与生产调度优化、生产数据采集与生产过程跟踪、在制品管理与物流优化等功能,初步实现了生产过程数字化和可视化、生产计划协调化和物流同步化的目标,为该轿车发动机公司进一步提升产能、降低在制品库存和生产成本、实现生产过程的精细化管理提供了有力支撑。

8.2.1　需求分析

对于轿车发动机生产企业,生产计划一般分为厂级和车间级生产计划。厂级生产计划包括年度、月、周计划,分别起到不同程度的宏观指导作用;车间级计划包括日计划和班次计划,其中班次计划对生产进行最直接的指导,如果一天中只安排一个班进行生产,则日计划与班次计划相同。下面分别对某自主品牌轿车发动机公司的厂级和车间级生产计划的管理现状进行分析。

1) 厂级生产计划管理现状

(1) 年度计划。总公司生产部根据销售部门下一年的订单、合同及预测在当年的11月底之前制定总公司的下一年年度整车销售计划,该计划明确了下一年每个月整车的需求量,年度整车销售计划上也标明了整车与发动机的型号对应关系。发动机公司生产部根据总公司的年度计划,结合发动机年度出口计划和发动机销售计划,制定发动机公司的年度生产计划,确定下一年各个月份生产各种发动机的数量。年度计划中的数量准确性较差,只对生产起到宏观指导作用。

(2) 月计划。以市场需求和当前的生产能力为依据,参照年度计划制定月计划,并在当月15日之前制定出下个月的生产计划,月计划列出一个月之中的每一天每一条生产线上各种产品的产量。与此同时,部分零部件供应商也会得到此计划,以方便备货。

(3) 周计划。工作周的算法如下:第一周(每月的第1~7天);第二周(每月的第8~14天);第三周(每月的第15~21天);第四周(每月的第22天到月底)。总公司每月的第5、12、19、28天组织下一周的计划评审会议,对销售公司、国际公司需求的可行性进行评审,从而确定下一周的生产计划。此计划明确了下一周每一天各条生产线各种产品的任务数量。

2) 车间级生产计划管理现状

目前,在该自主品牌轿车发动机公司,指导装配线生产的车间级计划主要是指根据总装厂整车装配三日滚动计划对应得出的发动机日生产计划,按照整车的上线计划,考虑发动机的库存,先需要的先排产,从而制定装配线的日生产计划。对加工线,则按照周计划中每日计划安排生产,不再单独制定日生产计划。在日计划的制订过程中,主要考虑的因素包括总装需求数量和现有产品库存情况,再结合生产能力和班次安排情况完成每班生产数量的确定与生产顺序的编排。总装三日滚动计划对发动机公司的生产计划有直接影响,总装给出未来三天的装配计划,发动机公司生产部据此得出对应的发动机需求情况,从而组织发动机公司部件加工线和装配线的生产。

根据该自主品牌轿车发动机公司生产计划管理的现状,对于其生产计划管理存在的问题分析如下:

(1) 虽然生产系统的自动化程度很高,但由于没有建立良好的生产计划管理信息系统,生产计划的编排和传达均依靠相关人员的人工操作,工作量大,而且易于出错。该自主品牌轿车发动机公司的生产计划是根据总装的整车需求量来制定发动机装配线的生产计划的,而这一过程中的计划转换均通过手工操作完成。由于该自主品牌轿车公司的汽车型号较多,与发动机的对应关系也比较复杂,故极易出现差错,整个计划的编排过程自动化水平较低。

(2) 缺乏有效的排产技术,造成生产周期长、库存量大。目前,该自主品牌轿车发动机公司生产排序都是依靠调度员凭经验安排,没有对生产序列进行优化处理,造成装配线和各条部件加工线的生产周期较长、库存量大。该公司的库存分为两部分:一是发动机成品库存;二是5C件库存。造成发动机成品库存量大的主要原因之一是发动机公司为确保整车连续装配对发动机的需求,设立的各型号发动机的安全库存量大;原因之二是发动机的生产并没有严格按照整车生产的顺序进行。造成5C件库存量大的主要原因是各5C件生产线为保证发动机装配线的需求,通常都会有发动机装配线一个班次所需的5C件库存量,也就是说,5C件生产线当班生产的5C件并不是供装配线当班所用,而基本上都会变成新的库存。

(3) 车间缺乏准确及时的现场信息采集手段,生产计划的执行信息获取手段落后、信息反馈的及时性较差。指导加工线生产的计划是周计划,指导装配线生产的计划是班次计划,各车间在得到生产计划后自行组织各自的生产。目前做法是,各车间在所管辖的各条生产线上线处放置一块白板,每个班开始生产以前,由车间领导在白板上写明各条线生产的产品种类及数量,并注明生产的先后顺序,操作工人按照白板上的要求进行生产,换班以前,各车间的统计员在将本车间各条线各班生产的产品数量及质量等情况上报生产部统计员进行汇总。因此,车间及公司的管理人员不能够实时掌握各生产计划的完成数量及质量信息,也不能实时掌握在制品信息。一旦出现生产异常,需要较长时间才能够通知到各个协作部门,有时甚至影响整车装配的需要。

通过以上分析可以得出:该自主品牌轿车发动机公司虽然实现了生产系统较

高程度的自动化和柔性化,但计划管理手段落后,急需采用科学的管理手段和方法来提高计划管理水平,更好地发挥现有的生产能力。

通过对该自主品牌轿车发动机公司计划管理现状及存在问题的分析,确定该公司计划管理系统的需求如下:

(1)建立计划管理信息系统。实现整车-发动机及发动机-5C件计划的自动化转换,实现各个相关职能部门之间的信息共享,提高信息传递和反馈的及时性。

(2)优化排产。以各条线的班次生产计划为输入,以缩短加工时间、装配周期、平顺化部件消耗和降低企业库存为目标,考虑车间多种约束,采用有效的智能算法,优化各条线的生产序列,提高整个生产系统的生产效率,增强公司的市场竞争能力。

(3)计划执行与跟踪管理。对生产计划进行实时地、全过程地跟踪管理,并进行实时地生产统计,生成相关统计报表。同时,与物料管理系统结合,完成物料管理的相关功能。

(4)实现无纸化作业。对各级计划的接收、制定、下发、修改、统计等过程中涉及的各种表单实现无纸化操作。

8.2.2 计划管理流程图

综上分析,对于该自主品牌轿车发动机公司的计划管理,提出了如图 8.18 所示的流程图。

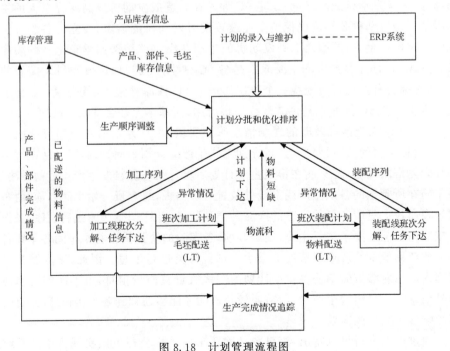

图 8.18　计划管理流程图

对流程图说明如下：第一，发动机公司生产部调度员从总公司 ERP 系统接收总公司整车装配三日滚动计划；第二，按照整车-发动机消耗对应关系对三日滚动计划进行转换和维护，根据各型号发动机的库存量和分班情况，对应生成发动机公司装配线分班次的三日装配计划；第三，对于装配线，以发动机的班次装配计划为输入，可以分别对单条装配线、整个加工/装配系统选择不同的优化目标对班次生产计划进行优化排产，并在需要的情况下对系统的排产结果进行人工调整；第四，将各生产线的班次生产计划下达至生产现场和物流科，对于各条加工线，可以根据各加工线的周计划和现有库存量与分班情况，确定每日各班次实际要加工各种部件的数量，选择优化目标进行优化排序，并在需要的情况下对系统的排产结果进行人工调整；第五，将各加工线的班次生产计划下达到生产现场和物流科。通过生产现场的数据采集系统，生产信息不断地反馈给系统作为统计数据录入到数据库；当既定生产发生异常时，系统可以及时发出反馈信息，使调度员能够以最快的速度获取信息并做出反应。如此循环下去，直至生产结束。

整个计划管理的过程通过计划的转换和维护、计划的优化排序和调整、计划的跟踪和统计三部分功能的有效协作，实现对计划的科学调度、动态管理，并与系统的其他管理模块相结合，有效地提高生产效率、降低企业库存，保证生产过程的连续和平稳，从而提高企业的市场竞争力。

8.2.3　系统结构与功能分析

发动机协同制造系统包括计划管理、物流管理、生产线作业管理、生产线终端管理等功能子系统，系统的总体架构如图 8.19 所示。

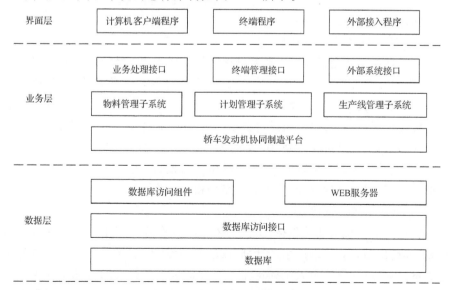

图 8.19　系统总体结构

　　本系统的架构采用 B/S 模式。B/S 模式将系统分为用户界面层、业务层、数据层三个层次,客户通过浏览器提交请求,以 Http 的方式与业务服务层各功能模块进行传接与交互,通过命令处理与数据库操作,响应用户的请求。

　　计划管理系统包括总装三日滚动计划管理、装配线装配计划管理、加工线加工计划管理、加工-装配系统集成优化排序管理、加工-装配系统批量和优化排序管理、计划执行状态查询、用户管理等相关功能。系统功能框架如图 8.20 所示。

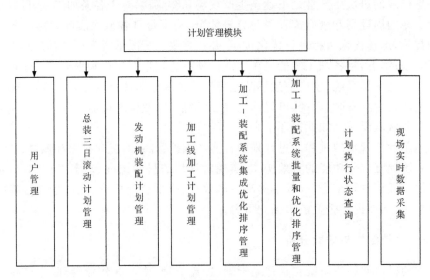

图 8.20　计划管理系统功能框图

　　系统各模块的功能描述如下:

　　(1) 总装三日滚动计划管理。

　　总装三日滚动计划是整个生产系统生产计划的起点。本功能模块通过技术实现,减少车间计划管理相关人员的手工操作,提高计划制定的效率,避免错误的产生。具体功能包括:①导入,将总装厂三日滚动计划(Excel 格式)导入系统;②生成发动机三日滚动装配计划,通过对数据库中“车型信息表”和“车型与发动机对应表”进行操作,将“三日滚动计划”中整车的装配生产计划依次转化为发动机的需求计划,生成发动机三日滚动装配计划,包括生产日期、班次、型号、需求数量等信息;③查询,总装计划信息的查询,支持关键字的模糊查询。

　　(2) 发动机装配计划管理。

　　本模块主要实现的功能包括:①班次装配计划的确认,根据发动机装配三日滚动计划,分离出当日各班次的生产计划,读取数据库“库存表”中相关型号发动机的库存数量,由生产部调度员人工确定输入当日每班次各种发动机的实际生产产品品种和数量;②优化排产,确认当日各班次各型号发动机的生产量后,对班次生产计划进行多目标优化排产;③人工调整,在优化排产操作完成后,如果系统自动排产计划符合要求,则可以直接下发至装配线;如果系统自动排产计划不符合要求,可以由相关工作人员对排产结果进行人工调整(加工数量、加工顺序等),待调整完成后下发至装配线。

(3) 加工线加工计划管理。

本功能模块主要包括:①加工线周计划的导入,将加工线周计划(Excel 格式,包括生产日期、班次、型号、需求数量等信息)导入系统;②加工线班次加工计划的确定,由周计划分离出当日各班次的加工计划,根据各部件的现有库存量,确定各部件实际需求的品种和数量;③优化排产,确认当日各班次部件的生产计划后,对计划进行优化排产;④班次计划的调整与下达,班次加工计划的优化排序结果可以直接下发至各条加工线,如果调度员对优化结果不满意,可以对还未下发的计划进行调整,待调整完成后再次下发至加工线。

(4) 加工-装配系统集成优化排序管理。

本功能模块主要实现加工-装配系统班次生产计划集成优化排序的管理,主要功能包括:①装配线班次装配计划的确认,根据装配线三日滚动装配计划,分离出当日各班次装配计划,读取数据库"库存表"中相关型号发动机的库存数量,由生产部调度员人工确认并输入各型号发动机实际需要的生产量;②优化排产,确认当日各班次各种型号发动机需要装配的数量,对该计划进行加工-装配系统多目标集成优化排产;③人工调整,在集成优化排产操作完成后,如果系统自动排产计划符合要求,则可以分别直接下发至装配线和各条加工线;如果系统自动排产计划不符合要求,可以由调度人员对排产结果进行人工调整(加工数量、加工顺序等),调整完成后,再分别下发至装配线和各条加工线。

(5) 加工-装配系统批量和优化排序管理。

本功能模块主要实现加工-装配系统连续三个班次生产计划批量和排序的管理,主要功能包括:①连续三个班次装配计划的确认,根据装配线三日滚动装配计划,分离出连续三个班次的装配计划,读取数据库"库存表"中相关型号发动机的库存数量,由生产部调度员人工确定并输入各班次各型号发动机实际生产的品种和数量;②优化排产,根据确定的装配线连续三个班次的装配计划,对该计划进行加工-装配系统批量和排序优化;③人工调整,在优化排产操作完成后,如果系统自动排产计划符合要求,则可以直接下发至装配线和各条加工线;如果系统自动排产计划不符合要求,可以由相关工作人员对排产结果进行人工调整(加工数量、加工顺序等),调整完成后下发至装配线和各条加工线。

(6) 计划执行状态查询。

计划执行状态查询是生产监控的一种手段,通过对装配线和各加工线生产计划完成情况的查询,使管理者可以及时掌握生产的进度,并按照需求对生产进行调度。具体查询范围为已完成的计划和正在执行的计划,支持关键字模糊查询。具体功能包括:①完工情况查询,发动机或 5C 件的生产日期、生产序列、产品型号、实际生产数量、现在完成数量、生产状态、完成比例等;②工序任务完成情况查询,在制的每个产品的完工状况、目前所在工位。

(7) 用户个人管理。

因为计划管理涉及生产管理者、计划制定者(调度员)、计划执行者等角色,为了便于管理,避免操作失误及越权操作,通过用户管理功能对参与人员进行管理,包括用户名、密码、角色和权限设定等。

8.2.4 计划管理系统的主要功能模块

1. 总装三日滚动计划管理

总装三日滚动计划管理包括总装三日计划的输入、转换、查询等功能。具体说明如下。

(1) 计划输入与转换。

点击系统左侧的树形目录,进入生产计划管理,选择"总装三日滚动计划管理"选项,进入该模块活动区域。如图 8.21 所示。

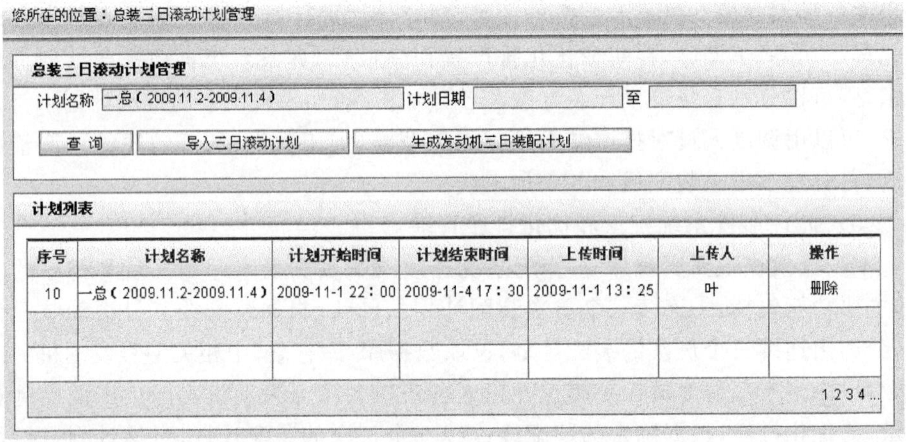

图 8.21　总装三日滚动计划管理模块

本系统中,三日计划来源于总公司 ERP 系统导出的 Excel 表格,点击"导入三日滚动计划"按钮出现如图 8.22 所示对话框。追踪到目的文件的物理地址后,点击"确定"即可通过系统后台的数据运算操作,将目的文件中相应的生产信息录入到系统中,如图 8.23 所示,已将名称为"二总(2009.11.2-2009.11.4)"的计划文件成功导入。

导入总装三日滚动计划

| D:\总装三日滚动计划\小二总（2009.11.2-2009.11.4） | 浏览... |

确定 取消

图 8.22 寻址待录入的计划信息文件

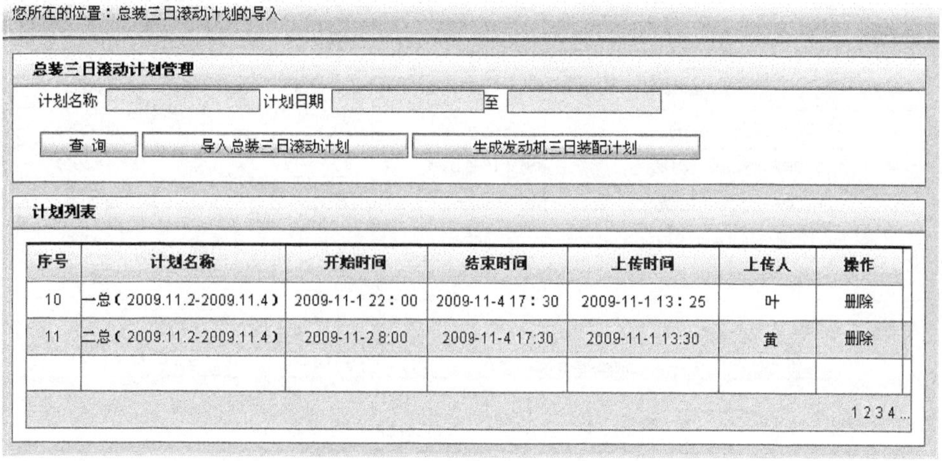

您所在的位置：总装三日滚动计划的导入

总装三日滚动计划管理

计划名称 [　　　　　] 计划日期 [　　　　] 至 [　　　　]

[查 询] [导入总装三日滚动计划] [生成发动机三日装配计划]

计划列表

序号	计划名称	开始时间	结束时间	上传时间	上传人	操作
10	一总（2009.11.2-2009.11.4）	2009-11-1 22:00	2009-11-4 17:30	2009-11-1 13:25	叶	删除
11	二总（2009.11.2-2009.11.4）	2009-11-2 8:00	2009-11-4 17:30	2009-11-1 13:30	黄	删除

1 2 3 4 ...

图 8.23 三日滚动计划录入的实现

导入成功后,点击"生成发动机三日装配计划"按钮,系统根据整车与发动机的需求对应关系,即可将整车装配三日滚动计划转换为发动机公司装配线分班次的三日滚动装配计划。

(2) 计划查询。

当系统内计划的存储量较大时,为了方便用户对计划情况进行了解,提供了系统数据库内历史计划信息的查询功能,包括计划名称查询、计划起止时间查询两种方式。

2. 发动机装配计划管理

发动机装配计划管理,主要包括装配线班次计划的确认、优化排产和人工调整等。

(1) 装配线班次计划的确认。

打开需要确认的班次装配计划,进入计划显示界面,如图 8.24 所示,可以看到已经对应生成的发动机班次装配计划的详细信息,包括发动机型号、该型号发动机的现有库存量(将鼠标放在一种产品的显示行上,即可显示该产品的库存量)等,调度员根据实际情况,按照"既满足总装需求,又不继续产生库存"的原则确认当班实际生产量。

装配线班次计划确认

生产线 481/484装配线 ▾ 生产日期 2009.11.2 　班次 白班 ▾ 　 查询

计划列表

序号	发动机名称	物料编号	需求数量	生产序号	批次
1	1.6LLC发动机总成_A21用	481F-1000010-1	50	3	XH05301
2	1.6LCBR发动机总成_A21用	481H-1000010-1	60	1	XH05302
3	2.0NALC发动机总成_A21用	484F-1000010-1	30	5	XH05303
4	1.6FD铸铁发动机总成_(481FD联电A21用)	DA2-0000E01AA	70	4	SH05304
5	1.8FC铸铁发动机总成_(481FC联电A21用)	DA2-0000E02AA	30	2	SH05305

1 2 3 4 ...

保存计划　　装配线多目标优化排序　　下发至装配线　　返回

图 8.24　装配线班次计划确认的实现

（2）优化排产。

优化排产是根据生产线的要求,对生产序列进行优化,对于装配线选择的优化目标为平顺化部件消耗和最小化最大装配完工时间。确定了装配线班次装配的产品种类和各种产品的装配数量后,在图 8.24 所示界面中点击"装配线多目标优化排序"按钮,经过系统的计算,即可显示出若干可行的优化投产方案,供决策者选择,这样可以充分融入调度员的经验,优化结果显示如图 8.25 所示。调度员根据每个投产方案对应的目标函数值,选中其中一个投产方案,点击"确定"按钮,即可显示出该方案对应的详细的投产序列,如图 8.26 所示。

（3）人工调整。

人工调整是为了对系统优化排产结果进行修改而设计的一项功能。如果经过优化算法计算得到的生产序列符合生产的实际要求,即可点击图 8.26 中"下发至装配线"按钮将其按班次下发至生产现场;但有些情况下,系统优化排产的结果并不能完全的符合生产的实际要求,所以就需要调度员对其进行人工调整,只需按住鼠标左键将要调整生产顺序的计划拖拽到需要插入的地方即可,手工调整完毕,点击"保存计划"按钮,然后点击"下发至装配线"按钮,将调整后的计划按班次下发至生产现场,如图 8.27 所示。

		装配线多目标优化排序方案		
生产线	481/484装配线	生产日期 2009.11.2	班次 白班	

选取	方案	平顺化目标值	完工时间
○	1	98.4028	4649
⊙	2	55.3194	5009
○	3	80.5694	4687
○	4	173.9861	4564
○	5	80.4028	4743
○	6	109.3194	4624
○	7	64.4861	4838
○	8	269.6528	4535
○	9	115.2361	4604
○	10	143.81944	4601

确　定　　取　消

图 8.25　多目标优化方案

		装配线生产顺序		
生产线	481/484装配线	生产日期 2009.11.2	班次 白班	

装配顺序如下（共240条记录）

生产顺序	发动机名称	物料编号	需求数量	批次号
1	1.6FD铸铁发动机总成_(481FD联电A21用)	DA2-0000E01AA	1	SH05304
2	2.0NALC发动机总成_A21用	484F-1000010-1	1	XH05303
3	1.6LCBR发动机总成_A21用	481H-1000010-1	1	XH05302
4	1.6LCBR发动机总成_A21用	481H-1000010-1	1	XH05302
5	1.6FD铸铁发动机总成_(481FD联电A21用)	DA2-0000E01AA	1	SH05304
6	1.6LLC发动机总成_A21用	481F-1000010-1	1	XH05301
7	1.8FC铸铁发动机总成_(481FC联电A21用)	DA2-0000E02AA	1	SH05305
8	1.6LLC发动机总成_A21用	481F-1000010-1	1	XH05301

<1 2 3 4 5 6>共30页 当前第1页 跳转到第□页

保存计划　　下发至装配线　　返回

图 8.26　优化排产的实现

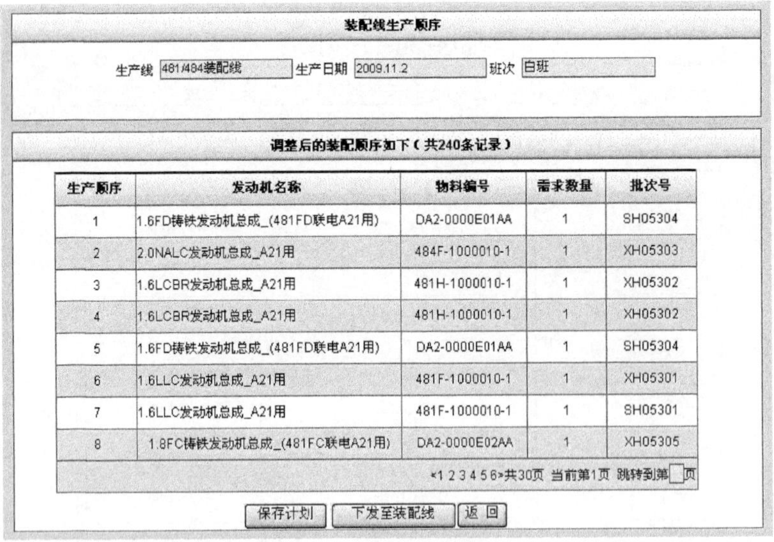

图 8.27 人工调整的实现

3. 加工线加工计划管理(以缸盖线为例)

缸盖加工线加工计划管理主要包括加工线周计划的导入、加工线班次加工计划的分解与确认、班次加工计划的优化排序以及排序结果的调整及下达等。

(1) 加工线周计划的导入。

周计划的导入界面如图 8.28 所示,点击"导入缸盖线周计划"按钮,进入寻址界面,如图 8.29 所示,点击"浏览"按钮找到要导入计划的地址,点击"确定"按钮即可将选定的周计划导入系统,如图 8.30 所示。

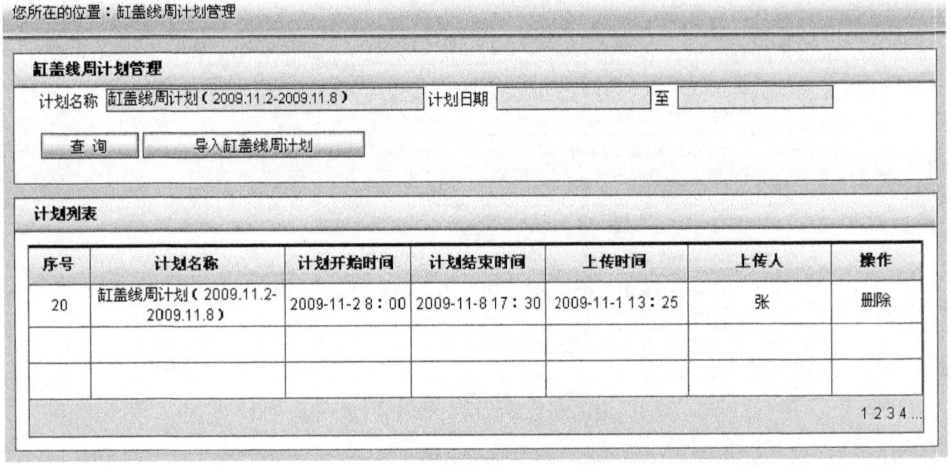

图 8.28 缸盖线计划管理模块

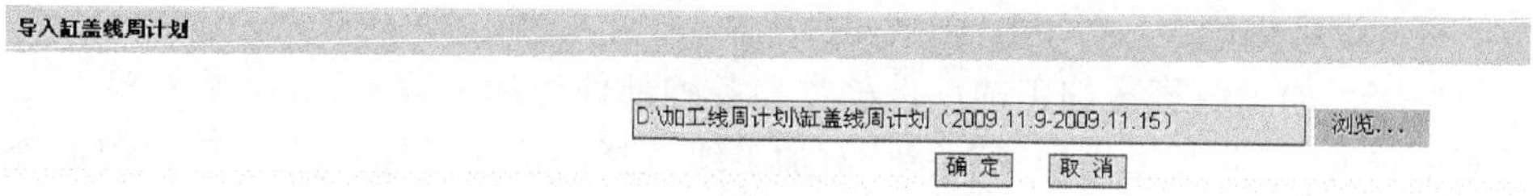

导入缸盖线周计划

D:\加工线周计划\小缸盖线周计划（2009.11.9-2009.11.15）　　浏览……

确 定　　取 消

图 8.29　寻址待录入的计划信息文件

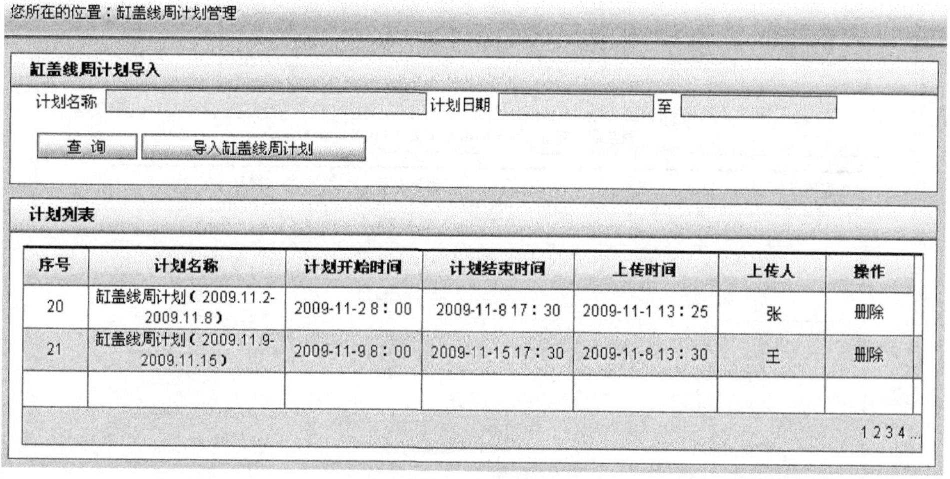

您所在的位置：缸盖线周计划管理

缸盖线周计划导入

计划名称 [　　　　　　　　　]　　计划日期 [　　　　] 至 [　　　　]

[查 询]　　[导入缸盖线周计划]

计划列表

序号	计划名称	计划开始时间	计划结束时间	上传时间	上传人	操作
20	缸盖线周计划（2009.11.2-2009.11.8）	2009-11-2 8：00	2009-11-8 17：30	2009-11-1 13：25	张	删除
21	缸盖线周计划（2009.11.9-2009.11.15）	2009-11-9 8：00	2009-11-15 17：30	2009-11-8 13：30	王	删除

1 2 3 4…

图 8.30　导入周计划

（2）加工线班次加工计划的分解与确认。

根据导入的周计划中需求的部件种类和数量，分离出当日的需求计划，根据分班情况和各部件的现有库存，由调度员确定缸盖加工线各班次实际需要加工的部件品种和数量，如图 8.31 所示。

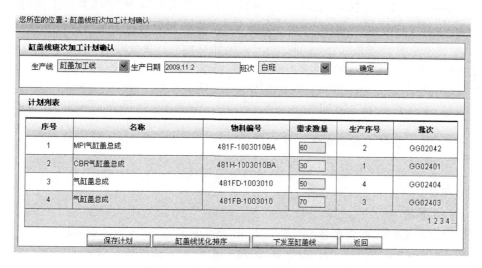

您所在的位置：缸盖线班次加工计划确认

缸盖线班次加工计划确认

生产线 [缸盖加工线 ▼] 生产日期 [2009.11.2] 班次 [白班 ▼]　　[确定]

计划列表

序号	名称	物料编号	需求数量	生产序号	批次
1	MPI气缸盖总成	481F-1003010BA	60	2	GG02042
2	CBR气缸盖总成	481H-1003010BA	30	1	GG02401
3	气缸盖总成	481FD-1003010	50	4	GG02404
4	气缸盖总成	481FB-1003010	70	3	GG02403

1 2 3 4…

[保存计划]　[缸盖线优化排序]　[下发至缸盖线]　[返回]

图 8.31　缸盖线班次计划确认的实现

（3）优化排产。

确定了加工线班次加工的部件种类和各种部件的加工数量后，在图 8.31 所示界面中点击"缸盖线优化排序"按钮，对加工线选择的优化目标是最大完工时间，经过系统的计算，即可显示出详细的投产序列，如图 8.32 所示。

生产线	缸盖线		生产日期	2009.11.2		班次	白班	

调整后的缸盖线加工顺序如下（共210条记录）

生产顺序	名称	物料编号	需求数量	批次号
1	MPI气缸盖总成	481F-1003010BA	1	GG02402
2	MPI气缸盖总成	481F-1003010BA	1	GG02402
3	CBR气缸盖总成	481H-1003010BA	1	GG02401
4	MPI气缸盖总成	481F-1003010BA	1	GG02402
5	CBR气缸盖总成	481H-1003010BA	1	GG02401
6	气缸盖总成	481FD-1003010	1	GG02404
7	气缸盖总成	481FB-1003010	1	GG02403
8	气缸盖总成	481FD-1003010	1	GG02404

<123456>共27页 当前第1页 跳转到第 □ 页

保存计划　　下发至缸盖线　　返回

图 8.32　优化排产的实现

（4）人工调整。

如果经过优化算法得到的生产序列符合生产的实际要求，根据各加工线的生产能力，即可点击图 8.32 中"下发至缸盖线"按钮将其分班次下发至生产现场；否则，就需要调度员对其进行人工调整，只需按住鼠标左键将要调整生产顺序的计划拖拽到需要插入的地方即可，手工调整完毕，点击"保存计划"按钮，然后根据缸盖加工线的生产能力，点击"下发至缸盖线"按钮，将符合实际的计划分班次下发至生产现场，如图 8.33 所示。

4. 加工-装配系统集成优化排序管理

加工-装配系统集成优化排序管理包括装配线班次计划的确认、加工-装配系统集成优化排产和人工调整等。

（1）装配线班次计划的确认。

打开需要确认的班次装配计划，进入计划显示界面，将鼠标放在一种产品的显示行上，即可显示该产品的库存量等，调度员根据实际情况确定当班实际生产量，如图 8.34 所示。

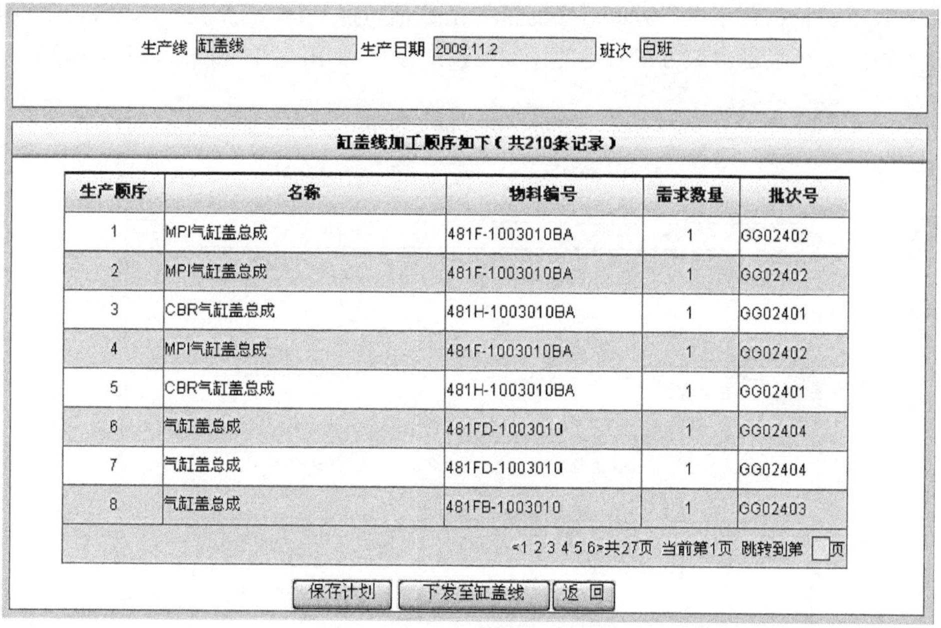

图 8.33　人工调整的实现

图 8.34　班次装配计划确认的实现

（2）优化排产。

对于加工-装配系统选择的优化目标为平顺化部件消耗和最小化加工-装配系统总的完工时间成本。确定了装配线班次装配计划后，在图 8.34 所示界面中点击"加工-装配系统集成优化排序"按钮，经过系统的计算，即可显示出若干可行的优化投产方案，供决策者选择，这样可以充分融入调度员的经验，优化结果显示如图 8.35 所示。调度员根据每个投产方案对应的目标函数值,选中其中一个投产方案,点击"确定"按钮,即可显示出该方案对应的详细的投产序列,如图 8.36 和图 8.37 所示。

加工-装配系统集成优化排序方案

生产日期 2009.11.9　　　　班次 白班

选取	方案	平顺化目标值	总成本
◉	1	178.65	30102.1
○	2	48.05	30724.9
○	3	43.75	30774.4
○	4	81.05	30425.6
○	5	95.75	30349.8
○	6	62.75	30584.4
○	7	98.45	30300.4
○	8	73.15	30443.6

确定　取消

图 8.35　多目标优化方案

装配线生产顺序

生产线 481/484装配线　　生产日期 2009.11.9　　班次 白班

装配顺序如下（共200条记录）

生产顺序	发动机名称	物料编号	需求数量	批次号
1	1.6LLC发动机总成_A21用	481F-1000010-1	1	XH05501
2	1.6FD铸铁发动机总成_(481FD联电A21用)	DA2-0000E01AA	1	SH05504
3	2.0NALC发动机总成_A21用	484F-1000010-1	1	XH05503
4	2.0NALC发动机总成_A21用	484F-1000010-1	1	XH05503
5	2.0NALC发动机总成_A21用	484F-1000010-1	1	XH05503
6	1.8FC铸铁发动机总成_(481FC联电A21用)	DA2-0000E02AA	1	SH05505
7	1.6LCBR发动机总成_A21用	481H-1000010-1	1	XH05502
8	1.6FD铸铁发动机总成_(481FD联电A21用)	DA2-0000E01AA	1	SH05504

<1 2 3 4 5 6>共25页 当前第1页 跳转到第 □页

保存计划　下发至装配线　返回

图 8.36　装配线优化排产结果

| 生产线 | 缸盖线 | 生产日期 | 2009.11.8 | 班次 | 中班 |

缸盖线加工顺序如下（共180条记录）

生产顺序	名称	物料编号	需求数量	批次号
1	MPI气缸盖总成	481F-1003010BA	1	GG02601
2	MPI气缸盖总成	481F-1003010BA	1	GG02601
3	MPI气缸盖总成	481F-1003010BA	1	GG02601
4	MPI气缸盖总成	481F-1003010BA	1	GG02601
5	气缸盖总成	481FB-1003010	1	GG02604
6	气缸盖总成	481FD-1003010	1	GG02603
7	CBR气缸盖总成	481H-1003010BA	1	GG02602
8	CBR气缸盖总成	481H-1003010BA	1	GG02602

<123456>共23页 当前第1页 跳转到第　　页

保存计划　下发至缸盖线　返回

图 8.37　缸盖线优化排产结果

（3）人工调整。

如果经过优化算法得到的生产序列符合生产的实际要求，在图 8.36 所示界面中点击"下发至装配线"按钮即可将其下发至装配线，在图 8.37 所示界面中点击"下发至缸盖线"按钮即可将其下发到缸盖加工线。如果对于系统优化排产的结果不满意，调度员则要对其进行人工调整，只需在图 8.36 和图 8.37 中按住鼠标左键将要调整生产顺序的计划拖拽到需要插入的地方即可，手工调整完毕，点击"保存计划"按钮，然后将调整后的计划分班次下发至生产现场。装配线和缸盖线优化排序结果调整如图 8.38 和图 8.39 所示。

5. 加工-装配系统批量和优化排序管理

加工-装配系统批量和优化排序管理包括装配线连续三个班次装配计划的确认、加工-装配系统批量和优化排产与人工调整等。

（1）装配线连续三个班次装配计划的确认。

打开需要确认的连续三个班次的装配计划，进入计划显示界面，根据各型号发动机的现有库存量等，调度员确定每个班次各种发动机实际的生产量，如图 8.40 所示。

生产线	481/484装配线	生产日期	2009.11.9	班次	白班

调整后的装配顺序如下（共200条记录）

生产顺序	发动机名称	物料编号	需求数量	批次号
1	1.6FD铸铁发动机总成_(481FD联电A21用)	DA2-0000E01AA	1	XH05504
2	1.6LLC发动机总成_A21用	481F-1000010-1	1	SH05501
3	2.0NALC发动机总成_A21用	484F-1000010-1	1	XH05503
4	2.0NALC发动机总成_A21用	484F-1000010-1	1	XH05503
5	2.0NALC发动机总成_A21用	484F-1000010-1	1	XH05503
6	1.8FC铸铁发动机总成_(481FC联电A21用)	DA2-0000E02AA	1	SH05505
7	1.6FD铸铁发动机总成_(481FD联电A21用)	DA2-0000E01AA	1	XH05504
8	1.6LCBR发动机总成_A21用	481H-1000010-1	1	SH05502

<1 2 3 4 5 6>共25页 当前第1页 跳转到第 □ 页

[保存计划] [下发至装配线] [返回]

图 8.38 装配线优化排序结果人工调整

生产线	缸盖线	生产日期	2009.11.8	班次	中班

调整后的缸盖线加工顺序如下（共180条记录）

生产顺序	名称	物料编号	需求数量	批次号
1	MPI气缸盖总成	481F-1003010BA	1	GG02601
2	MPI气缸盖总成	481F-1003010BA	1	GG02601
3	MPI气缸盖总成	481F-1003010BA	1	GG02601
4	MPI气缸盖总成	481F-1003010BA	1	GG02601
5	气缸盖总成	481FD-1003010	1	GG02603
6	气缸盖总成	481FB-1003010	1	GG02604
7	CBR气缸盖总成	481H-1003010BA	1	GG02602
8	CBR气缸盖总成	481H-1003010BA	1	GG02602

<1 2 3 4 5 6>共23页 当前第1页 跳转到第 □ 页

[保存计划] [下发至缸盖线] [返回]

图 8.39 缸盖线优化排序结果人工调整

您所在的位置：加工-装配系统批量和排序集成优化

连续三个班次计划管理

生产线 `481/484装配线` ▼　生产日期 `2009.11.16`　至 `2009.11.19`

`查看连续三个班次装配计划`

2009-11-16白班装配计划

序号	发动机名称	物料编号	需求数量	生产序号	批次
1	1.6LLC发动机总成_A21用	481F-1000010-1	20	3	XH05341
2	1.6LCBR发动机总成_A21用	481H-1000010-1	30	1	XH05342
3	2.0NALC发动机总成_A21用	484F-1000010-1	30	5	XH05343
4	1.6FD铸铁发动机总成_(481FD联电A21用)	DA2-0000E01AA	30	4	SH05344
5	1.8FC铸铁发动机总成_(481FC联电A21用)	DA2-0000E02AA	30	2	SH05345

2009-11-17白班装配计划

序号	发动机名称	物料编号	需求数量	生产序号	批次
1	1.6LLC发动机总成_A21用	481F-1000010-1	20	1	XH05346
2	1.6LCBR发动机总成_A21用	481H-1000010-1	30	2	XH05347
3	2.0NALC发动机总成_A21用	484F-1000010-1	50	5	XH05348
4	1.6FD铸铁发动机总成_(481FD联电A21用)	DA2-0000E01AA	40	3	SH05349
5	1.8FC铸铁发动机总成_(481FC联电A21用)	DA2-0000E02AA	40	4	SH05350

2009-11-18白班装配计划

序号	发动机名称	物料编号	需求数量	生产序号	批次
1	1.6LLC发动机总成_A21用	481F-1000010-1	50	2	XH05351
2	1.6LCBR发动机总成_A21用	481H-1000010-1	30	1	XH05352
3	2.0NALC发动机总成_A21用	484F-1000010-1	20	3	XH05353
4	1.6FD铸铁发动机总成_(481FD联电A21用)	DA2-0000E01AA	70	4	SH05354
5	1.8FC铸铁发动机总成_(481FC联电A21用)	DA2-0000E02AA	30	5	SH05355

`保存计划`　`批量和排序集成优化`　`返回`

图 8.40　连续三个班次装配计划确认

（2）优化排产。

进行批量和排序集成优化选择的优化目标为最小化库存成本、最小化正常工作时间内加工-装配系统总的完工成本和最小化超时完工总成本。确定了装配线连续三个班次装配的产品种类和各种产品的装配数量后，在图 8.40 所示界面中点击"批量和排序集成优化"按钮，经过系统的计算，即可显示出该方案对应的详细的投产顺序，包括每日各条线生产的产品（部件）的品种和数量。篇幅所限，这里仅列出装配线生产顺序和缸盖线加工顺序，如图 8.41 和图 8.42 所示。

图 8.41　发动机装配线生产顺序

（3）人工调整。

如果经过优化算法得到的生产序列符合生产的实际要求,即可在图 8.41 所示界面中点击"下发至装配线"按钮将其按班次下发至装配线,在图 8.42 所示界面中点击"下发至缸盖线"按钮将其按班次下发至缸盖线。如果对优化结果不满意,调度员可以对其进行人工调整,只需按住鼠标左键将要调整生产顺序的计划拖拽到需要插入的地方即可,手工调整完毕,点击"保存计划"按钮,再下发至生产现场。调整后的界面与图 8.41 和图 8.42 类似,只是生产的先后顺序不同,此处不再列出。

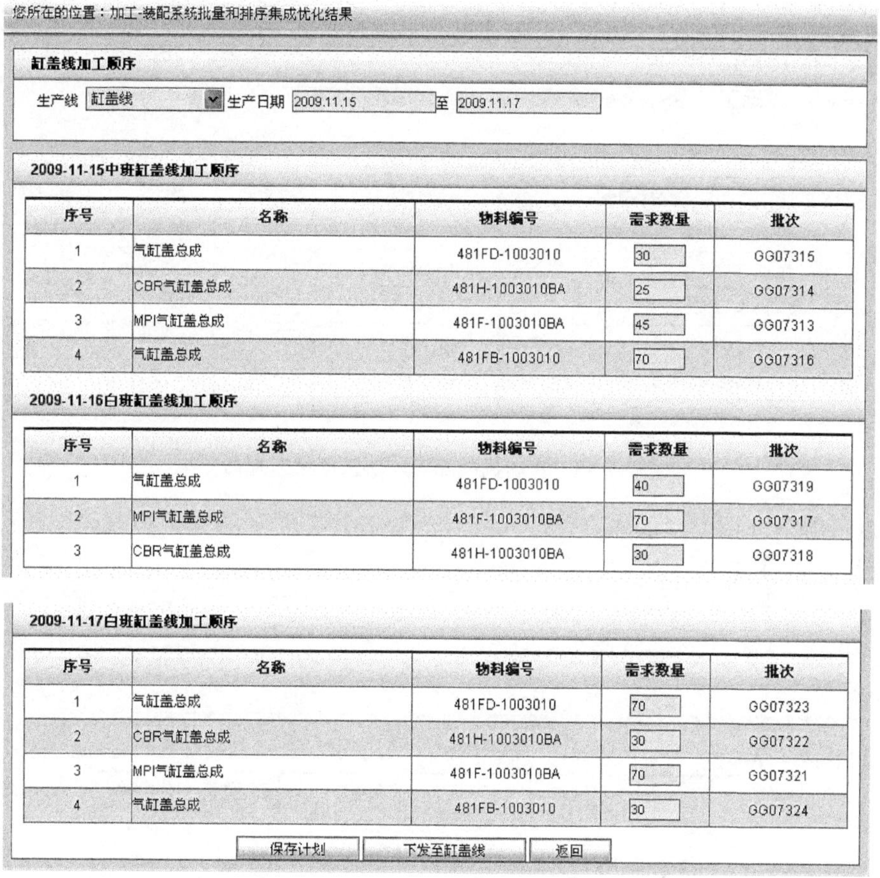

您所在的位置：加工-装配系统批量和排序集成优化结果

缸盖线加工顺序

生产线 缸盖线 生产日期 2009.11.15 至 2009.11.17

2009-11-15中班缸盖线加工顺序

序号	名称	物料编号	需求数量	批次
1	气缸盖总成	481FD-1003010	30	GG07315
2	CBR气缸盖总成	481H-1003010BA	25	GG07314
3	MPI气缸盖总成	481F-1003010BA	45	GG07313
4	气缸盖总成	481FB-1003010	70	GG07316

2009-11-16白班缸盖线加工顺序

序号	名称	物料编号	需求数量	批次
1	气缸盖总成	481FD-1003010	40	GG07319
2	MPI气缸盖总成	481F-1003010BA	70	GG07317
3	CBR气缸盖总成	481H-1003010BA	30	GG07318

2009-11-17白班缸盖线加工顺序

序号	名称	物料编号	需求数量	批次
1	气缸盖总成	481FD-1003010	70	GG07323
2	CBR气缸盖总成	481H-1003010BA	30	GG07322
3	MPI气缸盖总成	481F-1003010BA	70	GG07321
4	气缸盖总成	481FB-1003010	30	GG07324

保存计划　下发至缸盖线　返回

图 8.42　缸盖线加工排序

6. 计划执行状态查询

计划执行状态查询是生产监控的一种手段，本系统包括对装配线计划执行状态查询和加工线计划执行状态查询两种，其具体的实现是相似的，这里以装配线计划执行状态查询为例说明。

点击系统左侧的树形目录，选择“发动机装配线计划执行查询”选项，进入该模块活动区域，选择生产线、生产日期和班次，点击“确定”按钮后即可查看该班次计划的执行状态，如图 8.43 所示。

为了更好地掌握在制品的生产进度，进一步引入“产品各道工序任务完成比例查询”这一功能，通过与生产现场的数据采集设备相结合，对在制的每个产品的完工状况、目前所在工位等进行实时地跟踪和监控。点击图 8.43 中第 1 条记录，即

您所在的位置：班次生产计划执行状态查询

班次计划执行状态查询

生产线 481/484装配线 生产日期 2009.11.2 班次 白班 确定

序号	发动机名称	物料编号	需求数量	批次号	已完工数量
1	1.6LLC发动机总成_A21用	481F-1000010-1	50	XH05301	15
2	1.6LCBR发动机总成_A21用	481H-1000010-1	60	XH05302	18
3	2.0NALC发动机总成_A21用	484F-1000010-1	30	XH05303	9
4	1.6FD铸铁发动机总成_(481FD联电A21用)	DA2-0000E01AA	70	SH05304	21
5	1.8FC铸铁发动机总成_(481FC联电A21用)	DA2-0000E02AA	30	SH05305	9

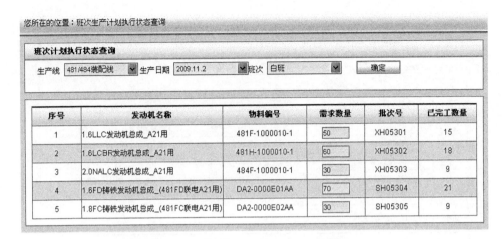

图 8.43　发动机装配线计划执行状态查询

可显示出“1.6LLC 发动机总成_A21 用”在各个工位上的完工情况，如图 8.44 所示。

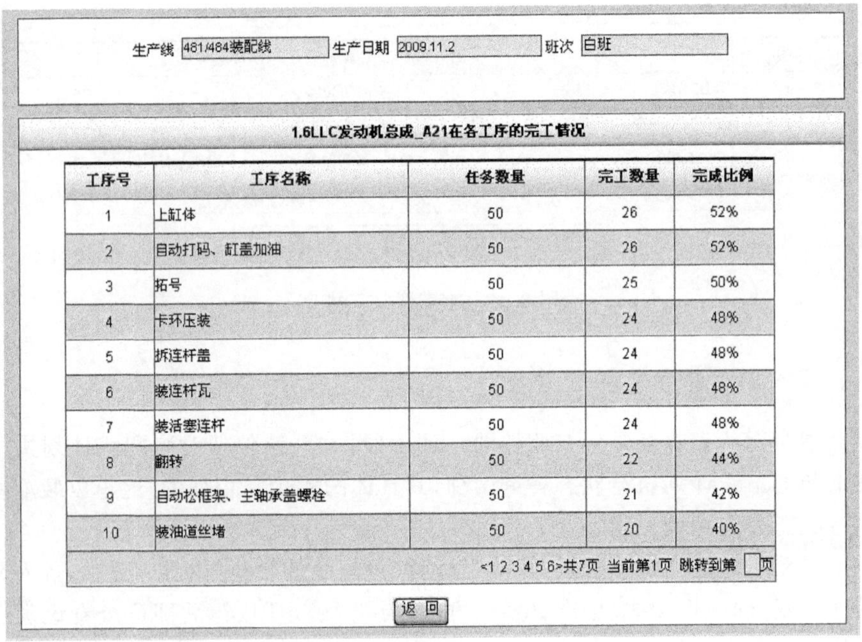

生产线 481/484装配线 生产日期 2009.11.2 班次 白班

1.6LLC发动机总成_A21在各工序的完工情况

工序号	工序名称	任务数量	完工数量	完成比例
1	上缸体	50	26	52%
2	自动打码、缸盖加油	50	26	52%
3	拓号	50	25	50%
4	卡环压装	50	24	48%
5	拆连杆盖	50	24	48%
6	装连杆瓦	50	24	48%
7	装活塞连杆	50	24	48%
8	翻转	50	22	44%
9	自动松框架、主轴承盖螺栓	50	21	42%
10	装油道丝堵	50	20	40%

<1 2 3 4 5 6>共7页 当前第1页 跳转到第 页

返回

图 8.44　各工序任务完成情况查询

7. 现场数据采集

现场工位数据采集设备与程序界面如图 8.45 与图 8.46 所示。

图 8.45 工位终端

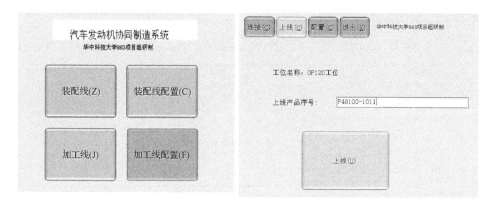

图 8.46 工位终端界面

8. 物料管理

物流管理子系统主要包括成品库、毛坯库、在制品库存登记与查询管理、物料清单(BOM)信息管理、装配线与 5C 件加工线物料配送计划管理等,具体如图 8.47~图 8.50 所示。

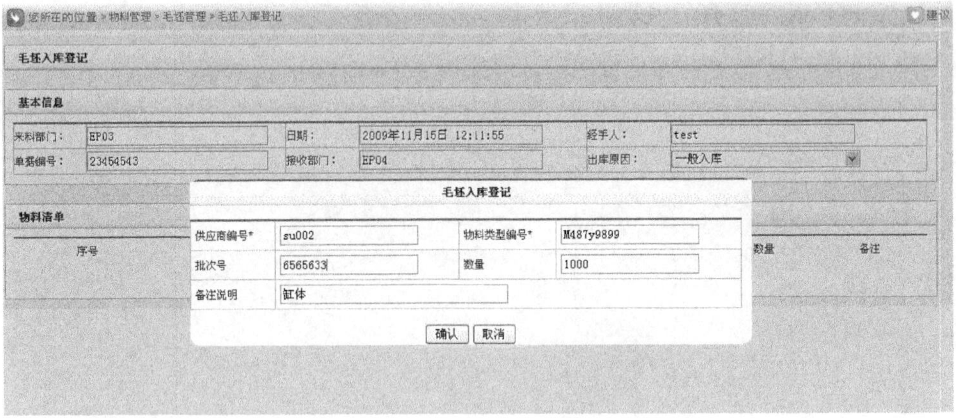

图 8.47　毛坯入库登记

图 8.48　在制品查询

图 8.49　BOM 信息管理

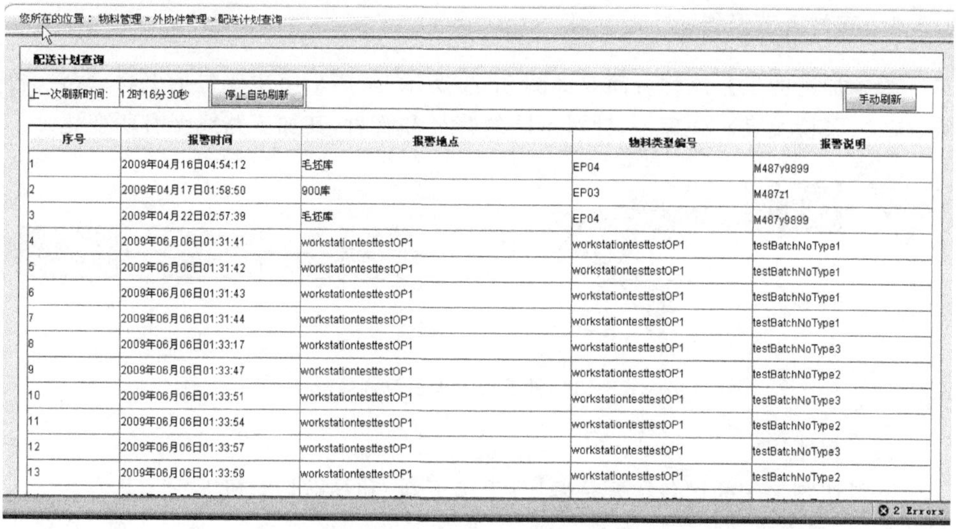

序号	报警时间	报警地点	物料类型编号	报警说明
1	2009年04月16日04:54:12	毛坯库	EP04	M487y9899
2	2009年04月17日01:58:50	900库	EP03	M487z1
3	2009年04月22日02:57:39	毛坯库	EP04	M487y9899
4	2009年06月06日01:31:41	workstationtesttestOP1	workstationtesttestOP1	testBatchNoType1
5	2009年06月06日01:31:42	workstationtesttestOP1	workstationtesttestOP1	testBatchNoType1
6	2009年06月06日01:31:43	workstationtesttestOP1	workstationtesttestOP1	testBatchNoType1
7	2009年06月06日01:31:44	workstationtesttestOP1	workstationtesttestOP1	testBatchNoType1
8	2009年06月06日01:33:17	workstationtesttestOP1	workstationtesttestOP1	testBatchNoType3
9	2009年06月06日01:33:47	workstationtesttestOP1	workstationtesttestOP1	testBatchNoType2
10	2009年06月06日01:33:51	workstationtesttestOP1	workstationtesttestOP1	testBatchNoType3
11	2009年06月06日01:33:54	workstationtesttestOP1	workstationtesttestOP1	testBatchNoType2
12	2009年06月06日01:33:57	workstationtesttestOP1	workstationtesttestOP1	testBatchNoType3
13	2009年06月06日01:33:59	workstationtesttestOP1	workstationtesttestOP1	testBatchNoType2

图 8.50　物料配送计划管理

8.3　在车间生产排程系统中的应用

运用有关车间生产调度模型与优化算法，课题组自主开发出高级计划与排程(advanced planning and scheduling，APS)系统 X-Planner。针对某造船厂管子加工车间的生产实际情况，运用 X-Planner 对该管子加工车间的生产计划进行优化，结合仿真工具 Anylogic 来模拟分析车间生产现场实际运作状况。仿真运行结果表明新的运作控制方式能够提高准时交货率、降低在制品水平、提高瓶颈设备利用率。

8.3.1　应用背景介绍

管子加工是船舶建造过程中较为复杂的生产任务之一，管子加工车间的基本任务是将管子材料通过有关工序的加工，及时生产出符合船舶管系要求的完整的高质量的管子零件。一艘船的管系系统非常复杂，甚至多达千种规格，近万根管子，可以说是多品种单件生产的典型。而且，船舶的生产是完全按订单生产的模式，管子的交货期根据船舶的客户交货期和总装、舾装等时间节点得出，这种按订单生产及多品种小批量的特性给管子加工车间的生产计划与控制带来了很多困难。

8.3.2　车间工艺流程

管子加工的工艺流程可简要如图 8.51 所示,生产工序主要包括下料、弯管、校管、焊接、泵检及表面处理等,针对不同的管径和管材,其加工路线会有所变化。

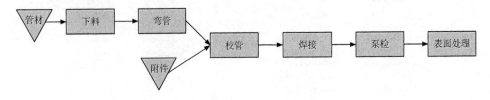

图 8.51　管子加工工艺流程简图

(1) 下料。

下料切割工序的设备主要是锯床(手工下料)和马鞍切割机。它们具有各自不同的特性,适合于切割不同类型的管子,具体的生产规则的是,对于主管,管径为 $\phi14\sim\phi219$mm 的使用锯床,$\phi219$mm 以上的使用马鞍切割机;对于支管,$\phi114$mm 以下的直接在校管处使用锯床下料,$\phi114$mm 以上的使用马鞍切割机。

(2) 弯管。

弯管工序在实际生产中具有模具更换频繁、换模时间长、加工时间短的特点,由于其切换时间较长,调度不合理就会影响生产效率,因此它是成组调度的关键工序所在。该工序的主要设备分为数控弯管机、中频弯管机和手动弯管机。数控弯管机包括 76 型 CNC 数控弯管机、127 型 CNC 数控弯管机、1006 型 CNC 数控弯管机三台;中频弯管机包括 219 型中频弯管机、540 型中频弯管机两台;手动弯管机包括 40 型液压弯管机、65 型液压弯管机、120 型液压弯管机各一台。

弯管工序设备情况如表 8.1 所示。其中,76 型 CNC 弯制管径为 $\phi14\sim\phi70$mm,现场使用频繁;127 型 CNC 弯制管径为 $\phi70\sim\phi108$mm,使用非常频繁;1006 型 CNC 主要弯制铜管,精度高,使用率极低,弯制直径为 $\phi90\sim\phi170$mm;219 型中频弯制管径范围为 $\phi60\sim\phi219$mm,相关的管子均直接取自仓库,下料操作在弯管机上直接完成;540 型中频加工范围为 $\phi273\sim\phi540$mm,此类管子随机性较强,可在中频弯管机和数控弯管机的加工管子有交叉的管径范围,现场一般都优先采用数控弯管机进行弯制。

40 型液压弯管机、65 型液压弯管机,以及 120 型液压弯管机主要用于弯制取样管,即船上工人要求的管子,但没有图纸,或无法画出图纸。这类管子无法在数控机床上弯制,其余时间几乎闲置不用。40 型液压弯管机弯制半径为 $\phi14\sim\phi32$mm;65 型液压弯管机弯制半径为 $\phi30\sim\phi65$mm;120 型液压弯管机弯制半径为 $\phi60\sim\phi114$mm。

表 8.1　弯管工序设备情况

工位名称	设备名称	加工范围/mm	换模时间/h	上管子/min	下管子/min
数控弯管	76 型 CNC	$\phi 14\sim\phi 70$	1	0.9	0.3
	127 型 CNC	$\phi 70\sim\phi 108$	1	0.8	0.3
	1006 型 CNC	$\phi 90\sim\phi 170$,铜	1	1	0.4
中频弯管	219 型中频	$\phi 60\sim\phi 219$,钢	0.67	1	5
	540 型中频	$\phi 273\sim\phi 540$,钢	0.67	5	15
手动弯管	40 型液压	$\phi 14\sim\phi 32$	0.35	0.7	0.3
	65 型液压	$\phi 30\sim\phi 65$	0.5	0.8	0.3
	120 型液压	$\phi 60\sim\phi 114$	0.75	1	2.8

（3）校管。

校管是管子经过下料或弯曲后,在车间内所进行的管件拼装、校对的整个工艺过程。一般包括管件的弯曲角、各弯曲角之间长度、各弯曲角之间转角的检查校对,余量的切割,支管的开孔,支管的配合,以及各种连接件的配合等多道工序。其附件种类包括法兰、套筒、卡套（连接小管子）、弯头（手工弯管工位使用）、大小头（大、小管子对接）、腹板（用于固定管子和船的墙壁）等,其中以法兰、支管和套筒占大多数,其余附件所占比例较小。首先采用点焊的方式固定,然后交给焊接工位进行面焊固定。校管组有 18 个人,一般平均由 3 个工人组合成加工小组共同完成任务。

（4）焊接。

焊接主要接受来自校管工位的管子,这些管子已经在校管处点焊,焊接的主要任务就是将这些管子进行完整焊接。焊接班组共分为电焊和氧焊两种工位,焊接处加工工艺的选择主要和管材的材质相关,铜管一般采用氧焊,钢管则采用电焊。电焊组 22 人负责钢管的焊接,加工平均速度为 100min/根;氧焊组 5 人,负责紫铜管的焊接。

（5）泵钳。

泵钳班组主要负责打磨和泵检两道工序,通常情况下除附件为套筒的管件以外都需要泵压操作,现场共有 7 台泵台,即泵压的加工平台。另外,除无附件的小管子外其他管件都需要打磨。打磨处共有 6 名工人,管子到了以后工人首先进行打磨操作,完成打磨以后再将需要泵压的管件进行泵压操作。

（6）表面处理。

表面处理主要负责对管子进行磷化、除油等操作,主要目的是为了防氧化、提高管子使用寿命。表面处理共包含8大工艺：磷化、磷化油漆、热镀、清洗、清洗油漆、清洗除油、清洗除油油漆及电镀，在这8大工艺中除热镀需要外协外，其他工艺均在管子加工车间表面处理班组完成。

8.3.3　车间生产布局

管子加工车间的生产布局如图8.52所示，从图中可以看出，该车间基本按照功能式布局，相似功能的设备集中在一起放置。其中弯管工序中的弯管机是关键资源，而后续处理工序中主要涉及的是工位的安排，操作工人为主要资源。在弯管设备中，Jesse套料切割机和半自动法兰装焊机受到太多加工条件的限制，长期处于停机闲置的状态，因而，在前面的弯管工序的设备中没有介绍。

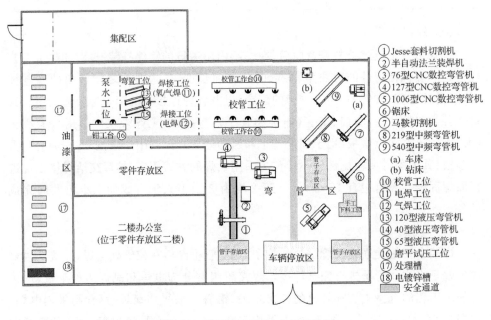

图8.52　管子加工车间生产布局图

8.3.4　车间现场主要问题及其原因分析

由于管子加工车间在生产管理方面原有的思想比较陈旧，调度计划基本以管理人员的经验为主，缺乏足够的数据通信和统计分析，所以在生产组织与管理上存在比较多的问题，主要表现在：①管子生产拖期严重；②在制品库存量大；③设备负荷严重不均衡。

通过对车间现场进行多次调研，分析总结出问题的原因主要存在于以下几方面：

（1）车间生产组织形式与计划模式不合理。车间过去采用按加工工序分组对外进行加工服务的方式组织生产，即根据接到的生产任务，以安装托盘为生产单位组织生产。安装托盘内的管子是在船舶的同一区域范围内使用的管件，因此设定的交货期相同。然而，同一安装托盘内管件的种类很多，在各道工序的加工设备、加工方法也不同，因此在加工过程中的可成组范围较小，使得加工过程中的调整切换频繁，尤其在弯管工序。以安装托盘成组的流动方式大大降低了管子加工车间的生产效率。

（2）车间计划制定过程不科学。车间生产计划的制定都是在生产准备组进行，舰船事业部将若干批安装托盘发给管子加工车间，并给出这些托盘的交货期。生产准备组在接收到这些生产指令后，按照交货期安排周计划及日程计划。计划的制订凭经验，缺乏对现场机器负荷和能力等实时信息的考虑，这样造成的结果往往是计划可执行性差，负荷分配不均，订单超期严重。另外，在物料投放过程中，在下料环节物料统一投放，这直接导致车间内在制品量的增加，车间现场物料到处积压堆放，一方面增加了现场调度的困难，另一方面延长了产品的制造周期。

（3）车间计划执行的跟踪与控制不得力。车间组织根据加工工序分为生产准备组、弯管组、校管组、焊接组、泵钳组、电镀组等，具体的生产调度与控制是由各班组的组长负责。各个小组是独立作业的方式，整个小组对当前工序负责，各小组主要考虑本组托盘完成情况，没有考虑哪个托盘是最紧迫的，如此会导致各个小组对车间全局生产的计划把握不够，整个车间计划完成状况不佳。

8.3.5　系统总体架构与功能模块

1. 系统总体架构

根据上述车间生产状况和需求，结合前面的多品种混流制造生产运作控制理论技术研究成果，本章设计和开发了一个高级计划与排程系统 X-Planner，它能够对车间订单进行有限能力计划排程。

图 8.53 所示为该高级计划与排程系统的功能架构设计。整个系统基于接口化构建，包括订单接口、指令接口、人员接口、仓储接口、工艺接口、检测接口、供应链接口、其他接口。核心模块都提供对外的 Web Service 接口服务，方便和外界交互。可与其他 ERP 软件或者企业既有系统通过数据接口交换数据。它通过接口导入数据库中的工艺流程、客户订单等信息，排程完毕后经调整更新，再导出结果到数据库进行后续执行。

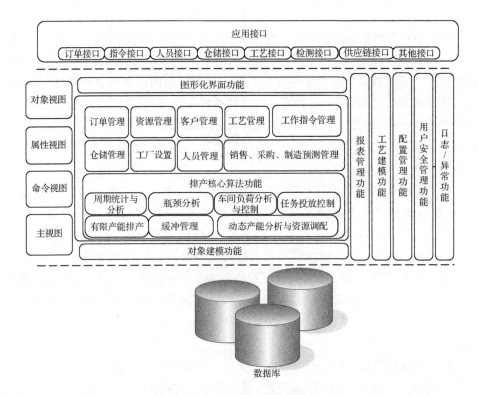

图 8.53　APS 总体架构设计

　　系统提供对象视图、属性视图、命令视图和主视图四种视图方便用户的相关操作。对象视图以阶层结构显示所有对象。当点击选择某个对象时,其属性显示在属性视图中,可在此进行属性编辑,数据直接更新到相关的表格中。系统提供对象建模功能,用户可以通过对象属性之间的配置建立相互之间关联。在命令视图中可以编辑执行的命令、菜单,设定插件等。主视图包括菜单栏、工具栏、状态栏及用户希望查看的工艺模板数据、订单情况、参数设置和用于显示排程结果的各种丰富的甘特图表等。

　　2. 主要功能模块

　　系统的功能模块主要包括制造 BOM 建模模块、订单管理模块、资源管理模块、配置管理模块、图表展示模块。其中前三个模块是生产排程的重要输入,配置管理模块用于配置排程规则,通过图表展示模块来展示排程结果。

　　(1)制造 BOM 建模模块。制造 BOM 包含了传统的物料 BOM、工艺路线、所有资源的生产能力等动态的生产信息,工序可以有前后制约关系也可以并行进行,从而建立起网络化的生产全过程。制造 BOM 是关系到系统能够制订出切实可行的详细的生产计划的关键,主要包括完成品、工序编号、输入品/输出品/投入产出比、资源、设置时间、移动时间等信息。

(2)订单管理模块。该模块提供开放接口,能够和其他的订单系统进行数据交换。用户通过订单管理模块来管理客户订单,为排产算法提供必需的基础数据,模块包含的基本订单信息有订单代码、完成品、数量、交货期、最早开始时间等。

(3)资源管理模块。该模块定义工厂现有的机器设备、模具、装配夹具、运输工具、工作人员等所有需要在生产过程中用到的资源的相关信息,对其进行管理和维护,这些都将成为排程时重要的约束条件。该模块包含有资源名称、类型、规格、瓶颈资源、生产时间等重要信息。

(4)配置管理模块。配置管理包括环境设置、工程设置和计划设置。环境设置是用来设置系统的显示风格、图表的字体和颜色;工程设置是设置项目的名称、载入项目的时间、计划的时间区间;计划设置是对所有与计划排产相关的规则和约束进行设置,是实现计划排程逻辑的关键步骤。

(5)图表展示模块。排程结果的展示主要有资源甘特图、订单甘特图、负荷图表等形式。甘特图能直观地显示排程结果。其中,资源甘特图的纵轴列出所有生产中使用的资源,横轴显示进行计划的时间区间,APS 系统排程后将所有订单的生产分派到特定时间的特定资源上;订单甘特图的纵轴列出所有的订单,横轴显示进行计划的时间区间,交界的矩形区域表示每个订单从生产开始到结束的跨度,帮助用户更加直观地查看各订单的进度计划。负荷图表列出所有资源在整个计划区间内每隔一段时间的负荷变化情况,帮助管理者对生产能力进行计划和控制。

8.3.6 新的运行控制模式的实施

1. 产品制造 BOM 建模

制造 BOM 建模功能是整个系统的核心模块之一,它以生产特定产品为目的,以物料、资源为建模对象,按照产品的加工工序对资源进行逻辑上的排列和组合。因此首先需要对资源的加工信息进行录入,尤其值得注意的是弯管机,弯管胎模固定在弯管机的主旋转轴上,其作用主要是决定管子的弯曲半径和作为弯管起弯作用力的支撑点,因此各弯管机都有自身可加工的弯曲半径的范围,不同弯模之间切换时需要设置时间。如图 8.54 所示,76 型 CNC 弯管机的各弯模半径间的切换时间设置为 1h(3600s)。

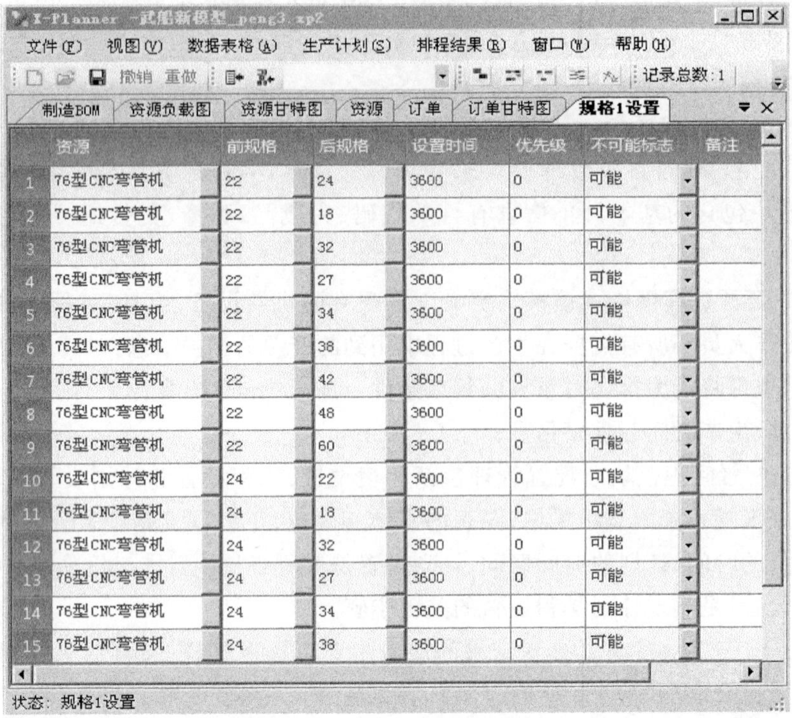

	资源	前规格	后规格	设置时间	优先级	不可能标志	备注
1	76型CNC弯管机	22	24	3600	0	可能	
2	76型CNC弯管机	22	18	3600	0	可能	
3	76型CNC弯管机	22	32	3600	0	可能	
4	76型CNC弯管机	22	27	3600	0	可能	
5	76型CNC弯管机	22	34	3600	0	可能	
6	76型CNC弯管机	22	38	3600	0	可能	
7	76型CNC弯管机	22	42	3600	0	可能	
8	76型CNC弯管机	22	48	3600	0	可能	
9	76型CNC弯管机	22	60	3600	0	可能	
10	76型CNC弯管机	24	22	3600	0	可能	
11	76型CNC弯管机	24	18	3600	0	可能	
12	76型CNC弯管机	24	32	3600	0	可能	
13	76型CNC弯管机	24	27	3600	0	可能	
14	76型CNC弯管机	24	34	3600	0	可能	
15	76型CNC弯管机	24	38	3600	0	可能	

图 8.54　录入资源设置时间

在车间现场,经验丰富的人员可以根据管子的信息判断出所选择的资源,然而并未形成系统的分析方法。在制造 BOM 过程中,需要重点关注弯管工序。因为对于管加车间而言,除了弯管工序,其他工序以小型机器和手动加工为主,切换时间受产品族影响不大,并不需要考虑成组。

从前面弯管工序的设备分析可知,弯管设备的选择主要是依据管子的管径大小、管子材料、管壁厚度等。因此,划分零件族主要是以此为依据判断其工艺流程。根据各种管件经过的弯管这道关键工序的设备,可将管件主要分为以下三大类零件族:

(1) 直校管。不经过弯管这道工序,因此其工艺流程为切割→校管→焊接→校管→泵钳→表面处理。

(2) 小管径弯校管。弯管这道工序主要根据壁厚选择数控弯管机或中频弯管机。薄壁的选择数控弯管机,厚壁的选择中频弯管机。

(3) 大管径弯校管。弯管这道工序只能在中频弯管机上进行。

在一道工序中,可以按照管子的规格和加工要求选择不同的资源,所建立的制造 BOM 如图 8.55 所示。

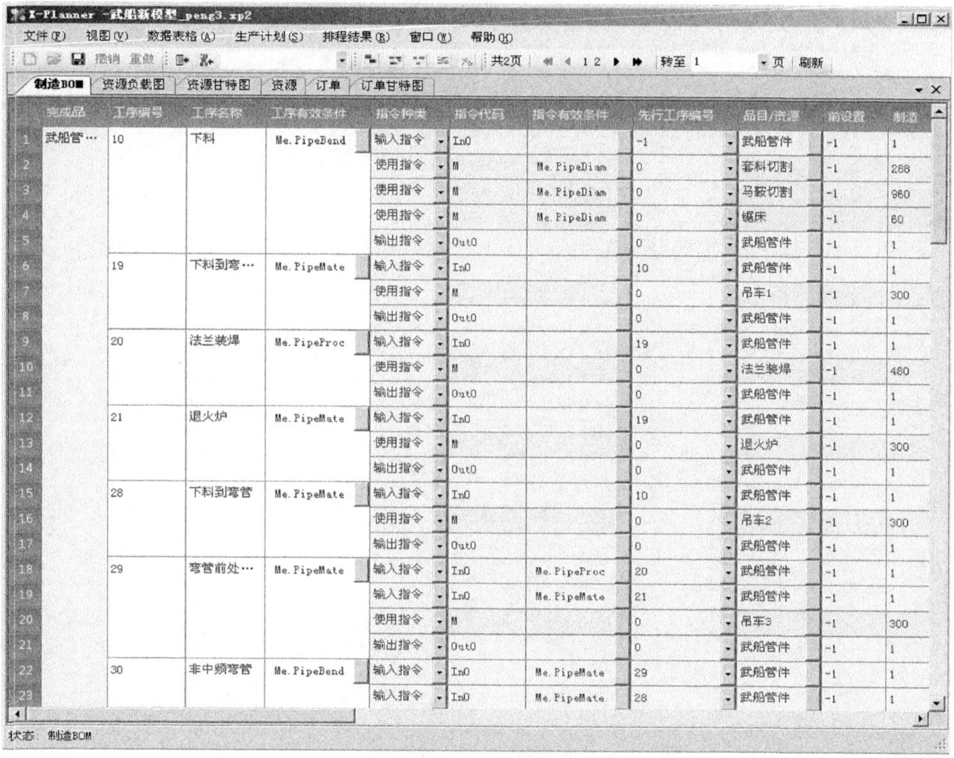

	完成品	工序编号	工序名称	工序有效条件	指令种类	指令代码	指令有效条件	先行工序编号	品目/资源	前设置	制造
1	武船管…	10	下料	Me.PipeBend	输入指令	In0		-1	武船管件	-1	1
2					使用指令	M	Me.PipeDiam	0	套料切割	-1	288
3					使用指令	M	Me.PipeDiam	0	马鞍切割	-1	960
4					使用指令	M	Me.PipeDiam	0	锯床	-1	60
5					输出指令	Out0		0	武船管件	-1	1
6		19	下料到弯…	Me.PipeMate	输入指令	In0		10	武船管件	-1	1
7					使用指令	M		0	吊车1	-1	300
8					输出指令	Out0		0	武船管件	-1	1
9		20	法兰装焊	Me.PipeProc	输入指令	In0		19	武船管件	-1	1
10					使用指令	M		0	法兰装焊	-1	480
11					输出指令	Out0		0	武船管件	-1	1
12		21	退火炉	Me.PipeMate	输入指令	In0		19	武船管件	-1	1
13					使用指令	M		0	退火炉	-1	300
14					输出指令	Out0		0	武船管件	-1	1
15		28	下料到弯管	Me.PipeMate	输入指令	In0		10	武船管件	-1	1
16					使用指令	M		0	吊车2	-1	300
17					输出指令	Out0		0	武船管件	-1	1
18		29	弯管前处…	Me.PipeMate	输入指令	In0	Me.PipeProc	20	武船管件	-1	1
19					输入指令	In0	Me.PipeMate	21	武船管件	-1	1
20					使用指令	M		0	吊车3	-1	300
21					输出指令	Out0		0	武船管件	-1	1
22		30	非中频弯管	Me.PipeBend	输入指令	In0	Me.PipeMate	29	武船管件	-1	1
23					输入指令	In0	Me.PipeMate	28	武船管件	-1	1

图 8.55　制造 BOM 建模

2. 有限产能计划结果

以某条船的管子订单数据为例，首先通过 X-Planner 的订单接口导入管子加工车间的订单数据，并且设置参数使订单信息自动填充到对应的字段中去。如图 8.56 所示，向系统导入了 1000 根管子订单的需求信息，包括订单代码、管子的名称和数量、安装托盘编号、加工特征、最迟结束时间、支管信息、管子的各种规格及加工要求等数据。

然后运用最优生产逻辑，在有限产能约束下对管子的加工任务进行分配，得到的负荷分布情况如图 8.57 所示。从图 8.57 中可以看出，弯管机的负荷率明显高于其他设备。由于管子加工各道工序的加工时间较短，而弯管机上的加工时间相对较长，且切换调整时间明显大于其他工序，因此其负荷量明显高于其他工序，尤其是 76 型 CNC 弯管机，平均负荷率达到 80%以上，而其他工序上的负荷水平都较低。

X-Planner -武船新模型_peng3.xp2

文件(F)　视图(V)　数据表格(A)　生产计划(S)　排程结果(R)　窗口(W)　帮助(H)

记录总数:1000 | 100　条/页 | 共10页 | 1 2 3 4 5 6 7 8 9

制造BOM | 资源负载图 | 资源甘特图 | 资源 | 订单 | 订单甘特图

	名称	安装托盘编号	品目	加工特征	最迟结束时间	订单数量	管径×壁厚	绑装区或	壁厚
1	873201	管托盘54642331	武船管件成品	2下料→弯管→装配→焊接	2007-12-08 00:00:00	1	27×3.5	642分段	3.5
2	872891	管托盘54642331	武船管件成品	1下料→装配→焊接	2007-12-09 00:00:00	1	34×4.0	642分段	4
3	872861	管托盘54642331	武船管件成品	2下料→弯管→装配→焊接	2007-12-08 00:00:00	1	34×4.0	642分段	4
4	872871	管托盘54642331	武船管件成品	1下料→装配→焊接	2007-12-05 00:00:00	1	34×4.0	642分段	4
5	872861	管托盘54642331	武船管件成品	2下料→弯管→装配→焊接	2007-12-08 00:00:00	1	34×4.0	642分段	4
6	872851	管托盘54642331	武船管件成品	2下料→弯管→装配→焊接	2007-12-08 00:00:00	1	34×4.0	642分段	4
7	872841	管托盘54642331	武船管件成品	8下料→弯管→试装→焊接	2007-12-06 00:00:00	1	34×4.0	642分段	4
8	872831	管托盘54642331	武船管件成品	4下料→弯管→开孔→装配→焊接	2007-12-08 00:00:00	1	60×4.5	642分段	4.5
9	872832	管托盘54642331	武船支管	4下料→弯管→开孔→装配→焊接	2007-12-09 00:00:00	1	34×4.0	642分段	4
10	872821	管托盘54642331	武船管件成品	2下料→弯管→装配→焊接	2007-12-07 00:00:00	1	60×4.5	642分段	4.5
11	872811	管托盘54642331	武船管件成品	2下料→弯管→装配→焊接	2007-12-09 00:00:00	1	60×4.5	642分段	4.5
12	873031	管托盘54642331	武船管件成品	2下料→弯管→装配→焊接	2007-12-12 00:00:00	1	34×4.0	642分段	4
13	873021	管托盘54642331	武船管件成品	2下料→弯管→装配→焊接	2007-12-14 00:00:00	1	34×4.0	642分段	4
14	873011	管托盘54642331	武船管件成品	2下料→弯管→装配→焊接	2007-12-10 00:00:00	1	34×4.0	642分段	4
15	873001	管托盘54642331	武船管件成品	3下料→开孔→装配→焊接	2007-12-09 00:00:00	1	60×4.5	642分段	4.5
16	873002	管托盘54642331	武船支管	3下料→开孔→装配→焊接	2007-12-06 00:00:00	1	76×4.5	642分段	4.5
17	873003	管托盘54642331	武船支管	3下料→开孔→装配→焊接	2007-12-08 00:00:00	1	34×4.0	642分段	4
18	872991	管托盘54642331	武船管件成品	4下料→弯管→开孔→装配→焊接	2007-12-07 00:00:00	1	60×4.5	642分段	4.5
19	872992	管托盘54642331	武船支管	4下料→弯管→开孔→装配→焊接	2007-12-08 00:00:00	1	34×4.0	642分段	4

状态: 订单

图 8.56　录入订单

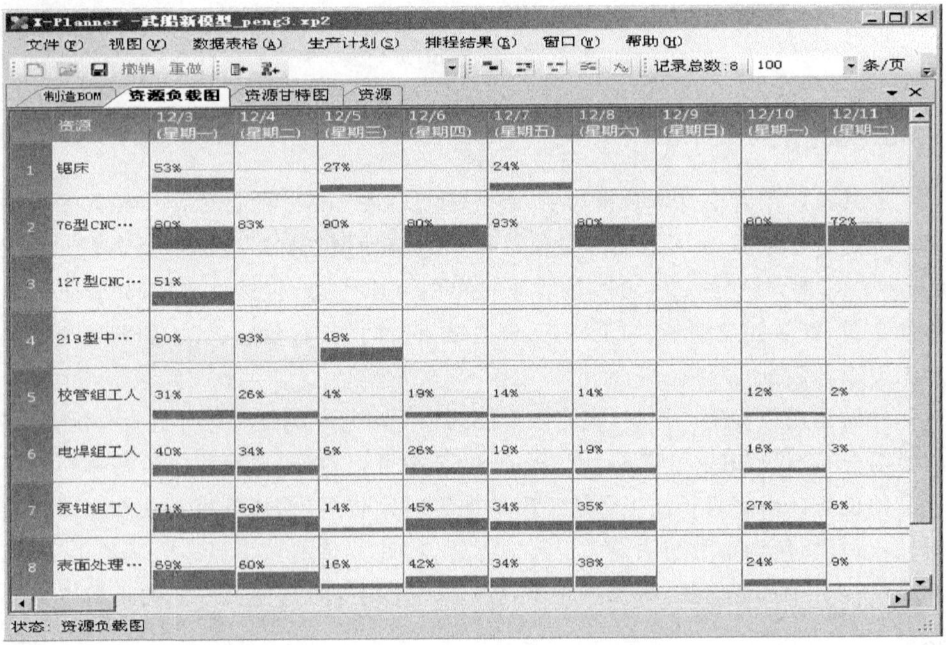

X-Planner -武船新模型_peng3.xp2

文件(F)　视图(V)　数据表格(A)　生产计划(S)　排程结果(R)　窗口(W)　帮助(H)

记录总数:8 | 100　条/页

制造BOM | 资源负载图 | 资源甘特图 | 资源

	资源	12/3 (星期一)	12/4 (星期二)	12/5 (星期三)	12/6 (星期四)	12/7 (星期五)	12/8 (星期六)	12/9 (星期日)	12/10 (星期一)	12/11 (星期二)
1	锯床	53%		27%		24%				
2	76型CNC···	80%	83%	90%	80%	93%	80%		80%	72%
3	127型CNC···	51%								
4	219型中···	90%	93%	48%						
5	校管组工人	31%	26%	4%	19%	14%	14%		12%	2%
6	电焊组工人	40%	34%	6%	26%	19%	19%		16%	3%
7	泵钳组工人	71%	59%	14%	45%	34%	35%		27%	6%
8	表面处理···	69%	60%	16%	42%	34%	38%		24%	9%

状态: 资源负载图

图 8.57　负荷分布图

3. 具体排程结果

根据前面的负荷分布情况,并结合现场的分析,可以确定弯管设备为整个系统的瓶颈,将弯管工序的设备标识为瓶颈资源(见图 8.58)。进而需要重点关注弯管工序,进行改善,提高其有效产出。弯管机加工的突出问题是模具更换频繁,换模时间太长,而实际用于弯管的时间很少,故需要采用瓶颈工序的优化方法,使弯模半径相同的管子尽量集中起来加工,减少换模时间的损失。

图 8.58　设置瓶颈资源标志

利用 APS 系统对车间的生产计划进行排定后,得到的资源甘特图和订单甘特图分别如图 8.59 和图 8.60 所示。资源甘特图显示了在各个资源上的订单的具体加工时间信息,订单甘特图显示了各个订单从生产开始到结束的加工时间信息。由于管子的加工时间较短,因此每天各资源上的任务数量到达上百件,这里选取了 12 月 3 日的甘特图来具体显示。由于在排产过程中,成组技术得到了有效的实施,弯模半径相同并且交货期相差不大的管子集中加工,减少了不必要的模具切换时间,使得订单的准时交货率得到提高,订单拖延情况得到明显改善,订单甘特图 8.60 中仅订单 873011 拖延一天。

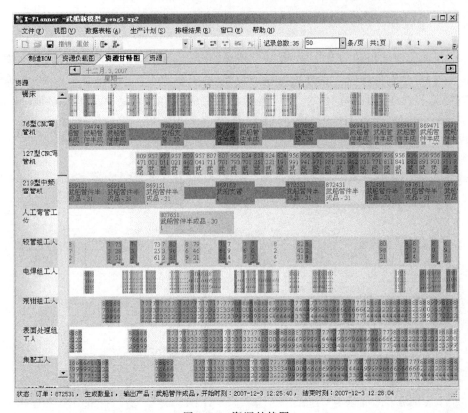

图 8.59　资源甘特图

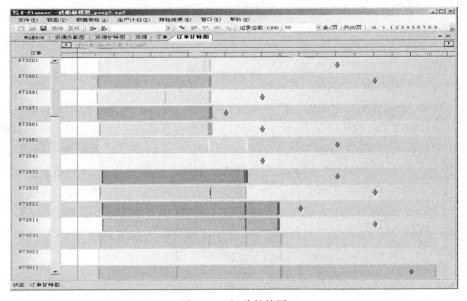

图 8.60　订单甘特图

8.3.7　仿真验证

在本节的仿真建模中,采用的仿真工具是 Anylogic,它是一款应用广泛,对离散、连续和混合系统进行建模与仿真的工具。可以用来模拟生产系统实际情况,分析系统的性能指标,如设备使用率、准时交货率、在制品量等。通过仿真系统的运用,能够将运作控制逻辑输入仿真系统,从而用来评价运作控制策略的优劣。

图 8.61 所示为管子加工车间的仿真模型图,通过定义一个订单类来模拟现场的生产订单,订单类中主要包括生产信息和加工信息。生产信息主要包括订单号、工艺路线表、模具类型、下一道工序名称、订单交货期、计划投放时间,以及瓶颈工序计划投放时间等。加工信息主要包括订单进入各工序时间、操作时间、等待时间以及离开时间等。在仿真过程中,具体排产逻辑是由 X-Planner 来帮助实现。

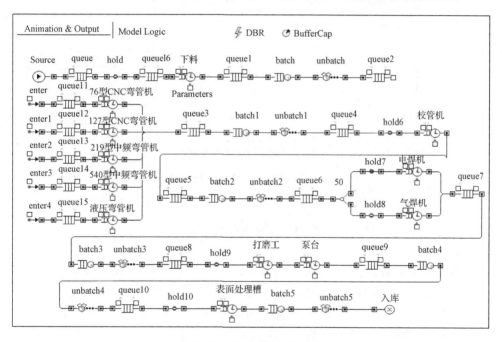

图 8.61　管加车间仿真模型

仿真运行后,得到的性能指标结果如图 8.62 所示。本节统计了订单的准时完成率、车间在制品水平。订单的准时完成率到达 93.3%,而车间内的平均在制品量在 177 件左右。同时选取了利用率比较高的瓶颈设备数控弯管机,通过统计分析它的使用情况,如图 8.63 所示,其中运行时间占 61.9%,切换时间占 21.1%,而空闲时间仅占 17%。从仿真结果来看,新的计划与控制机制的运用明显好于车间目前的现场情形。

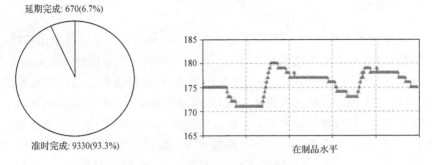

延期完成: 670(6.7%)

准时完成: 9330(93.3%)

在制品水平

图 8.62　准时完成率与在制品水平

运行时间: 6250.081(61.9%)　　　　空闲时间: 1720.964(17.0%)

调整(切换)时间: 2126.968(21.1%)

图 8.63　76 型 CNC 弯管机使用情况

8.4　本章小结

本章介绍了制造系统优化理论与方法的三个应用实例:一是将混流装配车间生产计划排序及关联优化理论与方法应用于某汽车装配制造执行系统,实现了涵盖整车装配生产中的冲压、焊装、涂装和总装四大工艺执行过程管理,优化效果良好;二是将混流装配生产排序和粒子群优化算法应用于某自主品牌轿车发动机装配线与5C件加工线生产管理系统,实现了排产、物流与生产调度优化;三是将作业车间生产调度模型与优化算法及混流生产系统运作优化与控制理论应用于某造船厂管子加工车间,开发出高级计划与排程系统,取得良好的应用效果。